현대 자연주의 철학

현대 자연주의 철학

바나 바쇼 · 한스 D. 뮐러 엮음

뇌신경철학연구회   옮김

철학과현실사

Contemporary Philosophical Naturalism

and Its Implications

Edited by Bana Bashour and Hans D. Muller

현대 자연주의 철학

Contemporary Philosophical Naturalism
and Its Implications

철학에서 가장 널리 퍼져 있고 지속적인 것 중 하나는, 여러 자연과학과 형이상학, 인식론, 마음 등과 같은 철학적 범주들 사이의 관계이다. 『현대 자연주의 철학』은 이러한 쟁점에 관한 독특하고 소중한 글들의 모음이다. 이 책은 그 분야에서 크게 주목받는 전문학자와 신선한 전망을 제시하는 젊은 이론가의 훌륭한 논문 모음집이다. 스스로 자연주의 철학자라고 일컫는 분들(저명하고 도발적인 예외자 한 분을 포함하여)을 소집하였으므로, 이 책은 반자연주의 철학에 대항하며 성장하는 시대 흐름에서 서로 의견을 달리한다는 측면에서 특별하다.

이 책은 4부로 구성되었다. 1부는 자연주의의 형이상학적 함축을 다룬다. 여기에서 두 논자는 근본적으로 다른 전망을 제시한다. 2부는 눈먼 다윈주의(blind Darwinian) 자연선택에서 이유(reasons)와 전향적 목표(forwardlooking goals)를 조화시키려 시도한다. 3부는 인식론의 문제, 자연종에서 개념 학습에 이르는 다양한 문제를 다룬다. 마지막 4부는 앞의 세 부를 포괄하며, 각각 인간 마음의 특정한 특징들, 즉 그 독특함, 표상 능력, 그리고 도덕성 등을 다룬다. 이런 방식으로 이 책은 후기-다윈주의 과학적 전망의 중요한 함축을 탐색한다.

[번역서의 기호들]

※ ( )의 사용 : 독해를 돕기 위해 수식어 구를 괄호로 묶었다.

※ [ ]의 사용 : 이해를 돕기 위해 역자가 첨가하는 말을 괄호로 표시하였다.

※ [역주] : 이해를 돕기 위해 필요하다고 생각되는 곳에 역자 설명을 달았다.

※ 이러한 기호들의 사용이 독서에 다소 방해가 될 수 있으며, 오히려 역자의
   의견이 첨부된다는 염려가 있었지만, 문장의 애매성을 줄이고 명확한 이해
   가 더욱 중요하다는 고려가 우선하였다.

차 례

7

역자 서문

이 책을 번역하고 함께 공부하는 우리 연구 모임은 "뇌신경철학 연구회"이다. 이 모임의 이름이 의미하듯, 이 모임은 뇌과학 및 신경과학에 근거해서 철학을 연구한다. 이런 뇌신경철학연구회의 연구 방향은 자연주의 철학 또는 철학적 자연주의이다. 그런 측면에서 이 책을 번역하며 공부하는 이 작업은 본 연구 모임의 방향과 일치한다.

자연주의 철학을 강하게 주장했던 현대 철학자로 하버드의 콰인 (W. V. O. Quine)이 유명하다. 그는 「자연화된 인식론(Epistemology Naturalized)」(1969)에서 전통적인 철학의 주제, 특히 정당성과 관련된 환원주의가 가능하지 않다는 것을 중심적으로 논증한다. 그런 후 그는, 이제 철학이 그런 가능하지 않은 목표를 버리고, 새로운 연구 방향인 자연주의로 나서자고 제안한다.

전통적으로 철학은 여러 학문의 기초를 확립하려는 목표에서 시작되었다. 그런 만큼, 철학은 학문의 궁극적 물음, "정당성" 및 "규범성"을 묻는 학문이었다. 구체적으로, 학문의 기초를 확립하려는 철학의 목표와 방법은 수학 자체에 대한 탐구에서 나왔다. 그런데 수학자이며 철학자인 괴델이 수학의 "불완전성 이론"(1930, 1931)

을 주장함에 따라서, 전통 철학의 목표 자체가 불가능한 목표임이 드러나게 되었다. 그 결과 콰인은 자신이 공부하고 탐색하려던 논리 실증주의 철학의 목표 자체를 흔들어 무너뜨렸다.

콰인이 자연주의 철학을 주장한 배경은 이렇다. 전통 철학의 목표와 방법은 한편으로 수학의 체계와 관련하며, 다른 한편으로는 생물학 및 의학 등의 연구 방법과 관련하여 추진되었다. 이제 수학의 체계에 대한 전통 믿음이 거짓으로 드러났지만, 생물학에서는 다윈의 진화론으로 새로운 철학의 전망을 보여주었다. 그러한 학문의 흐름에 대한 맥락을 잘 이해하는 일부 철학자들은 새로운 철학 전망을 제시하였다. 그것이 미국의 하버드에서 시작된 프래그머티즘(pragmatism)이다. 콰인 역시 그 줄에 서 있다.

이 새로운 철학을 시작하려는 사람들은, 확고하고 자명한 진리를 확보한 후 그것으로부터 다른 지식을 추론하고 구성하는, 전통의 탐구 방법을 버려야 한다고 명확히 인식했다. 전통 철학의 관점에서, 철학이 여러 학문의 기초를 확고하게 해줄 수 있으려면, 그 기초를 경험적 및 선험적 방식으로 찾아서, 그것으로부터 다른 모든 지식을 환원적으로 정당화해야 한다는 기대가 있었지만, 프래그머티즘 철학자들은 이제 새로운 철학의 전망에서 그러한 목표와 방법 자체를 철저히 버렸다. 그런 반성으로부터 그들은 여러 학문의 최신 결과를 집결시켜, 어느 철학적 이해 또는 가설이 더 나은 혹은 유용한 것일지를 모색해야 한다고 생각하게 되었다. 이러한 모색에서 나온 철학이 프래그머티즘의 자연주의 철학이다.

그 새로운 철학적 반성에서 프래그머티즘 철학자들은 전통적 환원주의를 무너뜨렸으며, 그것도 철저히 무너뜨린 사람들이다. 그런데 그런 배경에서, 그들은 여전히 "환원주의"를 주장한다고 말한다. 어떻게 그러한가? 프래그머티즘에서 주장하는 환원주의란 여러 학문 사이의 부합(consilience)을 찾아간다는 의미에서, 엄밀히 말하자면 "이론간 환원주의(intertheoretical reductionism)"를 주장한다. 이것은 데카르트식 환원주의와 아주 다르다. 어떻게 다른가?

데카르트식 환원주의에 따르면, 철학은 자명하여, 부정될 수 없는 진리 명제를 찾아내어, 그것으로부터 다른 지식을 연역함으로써 우리는 영원한 "진리"의 지식체계를 얻을 수 있다고 믿어졌다. 그러나 프래그머티즘은 그러한 진리가 존재하지 않는다고 본다. 그렇다는 것이 과학의 발달 역사를 보아도 알 수 있으며, 수학과 기하학의 체계에 대한 반성에서도 이미 드러났다. 철학이 그동안 시도해왔던 헛삽질을 멈추려면, 현대 철학자들은 이제 그런 진리가 없다고 명확히 인식할 필요가 있다. 이러한 인식에서 프래그머티즘 철학자들은 가용한 지식을 동원하여, 가장 신뢰할 만한 "믿음"을 찾아야 한다고 철학 연구의 방향을 설정한다. 퍼스가 처음 말했듯이, 이제 다른 학문 위에 군림하는 "어떤 제1철학도 존재하지 않는다." 이러한 측면에서, 프래그머티즘의 주장하는 경험주의 및 환원주의는 고전적 경험주의나 논리실증주의자가 내세웠던 것들과 구별된다.

여기 이 책에 실린 일부 논문에서 자연주의에 대한 반론들은 논리실증주의 식의 환원주의에 대한 논박을 다룬다. 이것은 철학적으로, 허수아비 논법이다. 정작 공격할 대상은 놔둔 채, 허수아비를 때리기 때문이다. 그래서 이 책을 읽는 독자, 혹은 다른 환원주의 반대의 줄에 선 사람들은 불필요한 오해를 하지 않기 위해, 환원주의를 둘로 나누어 잘 분별할 필요가 있다.

[감사의 말]

이 책을 출판하면서 감사의 말을 전해야 할 분들이 있다.* 이 번역 작업에 함께 참여하지 않았으나 그동안 모임에 참석하여 함께 토론해준 회원들, 그리고 특별히 회원이 아니면서도 기꺼이 번역에 참여하고 셀라스 관련 강의를 해주신 김영건 교수에게 감사드린다. 그리고 "신경철학"이란 새로운 분야의 철학서 출판을 응원해주는 철학과현실사의 전춘호 사장님과 원고를 꼼꼼히 살펴주시는 편집인 김호정 님께도 감사한다. 끝으로, 뇌신경철학 연구 모임을 지원하는 유미과학문화재단의 김명환 사무국장님, 그리고 송만호 이사장님께 가장 큰 감사를 드린다.

박제윤

jeyounp@hanmail.net

---

* 앞서 번역 출판한 『생물학이 철학을 어떻게 말하는가: 자연주의를 위한 새로운 토대』는 뇌신경철학연구회의 연구 1호이며, 이 책 『현대 자연주의 철학』은 그 2호이다.

번역에 참여한 뇌신경철학연구회 회원들

1장. 박제윤 철학박사. 과학철학, 신경철학. 인천대 기초교육원. 처칠랜드 부부의 신경철학을 주로 연구해왔다. 논문으로 「창의적 과학방법으로서 철학의 비판적 사고, 신경철학적 해명」(2013), 역서로 『뇌과학과 철학』(2006), 『신경 건드려보기』(2014), 『뇌처럼 현명하게』(2015), 『플라톤의 카메라: 뇌 중심 인식론』(2016), 저서로 과학과 철학의 관계를 역사적으로 설명하는 『철학하는 과학, 과학하는 철학』(전4권) 등이 있다.

2장. 주민수 이학박사(물리학). 고체물리학. (주)한국엠아이씨 연구소장. 국방과학연구소, 전력연구원 등에서 일했으며 과학철학과 인지과학 등에 관심이 있다. 저서로 『우주를 맴도는 러셀의 찻잔(2019)』 등이 있다.

3장. 이영의 철학박사. 고려대 철학과 객원교수. 과학적 추론, 인과, 인지과학철학, 체화인지, 포스트휴머니즘, 철학치료를 연구하고 있다. 저서로 『베이즈주의』, 『입증』(이하 공저), 『인과』, 『인공지능의 존재론』, 『인공지능의 윤리학』, 『포스트휴먼이 몰려온다』, *Under-*

standing the Other and Oneself 등이 있다.

4장. 황희숙 철학박사. 과학철학, 지식론. 대진대 역사 · 문화콘텐츠 학과. 철학 교수로서 은유, 회의론, 감정, 과학주의, 생태론 등에 대한 논문을 써왔다. 역서로 에델만의 『신경과학과 마음의 세계』, 라투르의 『젊은 과학의 전선』이 있고, 전문지식과 전문가에 대한 저술을 준비 중이다.

5장과 9장. 김원 의학박사. 정신의학. 인제대 상계백병원 정신건강의학과. 정신과 전문의이자 의과대학 교수로 일하고 있으며, 인지행동치료 전문가이고, 정신의학을 통한 과학과 인문학의 만남과 올바른 발전 방향을 모색하고 있다.

6장. 엄준호 이학박사. 미생물학 및 면역학을 전공하였다. 식품의약품안전처 산하 식품의약품안전평가원에 근무하고 있다. 바이오의약품 허가심사 및 연구 업무를 담당하였으며 현재는 체외진단 관련 연구 업무를 수행하고 있다. 인류문명사, 과학철학 그리고 특히 의식의 과학적 규명에 관심이 많다.

7장. 김영건 철학박사. 분석철학. 저서로 『변명과 취향』(2019), 『이성의 논리적 공간』(2014), 『동양철학에 관한 분석적 비판』(2009), 『철학과 문학비평 그 비판적 대화』(2000) 등이 있다.

8장. 박충식 공학박사. 인공지능. 유원대 스마트IT학과. 『제4차 산업혁명과 새로운 사회윤리』(2018), 『인공지능과 새로운 규범(2018), 『인공지능의 이론과 실제』(2019), 『인공지능의 존재론』(2018), 『포

스트휴먼 사회와 새로운 규범』(2019), 『인공지능의 윤리학』(2019)
을 공저하였고, 경제주간지 『이코노믹리뷰』에서 "박충식의 인공지
능으로 보는 세상" 이름으로 2015년부터 현재까지 50건 이상 전문
가칼럼을 연재하고 있다.

10장. 이동훈 철학석사. 현상학, 현상학적 방법론, 기술철학. 후설
과 하이데거 현상학에 입각한 돈 아이디의 기술철학에 관한 논문으
로 성균관대에서 철학석사학위를 취득했다. 급변하는 기술 문명 속
에서 인간이 나아가야 할 방향이 무엇인지에 대해 철학적으로 고민
하고 있다.

11장. 강문석 철학박사. 윤리학. 능허대중학교 교사. 도덕철학 전공
자로서 교육 현장에서 도덕을 가르치고 있다. 도덕에서 합리성 문제
와 규범적 논의를 주로 공부하였고, 메타윤리학의 관점에서 자유주
의 윤리학과 공리주의가 만나는 지점을 연구 중이다.

논문 필자들

바나 바쇼(Bana Bashour)는 베이루트(Beirut) 아메리칸 대학의 철학과 조교수이다.

레이 브라시어(Ray Brassier)는 베이루트 아메리칸 대학의 철학과 부교수이다.

팀 크레인(Tim Crane)은 케임브리지 대학의 나이트브리지(Knightbridge)* 철학과 교수이다.

대니얼 C. 데닛(Daniel C. Dennett)은 터프츠(Tufts) 대학의 오스틴 B. 플레처(Austin B. Fletcher) 철학과 교수이다.

엘렌 프리들랜드(Ellen Fridland)는 베를린 마음과 뇌 학교(School of Mind and Brain)의 박사후연구원이다.

---

* [역주] 1677년 작고한 존 나이트브리지(John Knightbridge)의 유고 후원금으로 운영되는 교수 직위이다.

폴 호위치(Paul Horwich)는 뉴욕 대학의 철학과 교수이다.

무하마드 알리 칼리디(Muhammad Alie Khalidi)는 요크(York) 대학의 철학과 부교수이다.

루스 가렛 밀리칸(Ruth Garrett Millikan)은 코네티컷(Connecticut) 대학의 철학과 교수이다.

한스 D. 뮐러(Hans D. Muller)는 베이루트 아메리칸 대학의 철학과 부교수이다.

알렉산더 로젠버그(Alexander Rosenberg)는 듀크(Duke) 대학의 R. 테일러 콜(R. Taylor Cole) 철학과 교수이다.

감사의 글

이 책은 베이루트 아메리칸 대학(American University of Beirut, AUB) 집행부의 지원 없이는 가능하지 않았을 것이다. 그러므로 예술 및 과학 교수회(Faculty of Art and Sciences)에, 특별히 학장과 교무처장의 관심과 지원에 감사한다.

이 책의 출판 기획은 2011년 5월 AUB에서 열렸던 학술회의에서 나왔다. 그 학술회의는 놀랍고도 생산적인 생각을 상호 교류하는 장이었으며, 그래서 일부 참여자들은 자신의 원고를 책으로 만들도록 기꺼이 허락했다. 우리는 이런 일을 진행한 그들의 열정에 감사한다.

이렇게 작은 학과로서, 이런 기획은 어쩔 수 없이 공동으로 추진될 수밖에 없었으며, 우리는 철학과 모든 동료에게, 그리고 특히 당시 학술회의 의장에게 감사한다.

1. 후기-다원주의의 자연주의 조망 탐색

Exploring the Post-Darwinian Naturalist Landscape

바나 바쇼 Bana Bashour / 한스 D. 뮐러 Hans D. Muller

한때 아리스토텔레스주의 목적론자들(Aristotelean teleologists)은 만물의 (신성한) 궁극적 목적(purpose)을 찾으려는 의도에서 유기체 (organic)와 무기체(inorganic) 모두의 자연 세계를 탐구했다. [그런 데] 상황이 바뀌었다. 갈릴레오 갈릴레이의 자연 수리학은 자연 세계의 무기체 부분에서 아리스토텔레스의 궁극 원인(final causes)을 제거해버렸다. 즉, 그 탐구 기획은 끝장났다. 그 후 다윈은 그런 일을 자연 세계의 유기체 부분에까지 확장함으로써 과학혁명을 완성하였다. 그러나 거기에 의견의 일치가 어려운 부분이 있으며, 심지어 자연주의자들 사이에서도, 그 혁명의 결과 어떤 용어 사용을 중단해야 할지 합의가 어려웠다. '자연과학에 대한 다윈의 기여'와 '유기체 영역에서 목적 혹은 **이유**(*reasons*)에 관한 전망' 사이의 관계는 어떠한가? 일부 21세기 자연주의자들은, 다윈이 자연 세계의 유기체 부문에서 궁극 원인을 제거했다고 믿는다. 이러한 사상가들에게는 말 그대로 어떤 삶의 목적도 사실상 존재하지 않는다. 그러

1. 후기-다원주의의 자연주의 조망 탐색 21

나 일부 후기-다윈주의 자연주의자들은, 다윈이 실제로는 생물학에 목적론의 이론화를 위한 일종의 피난처를 만들어주었다고 믿는다. 이러한 사상가들은 형이상학적 용어에 대립하는 인식론적 용어로 그렇게 주장하는 경향이 있으며, 그래서 그들은 결코 신-아리스토텔레스주의자(neo-Aristoteleans)가 아니다. 그러나 동일 맥락에서, 그들은 살아 있는 것에 관한 연구는 무생물 연구와 **근본적으로**(*in kind*) 다르며, 정도 차이가 아니라고 확신한다. 이 논문집은 후기-다윈주의의 지적 조망에서 형이상학(metaphysics), 인식론(epistemology), 합리성(rationality), 그리고 인간 마음(human mind) 등에 관한 연구에 새로운 접근법을 끌어들일 가능성을 탐색한다.

이러한 논란의 상황을 명료하게 정리하기에 앞서, 자연주의 (naturalism)를 명확히 규정하기 어렵다는 것부터 주목할 필요가 있다. 이 책의 여러 필자는, 꽤 약한 입장에서부터 상당히 강한 것에 이르기까지, 서로 다른 형식화에 동의한다. 예를 들어, 폴 호위치 (Paul Horwich)는 스스로 "반-초자연주의(anti-supernaturalism)"라는 입장을 수용하며, 그 입장을 "과학은 서로 공간적, 시간적, 인과적, 설명적 관계가 있는 현상들의 영역 내부를 지배한다."(90쪽)는 논제로 규정한다. 그 기초적 생각은 그런 영역 내에 일어나는 사건들을 설명하기 위해 신이나 유령을 단정하지 말아야 한다는 것이다. 이러한 일반적 견해를 이 책의 모든 필자가 받아들인다. 그러므로 호위치의 정의를 [다양한 견해들의] 연속체의 한쪽 끝이라고 여길 만하다. 그리고 그 연속체의 반대쪽 끝의 후보는 알렉산더 로젠버그 (Alexander Rosenberg)가 보여주는 견해이다. 로젠버그는 과학의 성취에 대한 회의주의(skepticism)에 명확히 반대한다. 그에 따르면, "자연주의란, 철학적 문제에 대답하기 위해 우리가 사용하는 도구가, 물리학에서 생물학 그리고 신경과학에 이르는 성숙한 과학적 방

22

법 및 발견이라는 논제의 표식이다."(49쪽) 이 책의 다른 필자들은 호위치와 로젠버그 사이의 연속체에서 다양한 위치에 놓인다. 그래서 이러한 두 사상가에서 이야기를 시작해보자.

1. 자연화된 형이상학?

이 책은 알렉산더 로젠버그의 논문, 「마법이 풀린 자연주의 (Disenchanted Naturalism)」로 시작된다. 이 논문에서 그는 진지한 자연주의 세계관의 피할 수 없는 결말이 무엇인지를 서술한다. 과학은 지금까지, 우리 스스로 많은 설명에서 어떤 잘못을 해왔는지, 특히 우리가 세계에 목적과 지향성(intentionality)이 있다고 생각해왔다는 것을 드러내주었다. 그는 "과학주의(scientism)"라는 용어를 긍정적 의미로 고려하며, 적어도 전혀 경멸적이지 않은 의미로 받아들인다. 만약 우리가 과학에서 상당한 진보를 성취한다면, 한때 우리가 필수적으로 또는 자명하다고 여겼던 많은 관념을 버리게 될 것이다. 예를 들어, 도덕성, 자유의지, 의식, 삶의 의미, 그리고 그 밖의 많은 전통적 관념을 버리게 될 것이다. 그의 주장에 따르면, 우리가 하여튼 [무엇이든] 이해하려 드는 피조물로 진화할 수 있어서, 우리는 모든 것에 목적과 원인을 보려는 경향을 지니며, 결국 우리는 세계의 실제 작용 방식에 관해 근시안이 되기 쉽다.

로젠버그는 세계가 실제로 "페르미온(fermions)과 보손(bosons)이며, 이것들로 구성될 수 있는 모든 것"(53쪽)이라고 말한다. 그래서 원리적으로 물리학은 모든 각각의 사실들을 설명할 수 있다. 반면에 물리학은 설계나 목적에 관한 어떤 암시조차 설명할 여지를 갖지 않는다. 그렇다면 적응과 생물학적 기능은 어떻게 등장하는가? 다윈의 통찰에 따르면, 눈먼 변이(blind variation)와 수동적인 환경적 여과(passive environmental filtration)가 생물학적 영역에서 목표 달성 경제의 유일한 원천이다. 제로 적응(0 adaptation)에서 적응의 기원이 시작되기란 지구에서 일어날 법하지 않으며, 우주에서도 극히 드문 일이다. 그렇게 일어나기 어려운 사건들의 무-목적 증폭은, 3절 "물리학이 어떻게 설계를 위조하는가?"에서 중요한 부분이다.

로젠버그는, 이 책의 여러 필자에게 논란이 되지 않을 이러한 주장으로부터, 그들 중 '가장' "마법이 풀린" 결론에 이른다. 첫째, 사회적 및 도덕적 규범의 수용은 그러한 규범의 옳음을 반영하지 않는다. 누군가는 인종주의와 외국인 혐오증이 광범위하게 수용되어 왔다고 생각할 수 있다. 이런 생각으로부터, 로젠버그의 결론에 따르면, 우리가 자신들을 과학이 제공할 수 있는 것으로 한정하자면, 도덕적 허무주의(moral nihilism)를 탄생시킨다. 그는 계속해서 주장한다. 이러한 허무주의에도 불구하고, 우리는 하나의 생물종(species)으로서, 마음 이론과 큰 뇌를 가지고 살아가는 협력적 아이를 키우는 경향을 지니며, 이것이 기술과 도덕성을 포함하여 수많은 결과를 가능하게 해주었다. 그렇게 하여 "훌륭함(niceness)"이 선택되었다.

그렇게 말한 후, 유사한 맥락에서 그는 의식이 우리의 정신적 삶을 어떻게 밝혀줄지 기대하는 전통적 관점을 거부한다. 의식이 사고와 정신적 과정에 나타날 때 우리에게 일어날 것 같은 방식은 실제로 일어나는 방식이 아니다. 예를 들어, 어떤 본래적 지향성(original intentionality)도 존재하지 않는다. 지금의 신경과학 연구가 등장하기 이전에 가정되었던 방식으로, 의미와 지향성을 설명하려는 어떤 시도도 실패할 수밖에 없다. 이것이, 우리의 정신적 삶을 위한 지식의 원천으로 의식을 활용하지 않은 채, 우리 삶의 목적이란 환영이 어디에서 나오는지를 물어야 하는 이유이다. 어떤 본래적 지향성도 존재하지 않으므로, 어떤 지향성도 존재하지 않으며, 우리가 정신적 삶이라 여기는 모든 방식이 환영이며, 그래서 우리 자신이라고 생각하는 모든 방식 역시 그러하다. 이것은 다음을 의미한다. 우리가 경험이라고 여기는, 그리고 지식이라고 여기는 대부분은 없는 것이나 마찬가지다.

만약 그렇다면, 같은 이야기가 사회과학과 역사에도 적용된다. 우리가 목적-지배적 사건이라고 기술하는 모든 방식이 잘못이다. 자연의 역사는 일련의 사건과 과정으로 설명될 수 있으며, 인간의 역사라고 그다지 다르지 않다. 그 결과, 사회과학은 자연과학과 유사한 길을 걸을 운명이다.

이런 전망은 로젠버그와 일부 다른 자연주의자들, 특히 이 책의 다른 필자들 사이에 매우 의견 일치가 어려운 부분이다. 이 책의 다른 필자들(예를 들어, 데닛, 밀리칸, 브라시어, 뮐러, 바쇼)은 자연주의 세계관이 우리의 풍부한 문화적 및 도덕적 세계 대부분을 존속시킬 수 있으며 다원주의에 참여한다는 것이 그런 것들을 배제하지 않는다고 믿는다.

폴 호위치는 논문, 「자연주의와 언어적 전회(Naturalism and the Linguistic Turn)」에서 로젠버그의 과학주의에 반대한다. 그의 생각에 따르면, 과학적 방법이란 흔히 그 적절한 영역 너머에도 적용되곤 한다. 그런 의미에서 그는 "자연주의", 또는 좀 더 정확히 말해서, 자신이 호칭하는 "형이상학적 자연주의(metaphyscial naturalism)"에 반대한다. 그는 과학이 시공간적, 인과적 현상 내의 모든 것을 취급할 수 있다는 것에 반대하지는 않는다. 그가 반대하는 것은, 존재하는 모든 것이 그런 영역 내에 놓일 수 있다는 가정이다.

그가 이런 의견을 지지하면서 제시하는 논증은 다음과 같다. 비자연적 사실을 해산시키려는 경향을 위한 주요 자원은, 실재(reality)

는 근본적으로 한결같아야 한다는 확신[교설]이다. 그런 확신에서 다음이 추론된다. 더욱 넓은 영역에 대해 자연적임을 논증적으로 확대 주장하자면, 모든 것이 자연적이다. 그러나 이러한 추론의 긴장에서도, 우리는 수학, 논리학, 윤리학, 도덕성 등등의 **외견상**(*super-ficially*) 비자연적인 사실을 마주한다. 자연주의자는, 그렇게 명확한 반례마다, 그 쟁점의 사실들이 실제로 존재하지 않는다거나(회의주의), 또는 그런 사실들이 자연주의 용어로 절묘하게 분해될 수 있다는 것(환원주의)을 보여줌으로써, 이러한 긴장을 완화하려 애쓴다. 그러나 호위치의 주장에 따르면, 이러한 책략은 임시보조 가설(ad hoc)일 뿐 아니라, 그 전략이 격퇴하려는 전-이론적 반-자연주의 (pretheoretical anti-naturalist) 주장은, 자연주의가 기대하는 (단지) 전체 단순성(global simplicity)을 위해 합리적으로 포기할 수 없는, **데이터**(*data*) 자격을 지닌다. 그러므로 그러한 교설은 "비합리적인 과도한 일반화"로서 거부되어야 한다.

호위치는 둘째 장에서, 자신의 반-자연주의 논증이 언어에 관한 사실에 근거하지 **않았다**는 주장으로 시작한다. 그렇지만 그가 고려하는 질문은 이렇다. 어떤 의미에서 철학의 "언어적 전회(linguistic turn)"를 존중할 여지가 있는가? 그의 대답은 "그렇다"이다. 우리는 진정으로 **극단의**(*extreme*) 언어적 전회를 포기해야 한다. 그런 언어적 전회에 따라, 어느 형이상학적 결론이 언어적 특징에 따라 유도되거나, 혹은 언어적 기획으로 간주될 수 있기 때문이다. 그러나 우리는 그런 생각에 관해 후기 비트겐슈타인의 덜 극단적인 버전을 받아들일 수 있고, 받아들여야만 한다. 그래서 철학적 추론에서 우리가 특히 혼동하기 쉬운 경향이 있음을 인식하고, 따라서 채용된 용어와 개념에 대해 의식하여 주의할 필요가 있다.

2. 자연화된 이유

대니얼 데닛(Daniel Dennett)은 「이유의 진화(The Evolution of Reasons)」에서, 목적, 이유, 기능 등이 모두 생물학적 현상에 관한 자연주의 설명에 매우 중요한 역할을 담당한다는 논제를 강력히 방어한다. 이런 관점에서, 그는 피터 갓프리-스미스(Peter Godfrey-Smith), 알렉산더 로젠버그와 같은 많은 탁월한 생물철학자와 생물학자 리처드 도킨스(Richard Dawkins)로부터 거리를 둔다. 그는 이러한 반목적론의 극단적 교조주의자들이 선택하는 과장된 부분을 탐색한 후, "여기[그 주장]에 작용하는 미묘한 힘 중 하나는, 창조론자와 '지적 설계' 신봉자(Intelligent Design crowd)를 어렵고 힘들게 만들려는 욕구이다."(105쪽)라는 전망과, 중요한 관찰(분석)을 제시한다. 헌신적 자연주의자의 논쟁 동력은 다음 두 가지 완고한 선택지로 나타난다. (a) 우리가 일반 대중에게, 그들이 가정하는 명백한 설계, 목적, 기능 등이 **단지** 명확해 보일 뿐, 실제 존재하지 않는다고 확신시켜야 하는가? 아니면 (b) 다윈주의 이론이 전해준 진정 놀라운 성취는, "지적 설계자(Intelligent Designer) 없는 실제 설계가 정말로 있을 수 있다"(107쪽)는 해석이라고 알려주어야 하는가?

그래서 이 논제는 오직 전문 철학자와 생물학자만이 참여하는 어떤 은밀하고 심원하며 내밀한 논쟁이 아니다. 그 반대로, 이것은 현재 진행의 소위 **문화 전쟁**(*Culture Wars*)에 중요한 진보를 이룰 잠재력을 지닌다. 이 쟁점에 대해 지적 설계 운동이 할 수 있는 최선의 주장이란, **자연에 설계된 것이 있다**는 경험적 전제로부터, **그런 설계를 위한 설계자가 있어야만 한다**고 추론하는 식의 겉으로만 그럴듯한 직관적 호소이다. 물론 이런 논증은 **최선의 설명에로의 추론**(*inference to the best explanation*) 또는 가추 추론(abduction) 형식의 사례이다. 데닛의 생각에 따르면, 다윈은 자연주의적으로 생각하려는 철학자에게 **더 나은** 설명이 있음을 보여줌으로써 그런 가추추론 논증의 호소를 무력하게 만드는 도구를 주었다. 즉, 많은 증거가 지지해주며, 우리가 생물학에 관해 아는 모든 것들을 세밀히 이해시켜주는 더 좋은 설명을 제시했다.

데닛의 논의의 출발점은, 진화 과정이 자연 시스템에 맞춤식 설계 또는 이유를 규정하는 방식이다. "자연선택에 의한 진화는, 사물이 다른 방식이 아닌 특정 방식에 따르는 이유를 '찾고' '추적하는' 일련의 과정이다."(107쪽) 이러한 종류의 이유와 인간 설계자에 의한 이유 사이의 차이는, 후자가 그것을 생각해내는 사람의 마음에서 나오는 반면, 전자는 그 무엇의 마음으로부터도 나오지 않는다는 데에 있다. 적어도 호기심 많은 인간 탐구자가 그것에 다가서기 전까지는 아니며, 그것들에 관해 정확히 이론화하거나, 역공학(reverse engineering) 기술로 그것들을 성공적으로 재생산하기 전까지는 아니다.

데닛이 자신의 견해를 제시하면서 채용하는 중요 구분은 **무엇을 위해**(*what for?*) 의미에서 "왜?"와 **어떻게 하여**(*how come?*) 의미에서 "왜?" 사이의 차이이다. "당신은 그 가게에 왜 갔느냐?"는 당신은 **무엇을 위해** 이것을 하느냐를 물으며, 그 질문은 식품점에 간 **이유**와 **목적**에 관심의 초점을 맞춘다. "헬륨을 넣은 풍선은 왜 높이 올라가며, 제논(zenon)을 넣은 풍선은 왜 아래로 떨어지는가?"라는 질문은 **어떻게 하여** 그러하냐를 묻는 것이며, 그 질문에 대한 올바른 대답은 헬륨, 제논, 그리고 공기를 구성하는 질소, 산소, 이산화탄소 등의 혼합물의 상대적 원자 무게에 초점을 맞춘다. 데닛의 설명에서, 이유가 자연에 어떻게 맞춰 넣어졌는지 이야기는, 자연선택의 진화가 어떻게 하여 시작되었고, 결국 무엇을 위해 결말지어질지의 이야기이다. 그가 주장하듯이, "자연선택은 여러 세대에 걸쳐 이유를 '발견하고', '승인하고', '집중하는' 자동적 이유 탐색기이다." (116쪽)

이러한 놀라운 인용문은 중요하며, 어떤 의미에서 데닛과 로젠버그 및 갓프리-스미스와 같은 이론가들 사이의 잘잘못을 가리는 지점이다. 다시 말해서, 그 놀라운 인용문은 자연선택이 의도되지 않았으며, 자체의 이유를 갖지 않는다는 것을 알려주기 위해 필수적이다. 그러나 데닛의 논문에서 중심인 도발적 움직임은, 자신이 심리철학에서 상당한 효과를 전개했던 지향적 태도(intentional stance)를 자연선택의 과정에 적용한 데에 있다. 논문의 뒤에서 데닛은 독자에게 이렇게 말한다. "진화론자의 방식으로 지향적 태도 이야기를 이해한다면, 부분이 아닌 전체 구도를 잘 볼 수 있고 이는 바람직하다. 왜냐하면 기능을 가정하지 않고는 생물학을 할 수 없고, 모든 곳에서 이유를 찾지 않고서는 기능을 가정할 수 없기 때문이다."(130쪽) 그러므로 그 놀라운 인용문이 어떻게 효과를 발휘할지에 상당한 공을 들이게 된다. 로젠버그의 논문은, 누군가 이러한 쟁점을 허무주의 방식으로 생각할 때 어떤 일이 일어나는지에 대한 안내문으로 읽혀질 수도 있다. 한때, 데닛은 지향적 태도를 이론가에게 (형이상학적 문제에 관해 전략적으로 용의주도한 가운데) 그들이 필요하다고 말하는 인식적 도구를 제공하기 위해 독창적으로 적용했다. 진화를 붙드는 것이 생물학 영역에서 설계, 기능, 그리고 진정한 목적이 있음을 부정한다는 것을 의미한다는, 매우 흔한 인식을 공격하기 위해 실질적 재원을 제공한 것은 도발적이고 진취적인 제안이다.

루스 밀리칸(Ruth Millikan)의 논문, 「자연적 목적의 엉킴, 그것이 바로 우리(The Tangle of Natural Purposes That Is Us)」는, 데닛

이 시작한 생각, 즉 어떻게 인간이 미래의 목표(future goals) 혹은 표적 설정(aiming)을 위한 이유를 가질 수 있는지를 설명함으로써 시작했던 생각의 연장선에 있다고 이해될 수 있다. 밀리칸은 자연선택과 우리의 풍부한 문화적 삶 사이의 교차점에 놓인 두 가지 근본 질문에 대답하려 한다. 첫째 질문은 인간에 관한, 즉 표적 설정이란 진취적 능력에 관한 매우 중요한 쟁점을 포함한다. 만약 자연선택이 무작위로 만들어진 형식으로 작용하며 [지난 후] 돌아보고서야 이해될 수 있다면, 미래의 목표를 포함하는 표적(aims)을 어떻게 설명할 것인가? 둘째 질문 역시 인간문화에 포함된 것, 특히 예술과 관련된다. 자연선택이 무엇을 위해 선택하는지가 단지 생물학적 적응뿐이라면, 종종 우리를 생물학적 적응에 실패하도록 만드는 '표적'을 포함하는, 특정 행위 혹은 기질이 어떻게 자연적 '목적(purposes)'을 지속해서 가지는가? 그녀는 둘째 질문에 대답하는 것으로 출발한 후, 첫째 질문으로 옮겨간다.

밀리칸은 두 수준의 메커니즘을 구분함으로써 생물학적으로 부적절한 표적을 설명한다. 첫째 수준은 생물학적 적응과 직접 결부되는 행동과 능력을 선택하는 메커니즘이다. 그런데 둘째 수준, 예를 들어, 조작적 조건화(operant conditioning)와 같은 메커니즘은 본래 생물학적 적응 때문에 선택되었으나, 그 자체가 생물학적 적응에 부적절한 행동을 우연히 발생시킬 수 있다. 다른 말로, 비록 그러한 둘째 수준 메커니즘이 생물학적 적응에 도움이 된 덕분에 선택되었다고 하더라도, 그 경우가 그것으로부터 발생한 모든 목적이 생물학적 적응을 돕는 활동으로 나타나지 않을 수 있다. 실제로 그러한 활동은 (그것을 일으킨) 첫째 수준 메커니즘의 목적과 충돌할 수 있다. 이런 이야기는 다윈주의에 목표와 표적을 설명하는 풍성한 방법을 제공한다.

그런 후 밀리칸은 여러 표적 내에, 그리고 다양한 선택 과정에서 파생되는 표적들과 목적들 사이에, 다양한 여러 종류의 충돌에 대해 논의한다. 예를 들어, 동물들은 피드포워드 지각(feedforward perception) 메커니즘과 (유사한) 추론 메커니즘으로, 상상적 시험을 해 보고 오류를 파악한 후, 최선의 선택지로 서로 다른 대안 및 표적을 표상할 수 있다. [그리고 그 표적과 목적 사이에 서로 충돌하는 일이 발생할 수 있다.] 끝으로, 그녀는 자신의 첫 질문으로 돌아간다. 자연선택이 표적을 어떻게 설명해줄 수 있을까? 그녀의 대답에 따르면, 명시적 표적(explicit aims)은 지시적 표상 매개물(directive representational vehicles)이다. 자연선택(첫째 수준 메커니즘)은, 표적을 가질 수 있고 표상할 수 있는, 우리의 능력을 선택한다. 그런 능력이 우리의 복잡한 인지 시스템에 포함된다. 우리의 표적을 표상하고 평가하는 능력은 생물학적 적합성(biological fitness)을 높여준다.

똑같은 설명이 우리의 언어 능력에도 적용될 수 있다. 이러한 능력은 인간들 사이에 협력을 위해서 첫째 수준의 메커니즘으로 선택되었으며, 그러한 협력 기능은 우리의 자연적 목적이 된다. 일단 이러한 둘째 수준 메커니즘이 발달하기만 하면, 우리는 은유(metaphor), 시(poetry) 등을, 그 외의 다른 소통 형식에서처럼, 생물학적 적응에 아무런 가치도 없는 곳에 사용할 수 있다. 밀리칸은 자신의 논문을, 특정한 표적, 즉 우리 고유한 의식적 목표(conscious goals)의 기원과 관련한 질문으로 맺는다. 어떤 것들은 표상을 포함하는 둘째 수준 메커니즘에 의한 결과이지만, 다른 것들은 특정한 방식의 사회화로부터 나온 결과물이다. 두 가지 선택지 모두 그녀의 그림에 적합하다.

3. 자연화된 지식

물론, 개념(concepts)에 대해, 명제 내용(propositional content)과 그와 유사한 언어적 도구로 묘사하는 것은 매우 자연스럽다. 그러나 만약 우리가 다윈주의 진화의 산물로서 우리의 본성을 정당화하는 인간 마음을 실제로 설명하고 싶다면, 성숙한 인지적 및 언어-의존적 능력이 우리의 발생적 목록 중 더 단순하고 덜 추상적인 국면으로부터 구성적으로 어떻게 설명될 수 있는지를 설명하려는, 상향식(bottom-up) 접근법으로 찾아보아야 한다. 엘렌 프리들랜드(Ellen Fridland)와 레이 브라시어(Ray Brassier)의 논문은, 그러한 접근법의 가능성에 대한 매우 유용한 개괄을 제시한다. 무하마드 알리 칼리디(Muhammad Ali Khalidi)는 다른 전망에서, 즉 종(kinds)을 분류하는 전망에서 우리의 지식과 관련된 쟁점에 다가선다.

엘렌 프리들랜드는 논문, 「기술 학습과 개념적 사고: 야생에서 신보해온(Skill Learning and Conceptual Thought: Making a Way through the Wilderness)」에서, 우리가 충분한 이성적, 인지적 능력을 발달시킬 때, 기술 학습(skill learning)의 역할에 초점을 맞춘 이론의 가능성을 탐구하자고 제안한다. 프리들랜드는 인간과 동물 능력 사이에 연속성을 강조하는 현재 유력한 유행에서 뚜렷이 거리를 두어, 인간 기술이 동물의 능력과 수준 정도가 아니라, 종에서 다른 세 가지 핵심 모습을 확인하고 조명한다. 그녀의 용어법에 따르면, 그런 기술은 하위 분류의 능력이다. 즉, 기술(skill)이란 (그 능력 자체를 위해) 수고스러운 주의집중(attention) 및 조절(control)로 특징지어지는 과정을 통해 정교하게 발달되는 능력이다. 그와 같이, 기술은 인간이 할 수 있는 능력이지만, 우리가 아는 한, 동물은 획득하지 못한다.

그러나 프리들랜드에 따르면, 동물의 능력과 그렇게 상당히 다름에도, 인간의 기술 그 자체는 개념이 아니며, 개념으로 구성되지도 않는다. 개념을 가지려면 재결합 제약(recombinatorial constraint)과 일반성 제약(generality constraint) 모두를 충족해야 하지만, 기술은 **오직** 재결합 제약만 충족하면 된다. 기술은 특별한 맥락에 대해 특징적이며, 그런 만큼 일반성 제약을 충족하지 않는다. 이런 논점을 다른 방식으로 말하자면, 개념과 달리 기술이란 프리들랜드가 맥락-독립적 기준(context-independent criterion)이라 부른 것을 충족할 수 없다. 개념과 기술 사이의 뚜렷한 대조는 아래와 같다. 개념을 가진 자는 주어진 환경과 무관하게 추상화할 수 있지만, 기술을 가진 자는 특정한 맥락의 특이함에 점차 맞춰지는 만큼, 더 능숙해진다. 프리들랜드는 이것에 대한 이해를 도와주는 사례를 이렇게 말한다. "만약 누군가 자전거길 도로(예를 들어, 평평한 포장도로, 풀밭 언덕, 또는 바위투성이 내리막 등)의 정확한 재질, 정확한 비탈, 정확한 균일성 등에 반응하지 못하면서 자전거를 탄다면, 그는 자신의 자전거를 지탱하는 데 필요한 순간순간의 몸 균형 조절을 수행할 수 없을 것이다."(169-170쪽)

프리들랜드는 이렇게 능력, 기술, 개념 등의 세 구분을 이용하여, 인간 발달에 관한 매우 미묘한 이야기의 가능성을 상세히 말한다. 어떻게 우리가 비인간 동물과 공유하는 능력으로부터 성숙한 인지 능력으로 도약할 수 있는지에 대해, 주저하지 않고 프리들랜드는 이렇게 제안한다. 우리는 "기술 학습을 통해 활동, 속성, 심적 상태 등이, 특정하고 직접적이며 구체적인 환경에서 벗어나, 처음 서로 다른 환경과 상황에서도 *생존할*"(170쪽) 가능성을 생각해볼 수 있다. 기술은, 우리가 명제적 사고의 재결합으로 바라보는 것들에서도 마찬가지로 발달할 수 있다. 그렇지만 그런 기술은 맥락 독립적이지 **않다**. 다시 말해서, 기술은 다중 역할을 발휘할 능력에 참여할 수 있지만, 기술이 참여하는 역할은 맥락 독립성이 요구하는 만큼 추상적이진 않다.

기술 학습이 그러한 재주를 어떻게 획득하는지에 관한 프리들랜드의 이야기를 정리하는 것은 여기 서문의 범위를 넘어선다. 그렇지만, 이러한 설명을 소위 심리철학 내에 언어의 주도권을 깨뜨리는 일에 관심 있는 이론가들에게 특별히 추천한다. 물론, 개념을 명제적 내용과 유사 언어적 도구로 묘사하려는 것은 매우 자연스럽다. 그러나 앞서 살펴봤듯이, 마음을 다윈주의 진화의 산물로 고려하는 것은 상향식 전망으로 생각하려는 사람들을 격려해준다. 그리고 이 논문은 그러한 접근법을 위한 가능성에 매우 유용한 개괄을 제공한다.

레이 브라시어는 논문, 「유명론, 자연주의, 유물론: 셀라스의 비판적 존재론(Nominalism, Naturalism, and Materialism: Sellars's Critical Ontology)」에서, 표상에 관한 셀라스(Wilfrid Sellars)의 설명을 이용하여, 자연주의자가 타협할 필요가 있는, 모순적으로 보이는 두 주장을 설명한다. 첫째로 실재의 본성이 비명제적이라는 사실과, 둘째로 우리가 실재에 관해 명제적 지식을 가질 수 있다는 사실 사이의 타협이다. 이 둘째 주장은, 실재의 형식이 비언어적이라는 사실에도 불구하고, 어떤 의미에서 실재의 본성을 반영하는 언어적 용어의 사용 및 적용을 포함한다. 브라시어는 셀라스가, 의미 기능주의 이론(functionalist theory of meaning)을 풍성하게 해주고, 언어적 용어가 어떻게 자연의 질서와 인과적 관계를 갖는지를 보여줌으로써, 그 두 사실의 충돌을 어떻게 타협할 수 있는지를 보여준다.

브라시어는 비판적 존재론이 말하려는 쟁점이 (자신이 믿는) 무엇인지를 밝히는 것으로 논의를 시작한다. 그 쟁점은 첫째, 이름의 본성과 이름과 그것이 가리키는 것과의 관계, 둘째, 이름과 사물 사이의 차이가 있는 이유, 셋째, 종류의 본성 등이다. 셀라스는 메타언어 기능주의자 설명을 제시한다. 그가 그런 설명을 하도록 촉발된 이유는 소여의 신화(the myth of the given)를 설명하려는 데에 있다. 소여의 신화는 일관성이 없는 다음 세 가지 관련으로 설명된다. 첫째, 감각 내용에서 오는 비추론적 지식, 둘째, 느껴진 감각 내용은 포착되지 않는다는(unacquired)[무의식적이라는] 사실, 그리고 셋째, 명제적 (혹은 개념적) 사실에 관한 지식은 포착된다는[의식적이라는] 사실 등이다. 셀라스는 그중 첫째에 반대하여, 감각 내용에서 얻어지는 지식이 포착되며[의식되며], 촉발된 개념에 의존한다고 주장한다. 그러나 자연주의자는 그러한 설명이 어떻게 가능한지를 해명할 필요가 있다. 그 논증의 첫 단계는 사고가 어떻게 언어적인지 보여주는 것을 포함한다. 다시 말해서, 사고가 내면화되어 언어로 외쳐지기 때문임을 해명해야 한다. 우리가 명제적 표현 또는 [내적] "외침"을 이해하지 못한다면, 명제적 사고를 이해할 수 없다. 만약 당신이, 규칙-지배 언어가 어떻게 소통의 구어 표현으로 작동하는지를 이해할 수 있다면, 그것이 규범적으로 사고를 안내한다는 것을 내면화할 수 있다. 그러나 그렇다면 당신은 물을 수 있다. 생각 중 규칙을 채용할 때 자신이 하는 것은 무엇일까? 어떤 하향식(top-down) 규칙도 없이 어떻게 메타언어 구조가 작동하겠는가?

이것이 바로 셀라스가 개념을 기능적 범주로 설명한다고 브라시어가 해명하는 지점이다. "빨강"이란 용어를 이용하면서, 그 용어가 "rouge"(프랑스어)란 용어처럼 논리적 공간에서 같은 방식으로 기능한다고 말할 때, 우리는 어떤 의미에서 특정한 기능을 수행하는 메타언어 총체(metalinguistic sortals)를 표현하기 위해 그 기호 ("rouge" 또는 "빨강")를 내민다. 그런 용어는 추상적 실재(abstract entities)를 가리키지 않지만, 표시하려는 기능적 범주를 표현하는 기호(signs)이다. 그러나 이제 우리는 이러한 메타언어 총체와 비명제적 실재 사이의 관계를 설명해야만 한다. 그것에 대해, 셀라스는 그림 그리기 시선(view of picturing)에 의존한다. 그림 그리기에서 그 관계는 인과적 관계이다. 사고하기와 구문적 형식 모두는 우리 신경계의 특징인 자연적 과정으로 실현된다(213-214쪽). 그러므로 궁극적으로, 언어적 기능은 언어적 형식과 사물의 다른 형식 사이의 패턴-지배적 연결에 근거한다. 그러므로 범주란 그 메타언어 기능으로 설명되며, 그 역할은 참인 표현(true representing)으로 설명되고, 그 표현은 생생한 그림 그리기(picturing)로 설명된다. 그러므로 근본적으로, 메타언어 총체는 자연주의적으로 설명된다.

결론적으로, 브라시어는 셀라스의 설명을 빌려 비판적 존재론의 핵심 쟁점을 설명하려 한다. 첫째, 이름(names)은 두 가지 다른 방식으로 기능하는데, [하나는] 메타언어 기능에 의해 의미론적으로, 그리고 [다른 하나는] 세계의 다른 사물을 묘사하는 자연 언어적 대상처럼 인과적으로 기능한다. 둘째, 종(kinds)은 "규칙-지배적 발화 (rule-governed tokenings)의 독특한 패턴에 반응하는" 메타언어 총체이다.

무하마드 알리 칼리디는 「자연화하는 종(Naturalizing Kinds)」에서 자연종(natural kinds)에 관한 본질주의자(essentialist) 설명과 다른 자연주의자 대안을 명확히 구분하고 방어한다. 그는 자연종에 관한 자연주의자 설명을, 자연종에 관한 몇 가지 탁월한 역사적 및 현대적 설명, 즉 밀(John Stuart Mill), 콰인(W. V. O. Quine), 뒤프레

(John Dupré), 보이드(Richard Boyd) 등과 비교, 대조하여 명확히 구분한다. 자연종이 고안되었다고(invented) 주장하는 이론가들과 달리, 칼리디는 자연종이 과학으로 발견되었다고(discovered) 주장한다. 그는 자연종에 대한 밀의 설명을 제시하는 것으로 논의를 시작한다. 그 논의에 따르면, 밀은 자연종이 과학으로 발견되었으며, 자연종에 관련된 속성들은 과학의 탐구 과정에서 수정된다고 주장했다. 그렇지만 칼리디의 주장에 따르면, 밀이 자연종과 관련한 "중요한" 속성들이 그 집합에 가장 "뚜렷한 개성(marked individuality)"을 부여하는 속성이라고 주장할 때, 그는 방향을 잘못 잡았다. 정말로 중요성을 이해하는 더 나은 방식은, 기획된 역량으로서, 인식적 목표에 따라, 경험적 일반화를 시도하고, 방대한 데이터를 개괄하며, 설명적 특성을 가지며, 타당한 예측을 시도해야만 한다.

이후 칼리디는 콰인의 주장, 즉 자연종이 결국 과학의 발전과 함께 전체적으로 필요 없게 될 것이라는 주장을 반박한다. 그의 주장에 따르면, 유사성이 분류를 위한 임시적 기반이며, 그것은, 훨씬 더 정교한 동일성 개념이 선호됨에 따라서, 마침내 필요 없어질 것이라는 콰인의 주장은 분명 옳다. 그렇지만 자연종은, 정교한 동일성 개념과 공유된 속성에 근거함으로써 보존될 것이다. 비록 콰인이 자연종을 (의심되는) 통속적 범주(folk categories)와 결부시키더라도, 그러한 범주가 비록 과학적 탐구를 통해 수정되더라도, 과학의 탐구 목적에 어울리게 될 것이라고 칼리디는 주장한다. 또한, 이따금 통속적 범주는, 과학적 범주의 탐구 목적에 타협하는 목표와 방향을 설정할 수 있다. 이런 생각은 그를 뒤프레의 자연종에 관한 다원주의자(pluiralist) 또는 "혼잡한 실재론자(promiscuous realist)"로 이끈다.

뒤프레의 주장에 따르면, 통속적 범주와 과학적 범주 사이에 어떤 적법한 차이도 없다. 그것들이 서로 다른 목적을 가지기 때문이다. 이런 주장에 칼리디는 "모든 목적이 동등하게 탄생하지 않았다"(246쪽)라고 하며 반대한다. 왜냐하면 인식적 혹은 과학적 목적이, 과학적 범주가 자연에 현존하는 분할(division)을 발견 또는 폭로하려는 것이라는 사실 때문에, 특권을 갖기 때문이다. 그러므로 칼리디는, 통속적 범주가 언제나 과학으로 대체될 수 있다는 콰인의 주장과, 통속적 범주가 일반적으로 과학적 범주처럼 적법하다는 뒤프레의 논점 모두를 거부한다.

끝으로, 칼리디는 자신이 공들이는 설명을, 자연종을 항상성 속성 덩어리로 설명하는 보이드의 설명과 관련시킨다. 비록 보이드의 설명이, 엄밀한 평형 상태로 속성 덩어리를 유지하는, 고정된 인과 메커니즘을 긍정적으로 가정하기에 결함이 있겠지만, 그의 설명은 자연종과 연관된 속성들 사이에 인과적 연결이 있다는 것을 강조한다는 점에서 추천될 만하다. 칼리디는 자연종의 모든 사례에 적용되는 단일 인과적 주형(causal template)이 있다는 것을 의심한다. 즉, 종에 연관된 모든 혹은 대부분 속성을 발생시키는 명확한 인과 메커니즘이 있다는 것에 반대한다. 그렇지만 그는 보이드의 주장, 즉 자연종이 속성 집합과 연관될 뿐만 아니라, 인과적으로 다양한 방식으로 연관되는 속성 집합이라는 주장에 동의한다. 그러므로 칼리디는 세계에 자연종이 존재하며, 그것이 과학으로 발견된다고 주장하는 실재론자 설명을 내세울 뿐만 아니라, 우리는 자연종을 (그것이 기여하는) 인식적 목표에 근거해서 교정한다는 것을 강조하는 이론가이기도 하다. 과학 탐구 목적을 성장시키는 분류법은, 그것이 자연의 실재 분류의 발견을 조준하는 만큼, 다른 분류법에 비해 특권적이다.

4. 자연화된 인간 마음

이 마지막 단원에서 여러 필자들은 인간 마음의 서로 다른 중요한 특징에 달려든다. 첫째, 팀 크레인(Tim Crane)은 인간 마음의 고유함(uniqueness)을 논의한다. 둘째, 한스 뮐러(Hans Muller)는 자연주의자가 지향성(intentionality)에 관해 무엇을 말해야 하는지를 논의한다. 마지막으로 바나 바쇼(Bana Bashour)는 자연주의 세계관에서 나오는 도덕성(morality)에 대한 자신의 견해를 제시한다.

팀 크레인은 「인간의 고유성과 지식의 추구: 자연주의적 설명 (Human Uniqueness and the Pursuit of Knowledge: A Naturalistic Account)」에서, 인간의 고유함을, 지식 자체를 위해 지식을 탐구하는 능력으로 규정하려 한다. 다른 동물과 달리, 인간은 어떤 주제에 관해 도구적 목적을 마음에 떠올리지 않고서도 그 이상을 발견하는 데에 관심을 가질 수 있다. 크레인은 다음 주장으로 논의를 시작한다. 인간과 다른 동물 사이의 다름에 관한 논의가, 종 또는 정도의 다름에서처럼, 잘못 안내되었다. 그의 주장에 따르면, 인간과 다른 덜 지적인 생명체 사이의 차이는 각자의 인식적 노력의 본성에 있다. 그는 논문 첫 번째 절에서, 인간이 지식 자체를 위해 지식을 탐구할 수 있다고 주장하며, 이것을 부정하려는 몇 가지 설명에 반론한다. 첫째, 혹자는 도구적 지식(instrumental knowledge)과 본유적 지식(intrinsic knowledge)의 구분에 반대하여, 본유적 지식처럼 보이는 것이라도, 이것 혹은 다른 것을 알고 싶은 특정 욕구에 대한 만족으로 설명될 수 있다고 주장할 수 있다. 그렇지만 만약 이런 구분이 사라진다면, 그러한 기준에 따라서 우리는 특정 욕구, 즉 어떤 추가적 욕구를 염두에 두지 않고 단지 무언가 알고 싶어 하는, 욕구의 중요 특징을 놓치게 될 수 있다. 그런 종류의 욕구가 인간에게 독특하다고 할 만하다.

본유적 지식과 도구적 지식 사이의 이러한 구분에 반대하는 다른 시도는, 진화적 설명에 따라서 인간 역량의 어느 적응(adaptation)이라도 적합성-강화(fitness-enhancing) 이유 때문이라고 주장하는 것이다. 비록 이런 설명이 인간 역량 그 자체가 적응적이라는 의미를 담고 있지만, 이런 역량의 각기 특징적인 목표 그 자체가 적응적인 경우는 아니다. 예를 들어, 특정 분야의 지식을 탐구하는 목표는 그 경우가 아니다. 끝으로, 그는 램지(F. P. Ramsey)가, 믿음이 행동의 효과로 규정될 수 있다는 견해를 고려하면서, 그런 견해가 욕구 만족이 무엇을 포함하는지는 물론, 문제의 욕구와 믿음과의 관계에 관해서도 설명하지 못한다고 주장한다. 계속해서 그는 어떤 지식을 그 자체의 목적을 위해 추구하는 역량은 오류 개념(error concept)을 가지는 것을 포함하며, 믿음과 언어를 가진다는 것 사이의 관계에 관해 네이빗슨(Donald Davidson) 논증에 부분적으로 의존한다고 주장한다. 언어를 가진다는 것은 오류 개념을 가지는 것과 같다. 왜냐하면 오류 개념을 가져서 인간은 옳은 믿음과 그른 믿음 사이를 구분할 수 있기 때문이다. 그것은 언어가 우리에게 부여하는 어떤 수준 혹은 표상을 요구한다.

크레인은 다음 절에서, 이러한 중요한 구분을 지지하기 위해 인간과 동물 심리학의 실험 사례를 소개한다. 비록 동물이 서로 소통하며, 상당히 복잡한 의사소통을 할 수 있지만, 이런 소통은 언제나 동료에게 유용할 수 있는 환경의 특징(예를 들어 어떤 포식자의 출현)을 가리키려는 것이다. 그렇지만 인간 아기는, 비록 언어를 사용할 수 없음에도, 어떤 욕구를 표현하기 위해서만이 아니라, 이따금 어떤 환경의 특징을 단지 보여주려고 사물을 가리킨다. 그들은 그것을 단지 도구적으로 가리키려는 것이 아니라, 진술하기 위해서 가리킨다. 이런 행동은 다른 동물들에게서 일어나지 않는 사건이다. 크레인은 계속해서 말한다. 비록 침팬지가 다른 동료가 보거나 볼 수 없는 것을 믿는 마음 이론(theory of mind)을 가지더라도, 그들은 그 믿음을 다른 침팬지의 것으로 귀속시킬 수 없다. 그렇다는 것을 보여주는 많은 증거가 있다. 만약 이것이 옳다면, 침팬지는 지식 자체를 위해 알려는 지적 욕구를 가질 수 있게 해주는 오류 개념을 갖지 못한다. 끝으로, 심리학의 다른 실험에 호소함으로써 크레인은 학습과 모방이 인간 어린이에게 독특한 역할을 하지만 침팬지에게는 그렇지 않은 이유를 논의한다. 침팬지가 기대된 보상을 얻는 한에서 모방하는 반면, 인간 어린이는 모방 자체를 위해 모방한다고 인정된다. 그렇게 그들은 문화적 종의 구성원이다. 크레인은 이렇게 결론내린다. 인간에게 독특함이란 지식 자체를 위해 지식을 추구하는 능력에 있으며, 이것은 그들이 오류 개념을 소유할 것을 요구한다.

한스 뮐러는 「자연주의와 지향성(Naturalism and Intentionality)」에서, 로젠버그의 「마법이 풀린 자연주의」와 데닛의 「이유의 진화」에 나오는 생물철학의 교훈을 심리철학의 핵심 쟁점에 적용한다. 뮐러는, 로젠버그의 "아무 생각 없이도 뇌는 모든 것을 한다"(69쪽), 그리고 "본유적 지향성이란 불가능하다"라는 의도적인 도발적 주장에 초점을 맞춘다. 다른 맥락에서, 로젠버그가 내놓은 비슷한 논평은, 다른 비평가에 의해서, 정신적 표상의 가능성을 부정하는 것으로 해석되었다. 뮐러의 주장에 따르면, 로젠버그가 실제로 말한 것은 훨씬 미묘하고 흥미롭다.

뮐러는 심리철학의 지향성 논의가 다음 두 관련 논제로부터 많은 영향을 받아왔다는 것에 주목한다. 첫째, 정신적 상태를 규정하는 여러 특징 중 하나(즉, 소위 정신의 징표)는 비존재 표상 상태 (nonexistent representational states)에 대한 잠재적 표상 능력이며, 둘째, 믿음과 욕구가 그 대표적 상태이다. 사건의 상태(the states of affairs)를 기술하는 가장 자연적인 방식은, 문법학자가 완전한 사고 라고 부르는, 명제로 구성하는 것이다. 그리고 반대로, 믿음과 욕구 가 무엇에 관함인지를 이야기할 때, 우리는 "~에 **관한** 내 믿음"과 "~이라는 당신의 믿음"이라고 습관적으로 말한다. 여기에서 생략 부분은 명제로 채워진다. 그러한 관측의 전망에서, 뮐러는 앞 문단 에서 살펴본 로젠버그의 두 주장에 대해 독자 스스로 해석자의 자 격을 갖추도록 용기를 돋운다. 이 문제에 대해 로젠버그는 이렇게 결론 내린다. "결론적으로, 뇌는 자체의 정보를 명제적으로, 즉 본래 적 지향성을 요구하는 방식으로, 획득하고, 저장하고, 채용하지 않 는다."(68쪽) 그런 결론은 어떤 표상도 존재하지 않는다고 말하는 것과 중요한 차이가 있다. 이 쟁점은 지향적 내용으로 구성되는 표 상적 내용과 관련된다.

만약 여기에 대해 로젠버그가 옳다면, 심리철학과 언어철학의 최 근 많은 저작은 마땅히 재평가될 것이다. 뮐러의 논문을 지지하는 사람도 그러한 재평가를 시도해볼 수 있다. 그는 본유적 지향성과 파생적 지향성(derived intentionality) 사이에 존 설(John Searle)의 구분을 비판적으로 검토한다. 뮐러는, 설이 인과적 과정(causal pro-cesses)과 기능적 과정(functional processes) 사이의 더 나아간 구분 에 근거하여 이렇게 설명한다는 것을 주목하고, 이러한 구분이 실제 로는 설의 논증이 요구하는 것을 만족시킬 정도로 충분히 강건하지 못하다고 주장한다. 다음에 뮐러는, 자연이 계층적으로 조직되었다 는 윌리엄 라이칸(William Lycan)의 형이상학 논제, 즉 스스로 "자 연의 수준 연속성(the continuity of levels of nature)"이라 부르는 논제를 다룬다. 그다음에 그는, 지향적 상태는 이러한 형이상학적 원리에서 전혀 예외적이지 않으며, 따라서 그 연속체의 한쪽 끝을 구성하는 믿음과 욕구라는 높은 인지적 상태의 **지향성의 수준 연속성**(*continuity of levels of intentionality*)이 있다고 주장한다. 밀러는 계속해서, 이러한 계층의 극단적 끝의 상태는, 종-역사적 관점에서, 상대적으로 최근에 등장했다는 것을 주목한다. 첫째로, 우리는, 믿음과 욕구에 해당하는 종류의 정보를 처리하는 어느 뇌의 시스템이라도 훨씬 더 단순한 종류의 정보를 다루는 시스템으로 구성된다고 생각할 좋은 이유를 갖는다. 둘째로, 그것은 바로, 표상적 내용을 명제로 구성할 역량을 발달시키기 오래전 인간과 다른 영장류의 표상적 상태가 있었던 경우일 것이다. 이것은, 명제적 내용이 **본래적 지향성**의 자리이며, 모든 다른 표상적 내용이 그 본래적, 명제적 내용으로부터 단지 파생되었다는 생각에 중대한 도전을 제기한다.

다음 절에서, 밀러는 심리철학 내에 그러한 통찰을 진화생물학에 근거해서 정당화하려는 세 가지 최근 연구 기획을 검토한다. 첫째는 태머 젠들러(Tamar Gendler)의 "원초적 믿음(aliefs)"[1])에 관한 설명으로, 이것은 우리가 비인간 동물과 공유하는 표상적 상태이다. 젠들러에 따르면, 많은 원초적 믿음은 명제적 내용이 아닌 표상적 내용을 갖는다. 밀러가 고려하는 둘째 기획은 수잔 커닝햄(Suzanne Cunningham)의 제안으로, 이것은 지향성 연구를 둘로 나누려는 기획이다. 한편으로 기초 정서를 지각 상태에 따른 두려움으로 설명하려는 것과, 다른 한편으로 믿음 및 욕구와 같은 높은 인지적 상태를 훨씬 전통적으로 설명하려는 것이다. 커닝햄 접근법의 중요한 부분은 전자의 지향적 상태에 대한 설명을 생리학과 신경학에 기초하려

---

1) [역주] 인간이 비동물과 공유하는 연합적, 자동적, 비이성적 믿음 같은 것으로, 이성적 사고보다 행동에 더 큰 영향을 미치는 것을 말한다.

는 기획이다. 끝으로, 밀러는 칼 사크(Carl Sachs)의 비인간 동물의 정신적 상태의 지향성에 관한 아주 최근 연구를 끌어들인다. 사크에 따르면, 인간 존재는 **판단자**(*judgers*)이며 **행위자**(*agents*)인 반면, 동물의 정신은 **지각**(*perceiving*)과 **반응**(*responding*) 수준에서 작동하므로, 다른 종류의 지향성을 가진다. 밀러의 주장에 따르면, 이러한 구분이 여러 종 사이의 비교에 적용될 뿐 아니라, 인간의 다양한 유형의 정신적 표상을 이해하기 위한 중요한 함축을 지닌다.

결국, 밀러는 지향성을 설명하는 전망에 관해 낙관적이며, 그것은 현대 철학적 자연주의 교설과 일관성이 있다. 그러나 그는 이러한 낙관주의가, 명제 태도의 표상적 내용을 "고정시킬(fix)" 것이라는, 진화론의 목적론적 이야기를 발견할 듯한, 더 나아간 낙관주의에 기초하지 않는다는 것을 명확히 지적한다. 그런 낙관주의에 진보가 기대되지 않는다. [즉, 이런 탐구 방향은 성공적이기 어렵다.] 밀러의 주장에 따르면, 우리는 지향성 수준의 연속성에서 서로 다른 끝단에 집중해야 한다. 그것이 진보가 더 잘 이루어질 장소이다. 그리고 진화생물학은, 우리가 더 복잡하게 가지는 역량, 즉 더 명시적인 인지적 표상 상태가 그러한 훨씬 기초적인 역량으로부터 확립될 것이고 상당히 의존한다고 생각할 좋은 이유를 제공해준다. 밀러는 이렇게 결론 내린다. 이것은 지향성 설명을 시작하게 해줄 연속체의 올바른 끝단이며, 우리가 덜 인지적인 전임자의 본성에 관해 더 많이 알 때까지, 충분한 인지적 상태의 표상적 내용에 관한 이론화를 신중하게 저지시켜줄 것이다. 그러한 전략은, 명제 태도의 내용이 언어적 내용으로 가장 잘 규정될 것 같다는 관찰로부터, 모든 표상적 내용이 본성적으로 언어적일 것 같다는 가정으로 추론되는 유력한 경향에 맞서는 유용한 교정으로 보인다.

바나 바쇼는 「나는 좋은 동물이 될 수 있을까?: 덕 윤리학에 대한 자연화된 설명(Can I Be a Good Animal?: A Naturalized Account of Virtue Ethics)」에서 자연주의 세계관이 윤리학에 관해 말해줄 수 있는 것을 저지하려 시도한다. 그녀는, 앤스컴(G. E. M. Anscombe) 에 따라서, 비종교적 세계관은 도덕철학에서 근본적 전환(radical shift)의 필요성, 즉 종교적 형식의 명령문을 포함하지 않는, 또는 '해야 할(ought) 것'과 '하지 말아야 할 것'의 목록을 포함하지 않는 도덕 이론의 필요성을 끌어낸다고 주장한다. 그보다도 우리에게 필요한 것은 행위자의 덕(virtue)에 근거한 이론이다. 그렇지만 20세기 덕 윤리학자들(virtue ethicists)은 고색창연한 심리철학, 즉 (전부터 인기 있었던) 성향 심리학(dispositional psychology)에 의존했다. 그런 도덕 이론에 따라서, 그 윤리학자들은, 덕을 지녔다는 것은 어떤 방식으로 행동할 성향이 있다는 것을 의미한다고 주장했다. 이러한 설명에 많은 반론이 제기되었는데, 일부는 덕의 문화적 상대성을 공격하였고, 다른 이들은, 우리가 생각하는 것보다 외적 환경에 더 많은 영향을 받는다고 주장하는 상황주의(situationalist) 반론을 제시하기도 하였으며, 그리고 많은 이들은, 우리가 무엇을 해야 하는지에 관한 근본적 도덕 질문에 대답하지 못하는 무능력을 문제 삼기도 하였다. 마지막 반론에 대해 바쇼는 그것이 다음 논점을 놓친다고, 즉 덕 윤리학자는 이것이 윤리학의 근본 질문이라는 것을 부인하려 들며, 도덕적 추론을 완전히 다른 방식으로 추구하려 하지 않는다고 주장한다.

그런 후, 바쇼는 데닛이 제시한 심리철학에 의존하여 유덕한 행위자(virtuous agent)에 대해 설명한다. 데닛의 주장에 따르면, 지향적 상태(intentional states)란, 지향적 시스템의 행위를 설명하고 예측하기 위해, 지향적 태도(intentional stance)를 가지는 경우 [그 성향을] 귀속시킬 수 있다. 그러므로 바쇼는 이렇게 주장한다. 덕을 지닌 행위자란 대단히 일관된 지향적 상태 집합이 그에게 [그 성향을] 귀속시킬 수 있는, 도덕적으로 적절한 참(true)인 믿음을 지닌 사람이다. 이것은 상대주의와 상황주의에서 나오는 두 반론을 회피한다. 첫째, 어떤 믿음은 도덕적으로 적절하며 참이어야 한다는 사실은, 비도덕적으로 관련된 경우 외에, 문화적 상대주의를 배제한다. 둘째, 성향의 상태로부터 지향적 상태로 관심 전환은 상황주의 위협을 제거한다. 왜냐하면 그것이 행위자의 지향적 상태에 관해 너무 많은 것을 우리에게 드러내지 않기 때문이다.

끝으로, 몇 가지 추가적 장점이 이러한 설명에서 드러난다. 첫째로, 내가 왜 도덕적이어야 하는지 물음에, 내적 충돌을 제거하고, 따라서 어떤 평화로운 마음을 얻어야 한다는 주장으로 대답해준다. 둘째 이득은 의지 나약함을 설명해주며, 그것이 행위자의 일련의 지향적 상태와 상충하는 욕구에 근거한 행동이라고 설명될 수 있기 때문이다. 셋째, 이러한 설명은 성격에 호소하는 설명을 이해시켜준다. 왜냐하면 성격이란 일련의 지향적 상태에 대한 속기(short-hand)로 여겨지기 때문이다.

이러한 덕 윤리학의 새로운 설명은 자연주의적이며, 다른 자연주의자들이 도덕철학의 도전적 질문에 대답하기 위해 제시하는 생각 및 도구에 의존한다.

1부

자연화된 형이상학?

2. 마법이 풀린 자연주의 1)

Disenchanted Naturalism

알렉산더 로젠버그 Alexander Rosenberg

자연주의란, 철학적 문제에 대답하기 위해 우리가 사용하는 도구가, 물리학에서 생물학 그리고 신경과학에 이르는 성숙한 과학적 방법 및 발견이라는 논제의 표식이다. 자연주의는 우리에게 과학적 발견과 양립 불가능한 철학적 질문에 대답할 필요가 없다고 말해준다. 자연주의는, 과학이 도달할 수 없는 한계를 말하는 회의주의(skepticism)는 물론, 지식의 저장소가 다양한 곳에 있다는 인식론적 다원주의(epistemological pluralism)를 배제하도록 만든다. 자연주의는, 과학이 파악할 수 없는 실재(reality)에 관한 사실이 있다는 것을 의심하라고 가르친다. 또한, 자연주의는, 과학의 발전 과정에서

---

1) [역주] 로젠버그는 왜 "disenchanted"라는 용어를 선택했을까? 과거 "자연주의"라는 개념이 마치 마법에라도 걸린 듯 만능열쇠로 과장되고 미화되어 인식된 적이 있었다. 하지만 오늘날 과학이 훨씬 발전한 결과 "자연주의"라는 개념에 걸려 있던 마법이 풀리고 마침내 그 용어를 객관적으로 검토할 수 있게 되었다. 그 점에서 로젠버그의 이 용어를 "마법이 풀린 자연주의"로 번역한다.

이제는 '증거의 부재(absence of evidence)'가, 반증이 없으면 승소라는 의미에서, '부재의 증거(evidence of absence)'를 위한 충분한 근거라고 우리가 확신 있게 주장하도록 만든다.2) 그런 강요는 신을 포함하여 훨씬 더 많은 것에까지 확장된다.

나는 자연주의가 옳다고 생각하지만, 또한 과학은 우리에게 실재에 대해 몹시 환멸적인 "수용"을 강요하기도 한다고 생각한다. 자연주의는, 거의 모든 사람이 "예"라는 대답을 기대하는 많은 질문에 "아니요"라고 대답하도록 우리를 강요한다. 그런 질문에는 자연의 목적, 삶의 의미, 도덕의 근거, 의식의 중요성, 사고의 특징, 의지의 자유, 인간 자기 이해의 한계, 인류 역사의 경로 등등에 관한 것들이 포함된다. 이러한 질문에 대해 과학이 제공하는 부정적 대답이야말로, 대부분의 자연주의자가 과학의 거슬리는 결론을 회피하려는, 혹은 적어도 토를 달거나, 재해석하거나, 또는 재구성을 모색하기 위해 찾았던 것들이다. 나는 상식 또는 현시적 이미지 또는 우리의 문화적 지혜 등과 과학 사이의 조화를 모색해온 철학자들의 합의에 동의하지 않는다. 변명하자면, 나는 거인들의 어깨 위에, 즉 (내 생각에) 여기 주장보다 더 당돌한 자연주의를 찾으려고 허망한 노력을 기울여왔던 많은 영웅적인 자연주의자들의 어깨 위에 서 있다.3)

---

2) [역주] 즉, 아직 과학이 설명할 증거를 가지지 못한다는 것은 단지 아직 우리가 알지 못한다는 것을 말해줄 뿐임을 자연주의는 확신 있게 이야기한다. 나아가서, 그런 증거를 갖지 못한다는 것이 신학이나 통속적 믿음에 기대야 한다는 것을 함의하지 않는다.
3) [역주] 즉, 나 역시 한때 극단적 자연주의자로서 허망한 노력에 매달렸다.

1. 삶의 집요한 질문들

평범한 사람들에게도 계속해서 묻게 만드는 여러 집요한 철학적 질문이 있다. 만약 우리가 과학을 잘 읽어낼 수만 있다면, 그런 철학적 질문들에 손쉽게 대답할 것이다. [그렇지만] 그런 대답은 우리가 원하는 것이 아니기에, 그 질문에 과학적 용어로 설명하는 것은, 과학에 관한 부당하고 과장된 의미로, "과학주의(scientism)"라고 비난받을 만하다. 나는 이런 혐의에 책임을 인정하지만, "부당한"과 "과장된"이라는 부분에 대해서는 이의를 제기한다. 다른 사람들과 마찬가지로, 나 또한 동성애자 공동체의 선전문을 흉내 내어, 그들이 "게이(gay)"나 "퀴어(queer)"라는 단어를 무단으로 바꿔 사용하는 방식으로, 나는 "과학주의적"이라는 단어를 (바꿔) 도용하겠다. 과학주의란 과학을 진지하게 받아들이는 사람이라면 누구라도 믿어야 하는 것에 대한 나의 표식이며, 과학주의적이란 단지 실재의 본성에 대해 과학적 묘사를 받아들인다는 노골적 형용사일 뿐이다. 우리는 과학주의자이기 위해 반드시 과학자일 필요는 없다. 사실 대부분 과학자는 과학주의자가 아니다. 왜 아닐까?

대부분 과학자는, 여러 집요한 질문에 대해 과학적 대답이 명백히 옳다고 인정하기를 기꺼워하지 않는다. 그들이 내키지 않는 이유는 충분한 정도를 넘어, 차고도 넘친다. 그 가장 좋은 이유는, 그런 집요한 질문에 대한 답변은 사람들이 듣고 싶은 소식이 아니며, 그로 인해 그 나쁜 소식은 그들이 과학적 연구를 알지 못하게 만들기 때문이다. 미국의 국립보건연구소(NIH) 또는 국립과학연구재단(NSF), 영국의 의학연구위원회, 프랑스의 국립과학연구센터(CNRS), 독일의 막스플랑크연구소 그리고 (대부분 연구가 이루어지는) 대학 등에 대한 지원금을 내는 사람들이 바로 그런 사람들이기 때문이다.

따라서 과학자들은 은폐하도록 유인된다. 그들에게는 또 다른 두 가지 이유가 더 있다. 첫째, 과학에 오류 가능성이 있으며, 과학자는 심지어 자신의 결론에 대해서조차 절대 확신하지 않도록 배운다. 둘째, 그 집요한 질문이 너무 광범위해서, 그 어떤 과학자의 연구 기획에서도 직접 다루지 못하며, 또한 다루려 하지도 않으며, 자신의 전문 분야 너머에까지 기웃거리려는 사람은 거의 없기도 하다. 과학자로서, 집요한 질문에 관한 과학적 실제 답변에 침묵하는 것은 신중하고 조심하는 태도이다.

그러나 비록 과학자가 털어놓더라도, 대부분 사람은 이해하지 못하기 때문에, 집요한 질문에 대해 과학이 내놓는 답변을 받아들이지 않을 것이다. 그 이유는 그런 답변이 줄거리가 있는 이야기 형태로 전달되지 않기 때문이다. 과학이 실재에 대해 발견한 것은, 동기와 행동을 서술하는 추리소설 서사로 포장될 수 없다. 다른 사람의 동기를 잘 살필 수 있는 인간의 마음은 긴 자연선택 과정의 산물이다. 자연은 우리를 음모론자로 만듦으로써, 우리에게 그러한 능력을 부여하는 문제를 해결했다. 즉, 우리는 자연의 모든 곳에서 동기를 발견하고, 우리의 호기심은 우리가 사물의 "의미"를 알고 나서야 만족된다. 자연의 기본 법칙은 대부분 시간과 무관한 수학적 진리로서 시간의 순방향만큼이나 역방향으로도 작동하며, 거기에 목적은 아무런 역할도 하지 않는다. 그래서 대부분 사람은 물리학이나 화학을 이해하는 데 어려움을 겪는다. 그것이, 과학 저술가들이 항상 이야기를 통해 사람들에게 과학을 전달하라고 조언받는 이유이며, 그것은 결코 과학이 실제로 작동하지 않는 방식이다. 과학의 법칙과 이론은, 놀라운 도입부와 흥미진진한 전개 그리고 만족스러운 대단원으로 이루어지는 이야기 형식을 취하지 않는다. 그런 이야기 형식은 사람들이 기억하기 어렵고 이해하기 어렵게 해준다. 줄거리를 갖춘 서사에 대한 우리의 요구는 실재를 파악하는 데 가장 큰 장애물이다. 그 요구는 또한 미끄러운 경사면을 기름칠하여 종교의 "지금까지 가장 위대한 이야기"로 미끄러지도록 하였다.

과학적 이해에서 장기적 진보는, 우리가 왜 좋은 이야기를 선호하는지 이유를 보여주었다. 그렇다는 것은 또한, 왜 그런 이야기들이 실재의 본성에 관해 실질적 이해를 결코 제공하지 못하는지도 보여준다.

2. 물리학적 사실이 모든 사실을 확정한다

세계는 실제로 무엇과 같을까? 그것은 페르미온(fermions)과 보손(bosons)이며, 이것들로 구성될 수 있는 모든 것이며, 또한 그것들로 구성될 수 없는 어느 것도 존재하지 않는다. 페르미온과 보손에 관한 모든 사실이, 실재에 관한 것, 그리고 우주에 존재하는 것 또는 그 어느 것이든 결정 또는 "확정한다(fix)." 이렇게 물리학으로 '사실-확정하기'를 표현하는 또 다른 방법은, 다른 모든 사실, 즉 화학적, 생물학적, 심리학적, 사회적, 경제적, 정치적, 문화적 사실이 물리학적 사실에 수반하며, 그것에 의해 궁극적으로 설명된다고 말하는 것이다. 그리고 만일 물리학이 어느 추정의 사실을 원리적으로 확정할 수 없다면, 그것은 결코 사실이 아니다. 실제로 과학주의 형이상학은, 기대보다 훨씬 더, 물리학이 우리에게 우주에 대해 알려주는 것으로 구성된다. 우리가 물리학을 과학주의 형이상학이라고 신뢰하는 이유는, 환상적일 정도로 강력한 설명, 예측, 그리고 기술적 응용 등의 실적 때문이다. 만일 물리학이 실재에 대해 알려준 것이 옳지 않다면, 그러한 실적은 완전히 설명할 수 없는 미스터리이거나, 또는 우연의 일치에 불과했을 것이다. 그러나 과학은 물론 과학주의도 우연의 일치를 용인하지 않는다. 어떠한 기적도 없는, 최선의 설명에로의 추론(inference-to-the-best-explanation)만이 올바른 방향이다. 그 어떤 다른 대안도 명백한 오류이다.

물리학은 결코 완결된 것이 아니며, 상식에 대해 이미 제공한 것보다 더 많은 놀라움을 드러낼 수도 있다. 더구나 물리학은 몇 가지 문제, 즉 암흑 물질(dark matter)과 암흑 에너지(dark energy)의 본성, 초끈이론(superstring theory) 대 고리양자중력(loop quantum gravity)의 문제, 심지어 입자물리학의 표준 모형과 일반상대성이론을 통합하는 어떤 다른 방법 등과 같은 문제를 마주하고 있다. 그리고 끝으로, 양자역학의 중첩(superposition)이란 기본 용어에 일관된 해석을 부여하는 문제가 있다. 우리는 그러한 물리학 문제들을 단지, 앞으로 물리학에서 무엇이 드러나든, 집요한 질문에 대한 과학적 대답에 물리학이 아무 영향도 미치지 않는다는 것을 이해할 정도로만 알면 된다. 이런 집요한 질문에 답하기 위해 우리에게 필요한 것은 물리학에서 상당히 잘 확정된 두 가지이다. 첫째, 열역학 제2법칙으로, 거의 모든 곳에서 거의 언제나 엔트로피가 증가한다. 둘째, 미래의 원인, 현재의 목적 또는 과거 설계 등에 대한 거부이다. 그런데 이런 것들은 17세기 후반 뉴턴 혁명으로 과학에서 제거되었다.

3. 물리학이 어떻게 설계를 위조하는가?

뉴턴 이래 물리학은 물리적 영역에서 목적을 배제했다. 그러나 물리학적 사실이 모든 사실을 확정한다면, 그럼으로써 물리학적 사실은 생물학에서, 그리고 인간 문제와 인간의 사고 과정에서 역시 목적을 완전히 배제한다. 어떻게 그럴 수 있는지를 보여달라는 것은 무리한 요구였다. 다윈(Darwin 1859)이 나오기 전까지, '풀잎의 뉴턴' 같은 존재가 결코 나올 수 없다는 칸트(Kant 2007, 17)의 소박한 관측, 즉 물리학이 인간 또는 그 밖의 살아 있는 것들을 절대 설명할 수 없다는 주장이 그럴듯해 보였다.4) 왜냐하면 물리학이 목적을 들먹일 수 없었기 때문이다. 그러나 무작위(또는 그보다 눈먼) 변이(random, blind variations)와 자연선택(또는 그보다 수동적인 환경적 여과)이, 우리에게 "목적"이나 "설계"를 외쳐대는 생물학적 본성의 수단-목적 경제(means-ends economy)를 낳는 모든 일을 한다. 다윈이 보여준 것은, 생명체가 그 환경에 훌륭히 어울리는 모든 것들, 유기체와 서식지 사이의 모든 최적화 사례, 그리고 여러 부분이 전체로 복잡하게 맞물리는 모든 것들 등이 단지 눈먼 인과 과정의 결과라는 것이다. 그것은, 우리 공모 이론가에겐, 페르미온과 보손이 (예측 불가하게) 만들어내는 장난, 즉 목적이라는 **환영(착각)**이다. 물론, 그것이 과학주의로서 놀랄 일은 아니다. 만약 물리학이 모든 사실을 확정한다면, 그것이 어느 다른 방식을 보여줄 수는 없다.

순수한 물리적 과정이 어떻게 [생물학적] 적응을 생성했는지 구체적 정보를 수집하는 일은 쉽지 않다. 그러나 광범위한 이론적 묘사는 명확하여 놀랍지도 않다. 약 30억 년 전 지구상에 존재했던 분

---

4) [역주] 1790년 칸트는 그의 저서 『판단력 비판』에서 다음과 같이 언급했다. "과학은 무생물 물질로부터 생물이 어떻게 생겨날 수 있는지를 결코 설명할 수 없을 것이므로, 풀잎의 뉴턴 같은 인물이 등장하는 일은 결코 없을 것이다." 다시 말해서, 칸트는 생물학에서 물리학과 같은 학문적 성취가 나타나지 못할 것이라고 확신했다. 물리학과 생물학이 근본적으로 다른 것은, 생물에 대한 목적론적 설명과 자연에 대한 과학적, 역학적 설명이 조화를 이룰 수 없기 때문이다. 그러나 그로부터 70년 후 독일의 자연주의자 헤켈(Ernst Haeckel)은 다윈이 바로 "풀잎의 뉴턴"이라고 말했다. 다윈은 생물학을 뉴턴의 기계론 관점에서 설명하였다.

자들 사이의 열역학적 소란이 가끔 안정성과 복제를 결합하는 분자들을 무작위로 생성해내었다. 이것은, 적응이 전혀 없던 상태에서 생성된 첫 번째 적응이었다. 마침내 그것은 안정성과 복제를 충분히 갖춘 분자들을 생성하였고, 이들은 더한층 열역학적으로 무작위 변이에 쉽게 지배되었다. 그 변이는 초기 분자들에 새로운 적응을 급격히 증가시키는 한편, 초기 분자들을 거두어들였다. 왜냐하면, [열역학] 제2법칙에 지배되는 그 과정은 시간적으로 비대칭적이라서, 엔트로피는 본래의 상태로 돌아가지 못하기 때문이다. 그 과정이 충분히 반복되었고, 그 뒤의 이야기는 역사, 즉 자연사가 되었다. 그렇게 물리학은 설계를 위조한다.

일부 철학자들은 그 과정이 단지 겉모습만이 아니라 실제 목적을 생성한다고 생각한다. 19세기 생물학자인 아사 그레이(Gray, 1976)처럼, 그들은 다윈이 (물리 과학에서도 확실히 적용되는) "자연화된" 목적(naturalized purpose)을 발견했다고 생각한다. 이것이 널리 공유되는 견해가 아니라는 것은 창조론이나 상식에서 나오는 저항에서 뚜렷이 드러난다. 그리고 마법이 풀린 자연주의자가 스스로 뜻밖의 동반자를 일깨워주었다는 것을 안 것은 이번이 처음은 아니다. 다윈이 자연에서 목적을 삭제했을까 혹은 지배했을까? 만약 눈먼 변이와 환경에 의한 수동적 여과, 즉 다윈이 적응을 생성한다고 알았던 그 과정이, 실제로는 목적이 세계에 구현되는 방식이며, 단지 허상이 아니라면, 제2법칙의 과정이 생성한 모든 것은 목적을 가지며, 아리스토텔레스 세계관이 옳았다. 왜냐하면 자연선택이란 단지 제2법칙이 작용한 결과이기 때문이다.

4. 이케아(IKEA)가 자연사를 만들지 않았다: 좋은 설계란 희귀하고 비싸며 우발적이다

제2법칙의 과정이 자연선택을 통해 단지 적응의 출현에만 동력을 제공하는 것은 아니다. 실제로 물리학적 사실이 모든 사실을 확정한다면, 자연선택은, 이 우주 어느 곳이든 그리고 제2법칙이 지배하는 다른 모든 우주에서도, 적응이 모습을 드러내는 유일한 방식이다. 그것은, 물리학적 사실의 확정이 어느 메커니즘에 적응을 만들어내는 적어도 세 가지 기준을 가지기 때문이다. 그리고 그 기준을 만족시키는 유일한 방법은, 다윈이 발견했던 과정, 즉 자연선택이 행하는 방식을 통해서이다. 전적으로 독립적이지 않은 그 기준은 다음과 같다.

1. 적응을 생성하는 과정은 적응이 전혀 존재하지 않는 상태에서 시작해야 한다. [적응이 시작되기 위한] 최소의 선행 적응 조각이라도 요구하는 과정이라면, 그것은 선결문제 요구의 오류(begs the question)를 범한다. 왜냐하면 우리는 그 최소 적응 조각 역시 어떻게 나타났는지를 알아야 하기 때문이다.

2. 첫 번째 최소 적응 조각은 오직 무작위 우연에 의해서만 아주 드물게 나타날 것이다. 추가 적응은 선행 적응과 같은 방식으로 구축되어야 한다. 이것은 물리학이 목적 혹은 그에 관한 어떤 징후도 배제하기 때문이다.

3. 적응을 생성하는 과정은 제2법칙을 활용해야만 한다. 제2법칙은 우주에서 시간적 비대칭 과정의 유일한 원천이며, 적응을 구축하는 과정 또한 비대칭 과정이다. 그런 이유에서, 적응을 생성하는 과정은 에너지 비용이 매우 높을 뿐 아니라, 사실상

낭비가 심한 과정이다. 왜냐하면 지속적 무질서를 지시하며 국소 질서(local order)의 순 증가분에 대해 비용을 요구하는 제2법칙은 전체 무질서(global disorder)를 증가시키기 때문이다.

만약 적응이 전혀 존재하지 않는 상태가 적응을 구축하기 위한 출발선이라면, 적응의 첫 번째, 가장 작은, 최소 조각이 나타날 수 있는 유일한 방법은 열역학적 과정의 "카드 섞기", 즉 원자와 분자가 아주 긴 시간 동안 아주 많이 충돌하도록 만드는 것이다. 이로써 마치 속임수 없는 동전 던지기에서 앞면이 계속해서 10번 나오는 것처럼, 우연히 안정적으로 복제하는 몇몇 분자가 모습을 드러낼 것이다. 이런 일은, 객관적 우연의 세계에서, 자주는 아니고 매우 드물게 일어난다. 제2법칙은 이렇게 객관적 우연의 세계를 만든다.

적응적 진화는 비대칭 과정이다. 그러나 하나의 법칙을 제외하고는, 양자역학 법칙을 포함한 모든 자연법칙이 시간적으로 대칭적이다. 즉, 자연법칙은 사건에 대해 "이전"과 "이후"라는 식의 순서를 지정하지 않는다. 연속 사건의 초기부터 후기까지 시간적 순서를 부여하는 유일한 법칙은 제2법칙뿐이다. 그것은 다음의 적응적 진화의 세 번째 요구 사항으로 우리를 유도한다. 적응적 진화는 비용이 많이 들며, 사실상 낭비가 심하고, 질서의 소모가 헤프다.

첫 번째 적응은 우연한 사건이었어야 하며, 그것의 모든 개선 또한, 다윈 진화론이 말해주듯이, 우연한 사건이었어야 한다. 국소 질서의 보존은 이미 보존된 것보다 많은 전체 질서(global order)를 소모해야 한다. 물론, 이를 위해 다윈 진화론 과정의 동력인 유성생식보다 더 나은 것은 없다. 사실, 복제와 사망이 없다면, 제2법칙에 따른 엔트로피의 증가는 어쨌든 지구상에서 서서히 멈출지도 모른다. 우주에서 질서를 소모하지 않는 유일한 것들은 다이아몬드 결정이나 그 비슷한 것들로, 질서를 최소화하는 구조적 에너지에 도달하여 거의 영원히 그 상태에 머문다.

엔트로피 또한, 이산화탄소 중심의 대기에서 산소 중심 대기로의 전환이나 공룡을 멸종시킨 소행성의 도착 여부와 관계없이, 적응적 진화의 방향을 바꾸는 환경에 의한 여과 과정에서 전체 및 국소 변화를 주도한다. 적응적 진화는 낭비가 심한 편이다. 이 과정은 비대칭적이며, 따라서 오직 제2법칙에 의해서만 주도될 수 있으므로, 피할 수 없다.

이것은, 적응을 구축하는 (다윈이 발견한) 메커니즘을, 제2법칙이 지배하는 우주 내에 적응적 진화를 설명하기 위한 가장 괜찮은 설명으로 만들어준다. 물리학은 충분히 설계하는 척하며, 또한 물리학은 그렇게 하는 유일한 방식이다. 이것이 다윈주의가 목적을 배제하는 이유이다. 만일 다윈주의 과정이 방금 등장했다면, 다윈의 발견이 목적을 소멸시킨다고 묘사하기보다, 자연화한다고 묘사하는 쪽도 괜찮을 것이다.

5. 훌륭한 허무주의: 도덕성에 관한 나쁜 소식과 좋은 소식

만약 일반적으로, 생물학적으로든 인간적으로든, 어떤 삶의 목적도 없다면, 우리의 개인 삶에 의미가 있을지, 그리고 만약 전부터 없었다면, 우리가 개인에게 삶의 의미를 부여할 수 있을지 의문이 생긴다. 많은 사람이 부여하는 의미의 원천 하나는, 인간의 삶, 영장류의 삶, 포유류의 삶 또는 일반적으로 생물학적 삶의 본질적 가치, 특히 도덕적 가치이다. 사람들은 또한 우리를 [우리보다] 의미가 없거나, 가치 없는, 하찮은 생물학적 존재로부터 구별지어준다고 여겨지는, 도덕 규칙(moral rules), 규약(codes), 원리(principles) 등을 찾아왔다. 과학주의는 사람들이 간신히 부여잡고 있는 이 모든 지푸라기를 틀림없이 거부할 것이다. 그 이유를 어렵지 않게 보여줄 수 있다. 과학은 윤리학과 도덕성에 관한 허무주의여야 한다.

이것을 보여주기 위해 실제로 우리가 검토할 것은 두 전제이다.

1. 모든 문화, 그리고 그에 속한 거의 모든 사람은, 거의 같은 핵심 도덕 원리가 모든 이들을 구속한다는 것에 동의한다.
2. 핵심 도덕 원리는 인간의 생물학적 적합성, 즉 우리의 생존과 복제에 중대한 영향을 미친다.

모든 사실이 물리학적 사실에 의해 확정되는 세계에서, 인간만이 알아차리고 행동하도록 유일하게 갖추어진, 유동적이고 독립적으로 존재하는 규범이나 가치가 (또는 그에 관한 사실이) 결단코 있을 수 없다는 것은 명백하다. 따라서 (몇몇 사이코패스나 반사회적 인격 장애자를 제외하고는) 모든 사람이 올바른 도덕성으로서 지지하는 핵심 도덕성을 과학적으로 붙들고 싶어 한다면, 우리는 매우 심각한 문제에 직면한다. 모든 또는 대부분의 정상 인간이 핵심 도덕성을 공유할 수 있는 유일한 방법은, 대안적 도덕 규약 또는 시스템에 대한 선택을 통해서만 가능하며, 그것은 진화적 투쟁에서 승리하고 개체군에 "확정된(fixed)" 단 하나의 결과를 낳는 과정이다. 만약 우리가 보편적으로 공유하는 도덕적 핵심이 선택된 것이면서 동시에 올바른 도덕적 핵심이라면, '옳으면서' 동시에 '선택되는' 상관관계는 우연의 일치일 수 없다. 과학주의는 우주적 우연의 일치를 용인하지 않는다. 우리의 핵심 도덕성은, 그것이 올바른 핵심 도덕성이기 때문에 적응된 것이거나, 또는 그것이 적응된 것이기 때문에 올바른 핵심 도덕성이며, 그렇지 않다면 옳지 않은데도 단지 우리가 옳다고 느끼는 것일 수 있다. 이것은 플라톤이 『에우튀프론(*Euthyphro*)』이라는 저술에서 도덕성에 관한 종교적 설교를 통해 확인했던 것과 매우 유사한 문제임을 주목하라. 그 저술에 따르면, 도덕성은 신의 사랑을 받기 때문에 옳은 것이거나, 혹은 그 반대[옳은 것이어서 신의 사랑을 받는 것]이다.

도덕적 면모에 대한 과학적 정당화로서 두 대안 중 어느 것도 옳지 않다는 것을 쉽게 알 수 있다. 단지 도덕 규범(moral norm)을 위한 강력한 선택이 있어서라는 것은, 결코 그 규범을 옳다고 생각할 이유가 안 된다. 인종주의자, 외국인 혐오증, 또는 가부장적 규범 등의 적응적 이점이 무엇일지 생각해보라. 다윈 진화론의 가계도를 보여줌으로써 도덕성을 정당화할 수는 없다. 그러한 방식은 (더 낫긴 하지만 사회적 다윈주의로 잘못 알려진)(Spencer 1851 참조) 사회적 스펜서주의(social Spencerism)라는 도덕적 재난을 낳는다. 다른 대안, 즉 우리의 도덕적 핵심이 참이고, 정확하며, 옳았기 때문에 선택되었다는 대안도 마찬가지로 터무니없는 생각이다. 그리고 같은 이유에서 어느 정도 사실 그렇다. 자연선택 과정은 일반적으로, 우리의 가계도에서 지금까지 편리한 것만 걸러낼 뿐, 참인 믿음을 잘 걸러내지 못한다. 통속물리학, 통속생물학, 그리고 대부분의 통속심리학을 생각해보라. 자연선택은 어떤 예견도 하지 못하기 때문에, 우리가 현재 동의하는 도덕적 핵심이 우리 종의 장기적 미래에도 계속 유지되고 선택될지는, 설사 그렇더라도, 우리로선 전혀 알 수 없다.

만약 우리가 지식을 지지하는 과학의 자원에만 우리 자신을 한정하려 든다면, 어느 도덕적 지식이라도 존재할 수 없다. 그래서 허무주의이다.

이러한 허무주의 충격은, 우리 조상들에 작용했던 다윈 진화론의 과정이 주로 훌륭함(niceness)을 고르는 과정이었다는 사실을 알아차림으로써 완화된다! 수렵-채취인과 초기 농경인의 환경에서 선택된 협력, 상호주의, 그리고 심지어는 이타주의 등의 핵심 도덕성이 우리의 삶과 사회 제도를 계속 지배해왔다. 우리는 현대인의 환경이 궁극적으로 훌륭함에 반하는 선택을 할 만큼 달라지지 않기를 바랄 수 있다. 그러나 우리는 도덕적 핵심에 이보다 더 많은 기초를 부여할 수 없다. 그것은, 개인으로서 자신을 위해서가 아니라, 우리의 유전자에 대한 편의였을 뿐이다. 그러한 결론에서 우리는 어떤 의미도 찾을 수 없다.

우리가 훌륭함을 위해 선택되었다는 것을 어떻게 확신할 수 있을까? 그것은 우리가 아프리카 사바나에서 직면했던 최악의 설계 문제에 대해 유일한 해결책이었기 때문이며, 그리고 우리가 다른 포유류나 영장류와 공유했던 두 가지 특징을 활용했기 때문이다. 설계 문제는 "삼중 불운"이었다. 열대우림에서 쫓겨나 남아프리카 초원에서 먹이사슬의 한참 아래쪽으로 밀려나 있는 자신을 발견했을 때쯤, 우리는 너무 많은 자손을 낳았고, 또 너무 밀집되어 있었다. 그리고 이 자손들은 출생 후 두뇌 발달의 필요성 때문에 긴 유년기가 요구되었다. 다른 영장류와 비교할 때 우리의 출생 간격은 훨씬 더 짧았고, 우리는 훨씬 더 오래 살았으므로 우리는 자손을 더 오래 데리고 있어야 했다. 게다가, 산도가 너무 좁아 태아의 충분한 신경 발달은 불가능했다. 한편, 단백질의 유일한 공급원은 무엇이든 최고의 포식자들이 남길지도 모르는 것을 주워 먹는 것뿐이었다. 의존 기간이 긴 유아들이 살아남아 큰 인구 집단을 형성하는 길을 대자연이 찾지 못하는 한, 이 세 가지 형질은 우리를 멸종으로 이끌 수밖에 없었다. 물론, 우리는 세 가지 유리한 점을 가지고 열대우림에서 나왔다. 처음 두 가지는, 우리가 터득한 석기를 사용함으로써 포식자들이 접근하기 어려운 골수와 뇌를 파먹을 수 있었다는 것, 그리고 마음 이론(theory of mind) 또는 더 정확히 말하면, 동종의 행동을 예측하는 능력이었다. 우리는 이 두 가지 모두를 다른 영장류와 공유했다. 더구나, 영장류에게는 없지만 몇몇 다른 종들(예컨대, 개, 타마린 원숭이(tamarins), 돌고래 등)과 공유하는 세 번째 형질이 우리한테 있었으니, 서로 협동하여 육아하는 성향이다. 우리가 이런 것을 갖출 정도로 매우 운이 좋았던 이유를 그 누가 알겠느냐만, 어쨌든 그것이 결정적이었다.

마음 이론과 협동적 육아는 분업, 사냥, 모임, 육아 등을 위해 개인을 자유롭게 풀어주는 상승효과가 있다. 또한, 긴 유년기와 큰 두뇌는 노동의 전문화(specializations)를 가르치는 데 활용될 수 있다. 그 결과, 두뇌를 개선하고, 그러한 형질의 향상을 선택하는, 즉 마음 이론과 협동적으로 자녀를 양육하는 더 큰 경향을 개선했던, 공진화 순환(coevolutionary cycle)이 일어났다. 그리고 마침내 우리는 도덕성과 기술력을 얻었다.

충분한 순환이 일어난 후, 그 결과로, 소수의 무조건적 이타주의(unconditional altruism)와 이기주의적 반사회성(egoistic sociopathy)으로 양극단을 이루는, 멋진 종 모양 분포[정규분포곡선]가 나타났다. 그 반사회성은 물론 도움이 될 수 없다. [그렇지만] 변이는 규칙이며, 실제로 반사회성을 없앨 방법은 없다. 우리가 할 수 있는 일은 그것으로부터 우리 자신을 보호하는 것뿐이다.

우리 같은 연약한 동물의 생존은 다른 사람이나 다른 동물의 전술과 전략을 살피는 능력에 크게 의존했다. 대자연은, 아무리 대충 일을 처리하는 방식일지라도, 최초로 나타난 장치에 의존했다. 다른 비슷한 상황들과 마찬가지로, 그것은 우리를 지나치게 나아간 음모론자로 만들었다. 복잡한 동물의 행동에서만이 아니라, 어디에서든 동기를 찾도록 만들었다. 사실, 우리가 마음 이론이라고 부르는 능력은 마침내 지향성(intentionality)이라는 환영(착각)을 낳았고, 그와 함께 계획이나 줄거리 그리고 서사에 대한 애착을 낳았다. 아마도 그것은 생존비용으로서 저렴했을 것이다. 그것은, 우리가 과학을 발명해내기 이전에는, 심각한 피해를 주지 않는다.

6. 당신의 의식을 자신의 길잡이로 삼지 마라

우리 자신의 심리적 형질이나 사고 과정을 이해하는 것은 과학이 직면한 가장 힘겨운 문제 중 하나이다. 그것이 나머지 우주에 대한 이해보다도 심리학 발전이 적었던 이유이다. 반면, 우리는 우리의 마음에 직접 내성적(introspective) 접근을 할 수 있어서, 대부분 사람은 무엇보다도 자신의 마음을 진정으로 더 잘 이해한다고 생각한다. 500년 전 데카르트는 그러한 환상에 빠져서, 내성적 확실성을 지식의 기초로 삼았으며, 그것으로부터 주의를 환기하지 못했다.

신경과학은 뇌의 작동 방식을 보여줌으로써 결국 우리가 마음을 이해할 수 있게 해줄 것이다. 그러나 우리는, 내적 성찰(introspection)이 마음에 대해 진실을 알려주는 것이 아무것도 없다고 할 만큼, 이미 마음에 대해 충분히 안다. [뇌의 시각피질 손상으로] 어떤 의식적 색깔 경험도 가질 수 없는 사람이 사물의 색깔을 말할 수 있는 맹시(blindsight) 현상은, 당신이 색깔을 볼 때 당신은 색깔 경험을 하고 있다고, 내적 성찰이 계속 주장하는, 가장 명확하고 확실한 결론을 우리가 보류하도록 해주기에 충분하다. 다음으로, 벤자민 리벳(Benjamin Libet)이 발견한 사실로, 당신의 행동은 당신이 의식적으로 그 행동을 결정하기 이전 뇌에 의해서 미리 결정되었다! (결정론(determinism)과 진정한 자유의지의 거부를 위해서이지만, 그렇다는[리벳의 이야기가 맞다는] 사실은, 과학주의를 거론할 필요 없이, 인정되고 있다.) 의지와 감각 경험에 대한 이러한 환영(착각)의 발견에 덧붙여, 우리가 실제로는 백미러로 보면서 세계를 항해한다는 것을 보여주는 강력한 실험 결과를 추가할 필요가 있다! 우리는 심지어 눈앞에 무엇이 있는지조차 알지 못하면서도, 우리의 개인적 과거와 진화론적 과거에 잘 해결되었던 일을 바탕으로, 계속해서 추측하며 살아간다. 뇌에 대해 밝혀지는 더 많은 것들과 함께 신경과학은 우리가 백미러 대신 앞의 유리창으로 보고 있다는 환영(착각)을 벗겨내는 한편, 마음이 자연의 그 어떤 것들과 마찬가지로 목적-지배적 시스템(purpose-driven system)이 전혀 아님을 밝혀내는 중이다. 이것이 바로 과학주의가 우리를 기대하게 만드는 것이다. 자연에는 어떤 목적도 없다. 물리학이 그것들을 배제했으며, 다윈이 그것을 잘 설명해주었다.

7. 뇌는 무엇에 관한 생각을 전혀 하지 않고서도 모든 것을 행한다

인간 뇌는 아마도 우주의 역사 이래 가장 효율적인 정보 저장 장치일 것이다. 그러나 뇌는 의식적 내적 성찰의 보고와 같은 방식으로 정보를 저장하거나 활용하지 않는다. 내적 성찰에 따르면, 우리는 파생된 것이 아닌 본래적 지향성(original underived intentionality)을 지니며, 말하기, 쓰기, 또는 (우리가 상징으로 사용하는) 모든 것은 뇌 속의 본래적 지향성으로부터 파생적 지향성을 얻는다. 문제는, 우리가 물리학에서 본래적 지향성이 불가능하다는 것을 알게 해줄 좋은 근거를 얻는다는 것이고, 또한 신경과학과 인공지능에서 뇌가 자체의 일을 위해 본래적 지향성을 가질 필요가 없다는 것을 알게 해줄 더 좋은 근거를 얻는다는 데에 있다. 남은 미스터리는 그러한 환영(착각)이 어디에서 왔으며, 왜 우리가 그것을 떨쳐버릴 수 없는지를 설명하는 일이다.

"본래적 지향성"이란 존 설(John Searle)이 다음 사실을 지적하기 위해 유용하게 사용하는 방법이다. 자연에 있는 어느 것이든, 그것이 어떤 상징이 되려면, 무엇에 관함이 되려면, 일련의 신경회로 연결의 뇌 상태가 그것에 지향성을 부여해야만 한다. 다시 말해서, 추정컨대 두뇌 내부에 어떤 물질 덩어리가 있어야 하고, 그것은 바로 그 구성 성분 덕분에 두뇌 외부의 다른 물질 덩어리에 **관함**(*about*)일 수 있다. 내가 만약 파리가 프랑스 수도라고 믿는다면, 나의 뇌에는 파리에 관한 물질 덩어리, 즉 두뇌 안에 어떤 축축한 생리적 물질이 있어야 한다. 즉, 그것은 바로 파리에 관한 신경세포의 모양, 크기, 배선 및 기타 순수한 물리적 성질 덕분에, 파리를 가리키고, 지시하며, 그것에 "관함"이 된다. 그러나 물리학은 모든 사실을 확정하고, 우리에게 페르미온과 보손의 조합인 어떤 물질 덩어리가 그저 구조 덕분에 다른 물질 덩어리에 관함이 될 수 없음을 확신시킨다. 따라서 어떤 본래적 지향성도 존재하지 않는다.

당신은 의심의 여지도 없이, 그것이 단지 물질 덩어리, 즉 두뇌 속의 죽과 같은 것이 아니라고, 그 자체로 파리에 관함이라고, 즉 그것은, 신경회로에 더해서, 그것에 **올바른 방식**으로 인과적으로 연결된 물질 덩어리라고, 대답하고 싶은 유혹에 빠질 수 있다. 본래적 지향성이란 다른 물질 덩어리에 관한 인과적 역할이다. (과학은 단지 물질 덩어리와 역장(fields of force)만을 인식한다는 점을 기억하라.) 그러나 본래적 지향성이 없는 물질 덩어리를 쌓고, 이들을 서로 복잡한 인과 과정에 참여시킨다고 그것에 본래적 지향성을 발생시킬 수는 없다. 그것은 여전히 그저 페르미온과 보손일 뿐이다. 이에 대해 목적의미론(teleosemantics)의 한계[를 살펴보는 것]보다 더 좋은 증명은 없다.

목적의미론5)은, 최선의 자연주의가 본래적 지향성을 설명하기 위해 제공할 수 있는 것만은 아니다. 만약 물리학적 사실이 모든 사실을 확정한다면, 목적의미론은 지향성을 유일하게 설명해준다. 뇌 상태와 (그것이 초래하는) 행동은 우주에서 가장 목적적으로 보이는 사건이다. 물리학이 실제 목적을 금지한 세계에서 목적의 출현을 허용할 수 있는 유일한 방법은 눈먼 변이와 자연선택이란 다윈 진화론의 과정을 통해서이다. 데닛(Dennett 1969), 베넷(Bennett 1976), 드레츠키(Dretske 1988), 밀리칸(Millikan 1984), 파피뉴(Papineau 1993), 니앤더(Neander 2006), 마텐(Matthen 1988) 및 로이드(Loyd 1989) 등이 보여주었듯이, 지향성의 본질은 목적이다. 그러나 목적의미론은 지향적 내용에 개성을 부여할 수 없다. 어느 정도 신경 상태의 환경 적합성이나 그 효과도 신경 상태에 독특한 명제 내용을 제공하고, 그것에 본래적 지향성이 요구하는 어떤 특정한 **관함** (*aboutness*)을 부여해줄 정도로 충분히 다듬어지지 않았다. 목적의미론은 포더(Fodor)가 선언 문제(disjunction problem)라고 부르는 것을 해결할 수 없다.6) 그래서 본래적 지향성에 대해 훨씬 더 못하다! 만약 뇌에 관한 다윈주의가 우리에게 고유한 명제 내용을 제공

---

5) [역주] 목적의미론(teleosemantics)이란 생물의미론(biosemantics)이라 할 수 있다. 이것은 정신적 내용의 이론으로 유기체의 기능에 목적론적 관점을 적용하려 한다.

6) [역주] Fodor(1990)의 주장에 따르면, 표상적 내용을 설명하려는 어느 이론이라도 선언적 문제를 해결해야만 한다. 그러한 설명은 표상적 내용이 무엇인지 보여줌으로써, 오류 표상을 설명해야 하며, 또한 어느 표상이 그 내용에 적용되지 않는 무언가에 의해 어떻게 활성화될 수 있는지도 설명할 수 있어야 한다.

하지 않는다면, 아무것도 없다. 왜냐하면, 만약 다윈주의가 우리에게 내용을 제공해줄 수 없다면, 그 어떤 것도 그렇게 할 수 없기 때문이다. 결론적으로, 뇌는 자체의 정보를 명제적으로, 즉 본래적 지향성을 요구하는 방식으로, 획득하고, 저장하고, 채용하지 않는다.

이것을 알아보는 한 가지 방법은 캔델(Kandel 2009)이 처음 바다민달팽이에서 학습의 분자생물학을 규명한 이후 신경과학의 발전을 따라가 보는 것이다. 그가 알아낸 것은 단기기억 학습(short-term memory learning)을 생성하는 시냅스의 변화 순서와, 장기기억 (long-term memory)을 생성하는 체세포 유전자 발현의 변화였다. 그것은 단지 현존하는 시냅스 회로를 새로운 유형의 배선으로 구성하거나, 새로운 시냅스를 생성하는 신경세포의 유전자를 작동시키는 문제로 밝혀졌다. 바다민달팽이의 기억 저장 장치에 어떤 지향성도 없으며, 그저 새로운 입력에 대해 새로운 출력으로 응답하는 새로운 회로만 있을 뿐이다. 이후 캔델은 포유동물로 관심을 돌려, 쥐의 해마(hippocampus)에서도 똑같이 시냅스의 변화와 단기 및 장기 기억에 관련된 체세포 유전자의 발현을 발견했다. 그렇게 쥐에게서 진행되는 방식이 바다민달팽이와 정확히 똑같지만, 쥐와 바다민달팽이 사이의 차이는 엄청나다. 쥐에게, 즉 쥐의 환경에 관한 뇌 상태에 명제적 지식을 부여하고픈 유혹이 아무리 매력적일지라도, 그러한 신경 영역은 전혀 존재하지 않는다.7) 앞으로 돌아가서 바다민달팽이의 신경절이 어떤 본래적 지향성을 갖는다고 말하고 싶지 않다면 말이다. 캔델은 같은 연구에서 인간의 해마에 정보 저장 역시 그와 다른 과정이 아님을 보여주었다. 즉, 그 과정은, 동일 신경전달물질이 단기 변화를 동일하게 일으키고, 바다민달팽이가 장기 정보

---

7) [역주] 즉, 쥐의 기억을 명제적으로 혹은 문장적으로 파악하고 싶을 수 있지만, 쥐의 신경계 변화 및 작용은 전혀 (인간) 언어적이지 않다.

저장에서 동일한 새로운 시냅스 생산을 지시하는 동일 신호를 발생시킴에 따라서, 동일 체세포 유전자를 만드는 활동을 포함한다. 물론 인간과 쥐와 바다민달팽이의 차이는 더 복잡한 회로에 관련될수록, 신경세포의 수가 비례적으로 더욱 증가한다는 점이다. 그렇지만 여전히 본래적 지향성을 위한 어떤 여지도 없다. 세 동물 모두에서 진행 중인 것은 단지 입력-출력 배선 연결과 재배선 연결뿐이다. 뇌는 무엇에 **관함**을 전혀 생각하지 않은 채 모든 것을 한다. 그리고 당신이 여전히 무엇을 의심한다면, 어떤 본래적 지향성 없이도, 우리처럼 많은 정보를 저장하고, 「저파디(Jeopardy!)」 게임을 하는 컴퓨터 왓슨(Watson)을 보라.

그러나 의식은 우리에게 태어나서 죽을 때까지 생각이란 무엇에 **관함**이라고 외치고 있다. 이것이야말로 우리가 틀릴 수 없는 단 하나의 것이라고 데카르트(Descartes 1641)가 주장했다. 그러므로 그 실제적 문제는 그런 환영(착각)이 어디에서 오는지 밝히는 것이다. 의식적 지향성이 환영(착각)이라는 것은 과학주의가 확신할 수 있는 것이다. 그 이유는 명백하다. 하나의 물질 덩어리가 아무리 복잡하더라도 그 자체만으로 다른 물질 덩어리에 '관함'일 수 없다는 모든 논증은, 우리의 의식적 생각인 그 물질 덩어리에도 해당된다! 마음은 뇌이다. 의식적 생각이란, 마치 무의식과 마찬가지로, 신경세포 그리고 그것들 사이에 이동하는 이온과 거대 분자의 조합일 뿐이다. 함께 뭉쳐서 의식 속을 돌아다니는 토큰(token) 혹은 표지는, 순수하게 물리적인 무엇과 마찬가지로 본래적 지향성을 가질 수 없다. 그것들이 할 수 있는 것은 그런 환영(착각)을 일으키는 것뿐이다. 우리가 설명해야 할 것은 그런 환영(착각)이 어떻게 일어나는가이다.

8. 목적-지배적 삶과 작별

지향성이라는 환영이 의식 어디에서 나오는지 수수께끼를 푸는 것은, 의식의 기능이 무엇으로부터 시작되는지를 알아내는 것과 마찬가지로 결코 만만한 작업이 아니다. 필시 의식은 너무나도 대단한 것이라서 단지 하나의 기능만을 가질 수 없을 것이다. 그러나 의식의 여러 기능 중 하나가 본래적 지향성을 구성하거나 포함하는 것은 아니다. 그리고 본래적 지향성이란 환영(착각)을 맡아 키우는 것이 그 기능 중 하나라고 말할 수도 없다.

본래적 지향성이란 환영(착각)의 기원은, 뇌가 비명제적 데이터 구조로 정보를 저장하는 한편, 소음이나 표지, 그리고 궁극적으로는 말하기와 글쓰기 같이 시간적으로 확장되는 과정을 통해 정보를 추출하고, 전개한다(deploy)는 사실에서 온다. 그리고 이러한 것들이 의식 상태에서 명제 내용이란 환영(착각)을 만드는 결과를 낳는다.

내적 성찰에 수반되는 내적 독백은, 공적 소통에서 통용되는 소리를 내고(토큰(token)을 만들고), 잉크로 표시하고, 화상으로 보여주는 등의 침묵 버전이다. 공적으로 말하기와 글쓰기처럼, 우리 의식의 내적 흐름은 뇌가 실제로 하는 일을 기록하거나 보고하지 않는다. 왜냐하면 뇌는 무엇에 관한 생각 중 정보를 저장하거나 조작할 수 없기 때문이다. 그것[의식의 내적 흐름]은 무엇에 관함을 요구한다. [그러나] 의식적 내적 성찰은 감각 경험과 관련해서 그저 틀린 정도가 아니다. 그것은 인지를 전혀 안내하지도 않는다. 뇌가 무엇을 하든, 뇌는 마음의 외부에 있는 사물, 사실, 또는 사건 등에 "관한" 진술문(statements)으로 작동하지 않는다. 말하기, 글쓰기, 사고 등에서 문장(sentences)이, 유일한, 혹은 소수의 (그 내용을 구성하는) 명확한 진술문 또는 명제(propositions)를 표현하거나, 혹은

70

무엇에 관함을 표현하지도 않는다. 사람들이 일으키는 환영은, 언어를 학습하는 모든 아동에게 개체 발생 과정에서 각자의 두뇌에서 새롭게 구축되었으며, 원시 인류의 진화 과정에서 끙끙거리는 소리와 비명 그리고 마침내 찰칵 소리와 (행동에 걸맞은) 몸짓에서 출발해서, 중국 문자와 서예에 이르는 내내 구축되었다. 언어를 구성하는 그러한 소음(소리)과 표시의 생성적, 변형적, 구문론적, 음성학적, 그리고 형태학적 특징들의 출현은 대단한 적응적 가치를 지녔고, 우리 조상을 백만 년도 채 안 되는 시간에 사바나 먹이사슬의 밑바닥에서 꼭대기로 이동시킬 만큼 결정적이었다. 심지어 그러한 소음의 무음 버전과 그러한 표식의 정신적 버전은 마침내 우리가 궁극적 우위를 얻게 해주는 역할까지도 했고, 그래서 선택되었다. 그러나 그것은 그러한 것들이 본래적 지향성을 지니기 때문은 아니었다.

만약 뇌가 본래적 지향성의 중심지가 될 수 없다면, 본래적 지향성은 그저 존재하지 않는다. 그러나 지향성이 없이, 우리는 자신에 대한 대부분 개념 역시 환영일 뿐임을 인식해야만 한다. 만약 계획, 프로젝트, 목적, 줄거리, 이야기, 서사, 그리고 우리가 우리의 삶을 계획하고 우리 자신을 다른 사람이나 자신에게 설명해주는 다른 방법들 모두가 지향성을 요구한다면, 그것들 역시 모두 환영일 뿐이다. 그리고 만약 삶의 의미라는 것이 명제 내용으로 물들여진 우리의 생각과 행동의 문제라면, 과학주의적 관점은, 환영의 징후로서가 아닌 한, 삶의 의미를 진지하게 받아들이지 않을 것이다. 즉, 깊고 강력하며, 만연하면서, 아주 드문 경우를 제외하곤 굴복하지 않는 환영 말이다. 그러나 그 모든 것은 환영(착각)일 뿐이다.

다른 한편, 우리의 믿음과 열망, 우리의 계획과 프로젝트, 우리의 희망, 두려움, 편견, 공약, 이데올로기, 그리고 우리가 옹호하는 목적 등이, 우리가 개인으로나 집단으로 실천하는 행동을 설명해주기에 아주 적절하지 못하다는 것은 놀랄 일이 아닐 것이다. 통속심리학(fork-psychology)은, 말 그대로 수천 년 동안 우리가 인간 사건을 더 잘 이해할 수 있도록 힘겹게 애써왔지만, 성공을 거두지는 못했다. 반면에, 과학은 단지 몇 세기 만에 우리가 그 밖의 모든 것을 엄청 정밀하게 이해할 수 있도록 해주었다. 그 이유는 명확하다. 전기나 역사는, 심지어 연대기를 정확하게 맞출 때조차도, 인간 행위자의 머릿속에 있는 것들에 관한 생각을 표현한다고 가정되는, 소리나 비문같이, 글의 맥락을 이용하여 그것들을 함께 꿰맨다. 그러나 사람들의 머릿속에는 사물에 대한 어떤 생각도 없으며, 뚜렷한 진술문이나 명제도 없다. 우리가 통속심리학의 관용적 표현으로, 사람들에게 그들이 실제로 행동하게 만드는 신념이나 욕망 같은 무엇을 가졌다고 추정하는 것은, 인간 뇌 내부의 실제 인과 변수를 밝혀내기에 매우 부정확하다. 우리가 인류 역사에서, 수십 또는 수천 명의 삶을 위엄 있게 설명해주는, 통속심리학적 설명을 쌓아 올린다면, 그 결과는 훨씬 덜 정확해질 것이다.

이 모든 것이 해석적 인문학의 경우에는 훨씬 더 심하다. 인문학적 요청, 즉 우리가 예술이나 공예품에 의미를 부여하여 설명하려는 요청은, 자연선택이 대략 50만 년 전에 우리를 음모론자로 만든 이래로, 인간종이 지속해서 강력히 요구해왔던 줄거리를 갖춘 이야기, 서사, 그리고 추리소설을 위한 끝없는 갈망의 일부이다. 이것은 앞으로도 일상생활에서 흔들리기 힘든 취향이다. 소설 베스트셀러 목록은 항상 우리 곁에 있을 것이다. 그러나 우리는 이제 논픽션 목록에 있는 대부분 작품을, 마술적 사실주의 로맨스, 역사 및 전기 소설, 그리고 문학적 고백 가운데 정당한 자리로 옮길 필요가 있다. 왜냐하면, 그런 것들은 서사에 대한 우리의 애착에서 피상적 호소력을 확보하며, 그 대가로 본래적 지향성과 파생적 지향성이란 환영

(착각)의 영역 내의 거래를 말해주기 때문이다.

9. 삶의 환영을 회상할 뿐, 나는 실제 삶을 전혀 모른다

만약 마음이 뇌라면 (그리고 과학주의가 그 밖의 어떤 것도 허용할 수 없다면) 우리는 의식에 대해 지식의 원천으로, 혹은 마음을 이해하기 위한 또는 뇌가 생성하는 행동을 이해하기 위한 원천으로 진지하게 받아들이지 말아야 한다. 그리고 우리의 **자아** 역시 진지하게 받아들이지 말아야 한다. 우리는 어떤 자아도, 영혼도, 또는 지속하는 행위도, 우리 주변에 일어나는 많은 것들을 추적하는 동안 그 내적 생활 역시 추적하는, 일인칭 대명사의 주체도 결코 없다는 것을 인식해야 한다.

자아, 인격, 영혼, 통각의 초월적 통일, 마음속의 "나"라는 존재 등이 모두 시간에 걸쳐 [자기 자신과 맺는 동일성이므로] 수적으로 같아야 한다. "올바른 방법"으로 인과적으로 연결된, 의식의 무대 또는 겉보기 기억, 또는 가까운 이웃과 질적으로 유사한 자아의 연속, 또는 시간에 걸쳐 널빤지가 계속 교체되는 테세우스(Theseus)의 배 등의 설명으로는 충분하지 않다. 그 이유를 알기 위해, 「프리키 프라이데이(Freaky Friday)」나 「트레이딩 플레이스(Trading Places)」 같은 영화에 대해 생각해보자. 비록 페르미온이나 보손의 수만큼 교환하지는 않지만, 수적으로는 동일하게 유지하면서 엄마와 딸, 아빠와 아들이 육체를 상호 전환함에도 불구하고, 6살짜리 아이들조차 그 영화를 이해하는 데 어려움은 없다. 자연주의자와 신경과학자가 개인의 정체성 문제를 풀기 위해 고민해온, 자아에 대한 그 어떠한 대체물도 그리 오래 가거나, 혹은 우리가 그 영화들을 이해할 수 있게끔 해주는 수적으로 변함없는 적합한 물질로 구성된 것이 전혀 아니다.

시간이 지나고 신체가 변해도 정체성이 지속되는 인간을 이해하는 유일한 방법이 있을 것도 같다. 그 방법은, 눈 뒤쪽, 귀 사이, 그리고 머리 한가운데 어딘가라는 관점에서, 구체적이지만 비공간적 개체의 존재를 사실로 받아들이는 것이다. 물리학은 (비공간적이지만 구체적인) 어떤 존재도 배제해왔기 때문에, 그리고 물리학이 모든 그러한 사실을 확정하기 때문에, 우리는 의식이 우리에게 억지로 떠맡기는 이 마지막 환영을 포기해야만 한다. 그러나 물론, 과학주의는, 지속적인 자아라는 환영을 떠나, 이야기와 동행하고픈 취향에 따라, 자연선택이 우리의 내적 성찰에 부여한 것이라고 설명해볼 수는 있다. 결국, 우리처럼 유전자 사본을 남기고, 성장하는 동안 보호할 만큼 충분히 오래 기다려야 했던, 우리 신체의 몇 가지 주요한 설계 문제를, 우리의 성찰이 해결해줄 것은 아주 명백하다. 어쩌면 우리는 의식의 기능 중 하나가 자아라는 환영을 기르는 데 도움이 되도록 만들고, 그래서 현재 일시적인 우리 자신이, 앞으로 수금하러 올 것 같지도 않은, 미래의 보상에 계속 투자하게 만든다는 것을 발견할 수도 있다.

예를 들어, 다마지오(Damasio 2010)가 가설을 세운 (수적으로 동일한) 지속적 자아에 대한 여러 대체물이라든가, 또는 루이스(Lewis 1976)가 언급한 인과 사슬 등은, 적어도 로크 이래 우리를 겁먹게 해왔던 문제를 해결하는 대신, 단지 주제를 바꿀 뿐이다. 상식이 우리에게 떠안기는 불가능한 구상에 대해 주제를 바꾸고 개선점을 제공하는 것은 자연주의의 경탄스러운 성취일지도 모른다. 그러나 그것은 명제 내용이 없는 목적의미론도 아니며, 일반적 통념의 과학적 정당화도 아니다. 그것은 그저 살짝 사탕발림의 제거주의(eliminativism)일 뿐이다.

10. 역사학은 터무니없다 (그리고 사회과학은 근시안적이다)

이쯤 되면, 과학은 이제 사회과학과 역사학의 좌절과 실패를 설명해주며, 과학으로서, 인문학적 전망에 합리적 기대를 확립해줄 확고한 기반을 제공할 자원을 갖는다.

지향적 내용은 환영이며, 우리 자신이든 다른 사람이든, 인간 행동에 관한 내용-지배적 설명이 허약하다는 것은 명백하다. 지향적 내용이 부여하는 한계는, 우리가 역사적 행위자의 행동을 설명하려 들 때, 그리고 심지어 더 나쁘게는, 우리가 그들과 다른 사람의 상호작용 결과를 설명하려 들 때, 더 드러난다. 한편, 대자연이 심어준 각본, 이야기, 추리소설 등에 대한 취향이, 결코 서사에 대한 매력을 흔들지 못할 것이다. 따라서 역사나 전기물은 항상 우리와 함께하겠지만, 결코 이야기를 다른 데로 돌리거나 임시방편의 사후 합리화를 제공하는 것 이상을 제공하지는 못한다.

그러나 자연주의가 역사의 유용성에 관해 비관적인 훨씬 더 깊은 이유가 있다. 미래를 알기 위해 역사를 진지하게 받아들여야 한다는 산타야나(Santayana 1905)나 처칠(Churchill 1947)의 주장이 결코 사실로 증명되지 못할 것이라고 충분히 결론 내릴 만한 이유 말이다. "역사의 교훈을 배우지 못하는 사람들은 반복해서 고통을 겪는다", "뒤로 더 멀리 볼수록 앞으로 더 멀리 볼 수 있다"와 같이 마음을 뒤흔드는 문구를 떠올려보라. [그러나 이런 교훈들은] 허튼소리다.

인류 역사는 조정, 조절, 적응적 경쟁 등의 과정이며, 초기에는 유전적으로 암호화되는 과정이고, 궁극적으로는 문화적으로 전파되는 과정이다. 그 과정은 다양한 시간 길이로 국소적 평형을 이루었으며, 군비 경쟁으로 가속적 비율로 방점을 찍었다[즉, 가속되었다].

그 결과, 먼 과거는 먼 미래와 무관하며, 가까운 미래에 대한 길잡이로서 가까운 과거의 근시안이 계속 증가해왔다.

우리가 생물학 사례에서 알 수 있듯이, 그 무엇도 영원하지 않다. 군비 경쟁은 결국 가장 오래 살았던 조절과 협력 사례를 파괴하고, 심지어 여러 형질 사이의 공존공영하는 중립성마저도 파괴한다. 더군다나, 자연선택이 이러한 국소적 평형을 깨뜨리는 방법을 찾는 변이의 공간은 진화생물학자의 꿈마저도 넘어서는 방대한 영역이다. 어떤 생물종의 수컷이 그 종 암컷의 잔소리를 들으며 살아간다는 합의를 누가 생각이나 했을까?

그렇다면, 생물학에서 다윈주의 [진화] 궤적의 예측 불가능성이 또한 인간사를 괴롭혀왔다고 가정하는 이유가 무엇일까?

여기에 두 가지 전제가 있다.

1. 인간사(역사적 행위, 사건, 과정, 규범, 조직, 제도 등등)의 거의 모든 주목할 만한 특징은 여러 기능을 가지며, 즉 적응을 거치며, 혹 그렇지 않다면, 그러한 적응의 직접적 결과이다.
2. 인간사를 포함하여, 자연의 기능 또는 적응의 유일한 원천은, 눈먼 변이와 환경적 여과라는 다윈주의 과정이다. 여러 적응의 모든 규칙성(또는 그 직접적 결과)은 국소적 평형이며, 이것은 종국에 군비 경쟁으로 깨진다. 그러한 한정적 규칙성은 무제한의 다윈주의 규칙성 아래서는 제한적으로 설명력을 지닌다.

전제 1은 언뜻 보기에 수상쩍게 보일 수 있다. 거의 모든 인간사가 어떻게 적응의 문제일 수 있을까? 그것은 폴리아나(Pollyanna) 또는 볼테르(Voltaire 1947)의 팡글로스 박사(Dr. Pangloss)에게나 합당한 아이디어처럼 들린다. 심지어 생물학에서도 모든 것이 적응의 문제로 밝혀지지 않았다. 진화의 많은 부분은 표류의 문제, 즉 적응의 분포에 변화를 일으키고, 심지어 비적응 혹은 부적응 형질의 지속을 초래하는, 때로는 작고 때로는 큰 규모로 일어나는, 우연의 장난이다. 더구나, 중요한 생물학적 형질은, 그 자체가 물리적 제약의 결과이거나 또는 적응을 멈춘 뒤에도, 오랫동안 확정된 상태를 유지함으로써 진화 과정에서 일찌감치 적응으로 획득되었다. 확실히, 인간사의 진로에 대해서도 모두 똑같이 말해야 한다. 실제로, 명백한 이유로, 인간사에서 표류와 제약이 생물학적 과정보다 더 큰 역할을 할 것이다.

물론, 전제 1은 인간사에서의 표류와 제약이라는 실재에 의해 조건지어진다고 이해될 필요가 있다. 사실, 전제 1이 이야기하는 대부분의 인간의 특징의 적응성에 관한 주장의 타당성은 "주목할 만한"이라는 조건에 크게 의존한다. 표류의 결과로 나타나는 인간사의 많은 특징이 있겠지만, 역사학자나 사회과학자가, 인간사와 관련해서 특히 관심 있는 부분이 오직 무작위 표류만의 결과이거나, 혹은 주로 표류에 의한 결과라는 제안을 받아들이기는 쉽지 않다. 그런 만큼, 사회과학자는, 많은 종류의 제약이 (그 제약에 적응하도록) 인간사의 후속 특징을 강요하는 것으로 인식할 것이다. 그러나 사회과학자가 그러한 제약에 확정된 특성을 부여하는, 특히 물리적 제약이 생물학적 진화에 확정된 특성을 부여하는 일은 거의 없을 것이다. 실제로 가장 혁명적인 사회적 변화는, 변이와 선택 과정의 결과로서, 가장 오래되고, 가장 튼튼하며, 가장 보편적인 사회적 제약을 무너뜨린다. 여기서 진짜 문제는 그러한 변이가 눈먼 그리고 결과적 (자연적) 선택인지 여부이다.

인간사에 대한 숙고는, 사회생활의 주목할 만한 특징의 대부분 또는 심지어 전부가, 생물학에서보다 훨씬 더 많이, 어떤 사람이나 어떤 그룹 또는 어떤 관습에 대한 적응임을 시사한다. 거의 모든 상식적 어휘와 분류에서 시작하자면, 역사학과 인문과학 그 자체가 철저히 기능적이다. 그 결과, 역사학과 사회과학이, 어떤 사람이나 어떤 것에 유익한 효과의 탓으로 돌리지 않고서, 그 뭔가를 알아채거나 묘사하기란 어렵다!

인간 사회생활은, 어떤 개인이나 집단이 다른 개인이나 집단 또는 그들의 적응으로 구성된 환경에 대처하기 위해, "지향적으로" 또는 다른 방식으로, 구축된 적응으로 구성된다.

다음에, 아무도 설계하지 않은, 혹은 누군가 "설계"했거나 의도했던 행동과 사건으로부터 비의도적으로 나타나지 않는, 인간의 삶의 특징들이 있다. 그러나 그런 특징들은, 기껏해야 인간의 삶에 얹혀 살며, 좋든 싫든 그 삶을 변화시키지만, 항상 그들 자신의 생존을 보장하기 위해 적응해온, 공생생물 또는 기생생물, 또는 이따금 그 둘의 조합으로 고려되었다.

중국식 전족은 이러한 작동을 보여주는 좋은 예이다. 전족은 중국에서 약 천 년 동안 지속되었다. 전족은, 발을 전족한 여성이 아내로서 더 매력적이었기 때문에 시작되었다. 그래서 처음 관행이 시작되었을 때, 발을 전족한 소녀들이 더 많은 구혼자를 얻을 수 있었다. 곧바로 그럴 형편이 되는 모든 가정이 결혼을 보장받기 위해 딸을 전족시켰다. 그 결과, 모든 소녀가 발을 전족했을 때, 전족은 결혼 시장에서 더는 유리하지 않았으며, 발을 전족한 모든 소녀는 이전보다 못하게 되었다. 그러나 일단 모든 사람이 그렇게 하고 있으면, 아무도 전족의 회전목마를 벗어날 수 없게 된다. 여기 "딸의 발을 전족하라!"는 전통과 규범이 있지만, 그러한 관습이 널리 채택될 무렵, 그 관습이 행동을 지배했던 사람들의 적응이 서서히 사라지게 되었다. 왜 그러한 관습은 전족한 소녀들의 부적응 효과에도 불구하고 지속되었는가? 그러한 특징의 적응은 누구를 위한 또는 무엇을 위한 것이었을까? 그 관습은, 마치 기생생물처럼, 그 적응성 그리고 인간의 "약점"과 결혼이라는 제도를 부당하게 이용하려는 특징으로 인해 지속되었다. 즉, 처녀 신부와 큰 지참금에 대한 욕망과 함께, 결혼 전후 여성을 통제하려는 욕구 말이다.

일단 우리가 초점을 넓히면, 인간사에 관심 있는 거의 모든 것이 기능이나 적응을 가진다는 주장은 훨씬 덜 팡글로시안(Panglossian, 낙관적)이 된다.

인간의 역사는, 자연사와 마찬가지로, 일련의 사건, 상태, 과정, 개인 등으로 구성되며, 그 모든 것들이 적응적 형질을 갖거나, 그 자체가 다양한 종류의 적응이다. 인간의 경우, 일부 적응은 인간의 설계로 고안되었다. (또는 통속심리학의 서사가 우리에게 그렇다고 알려주었다.) 그러나 인간이 "발명한" 대부분의 인공물을 포함하여 대부분의 적응은, 생물학적 영역에서 적응을 생성하는 과정과 동일 과정인 눈먼 변이와 환경에 의한 여과를 통해 등장했다. 물론, 인간의 경우에 이러한 적응을 전달하는 메커니즘은 유전자의 전달을 포함하지 않는다. 그 메커니즘이 필요로 하고 또 실제로 활용하는 것은 매우 불충실한 전달 경로인 문화적 전달이다. 더욱이, 문화적 진화는, 생물학적 진화, 즉 관련된 선택의 환경이 대부분 느린 지질학적 속도에 맞춰서 변하는 진화와 다르다. 인류의 문화적 진화에서는, 점점 더 다른 사람, 다른 가족, 다른 집단, 다른 문화, 다른 사회, 그리고 그들의 관습, 규범, 제도, 기술 등등이 관련 선택적 환경이 된다. 인간이 운영하는 환경은 주로 인간이 만든 환경이기 때문에, 시간이 지남에 따라 가속적인 속도로 변화한다. 그전에는 그렇지 않았다고 하더라도, 일단 우리가 충적세(Holocene)에 들어선 이후 인류 역사는 다윈 진화론의 과정이 되었으며, 그에 따라 적응적 형질

중 국소적 개선을 위한 환경의 여과가 동일하거나 제법 큰 속도로 변화하기 시작했던 반면, 다른 적응적 형질은 가속적인 속도로 변화하기 시작했다. 그 결과, 점점 더 빠른 속도로, 국소적 평형, 안정의 섬, 평온의 시기, 그리고 역사적 시대 등을 방해하고, 파괴하여, 끝장내게 되었다. 그리고 이러한 파괴 과정의 메커니즘은 (때로는 창조적이지만) 자연선택이 불가피하게 만든 군비 경쟁이다.

역사적으로 가장 흥미로운 형질이 적응이고, 이들이 상호 작용하는 과정이 다윈 진화론적이라면, 인류 역사는 장님을 이끄는 장님이 아니라, 장님과 레슬링하는 장님이다. 양쪽 모두 상대방의 현재 움직임을 명확하게 볼 수 없거나, 상대방의 다음 움직임이나 그 결과를 신뢰할 정도로 예측할 수 없는 싸움이다. 인류의 역사는 일시적이고 불안정한 평형을 결코 넘어선 적이 없는 중첩된 시리즈의 군비 경쟁이다. 그리고 일단 예상치 못한 과학기술의 변화가 운명에 관여하기 시작하면, 군비 경쟁의 폭발적 발생과 그 방향은 지식의 성장만큼이나 예측할 수 없게 된다. 역사의 교훈은 미래에 대한 교훈이 없다는 것이다. 과거를 더 멀리 돌아볼수록, 과거에 대한 지식은 미래와 더 무관해진다. 윈스턴 처칠이 역사를 지키는 과정에서 간과했던 것이, 하필이면, 군비 경쟁이었다고 생각하면 꽤 웃기는 이야기이다!

인류사의 군비 경쟁 특성에 의해 제기된, 역사에서 얻은 유용한 지식의 장애는 사회과학으로 회피할 수 있는 것이 아니다. 그 목표가 (오래된 경멸적 의미에서) 아무리 과학주의적이더라도 말이다.

모든 사회과학은, 다윈이 생물학에서 직면했던 문제, 즉 적응이 어떻게 발생하고, 지속하고, 변화하는지 등과 같은 설명 문제에 직면한다. 물리학, 특히 열역학 제2법칙에서 보여주듯이, 다윈의 설명은 생물학에서 유일하게 가능한 것이며, 따라서 사회과학에서도 유일하게 가능한 것이다. 인간사의 거의 모든 것은, 모든 사람을 위한 혹은 일부 선호 계층의 사람들을 위한, 또는 사람들이 참여하는 어떤 집단이나 어떤 기관을 위한 기능을 가진다. 그렇지 않다면, 그것은 전족 관습처럼 사람들과 그들의 신념으로 구성되는 생태적 적소를 "창조"하고 적응함으로써 생존하는 무엇이다.

만약 인문과학의 관심인 거의 모든 것이 기능이거나, 기능 또는 기능의 구성요소를 갖는다면, 자연주의는 그것들에 관한 다원주의여야 한다. 일단 생물학적, 사회학적, 심리학적 목적이 자연에서 배제된다면, 기능과 함께하는 무언가가 발생하거나 유지되거나, 또는 시간적으로 변화하는 유일한 한 가지 방식이 있다. 즉, 다윈이 발견했던 과정인, 눈먼 변이와 환경에 의한 여과의 과정 말이다. 그리고 그것은, 군비 경쟁과 (그것들이 동반하는) 반사적이고 중첩된 불안정성이 인문과학을, 투키디데스(Thucydides) 이래 우리에게 친숙해진 역사학보다 아주 약간 덜 근시안적으로 만들어주는 과정이다.

비역사적 사회과학이 역사학보다 더 가진 유일한 장점은, 미래에 대한 보상으로 먼 과거를 설명하는 대신, 현재를 설명하고 가까운 미래를 예측하려 든다는 점이다. 하루나 일주일 이상 지속하는 국소적 평형 상태(local equilibria)가 있으며, 그래서 이것은 시청률이나 투표율 혹은 이자율이나 결혼 규칙 또는 자살률 등과 같은 국소적 규칙을 생성한다. 그러한 규칙들은 심지어 사회과학자들이 자신들을 드러내기에 충분한 시간을 가질 만큼 오래도록 지속할 수도 있다. 그러나 그 규칙들은, 그것들을 인용하는 설명에 대해 확신을 줄 수 있는, 믿을 만한 예측을 위한 도구로 정제될 만큼 오랫동안 지속하지는 않는다. 미래를 보는 데에 있어서, 역사학은 눈이 멀었고, 사회과학은 근시안적이다.

11. 이것이 바로 낙관적 자연주의자들이 계속 말해온 것인가?

마법이 풀린 자연주의와, 그 함축에 관해 더 널리 퍼져 있는 견해 사이의 차이는, 컵의 물이 반만큼 비었다와 반이나 남았다는 관점 또는 강조점의 문제일까? 예를 들어, 다윈의 업적에 대해 자연으로 부터 목적을 제거했다고 보는 견해와, 인과성을 위해 목적을 안전하게 만들었다고 보는 견해, 둘 사이의 차이가 무엇일까? 가치와 도덕 성에 대한 허무주의자와, 다윈주의 도덕적 실재론자, 둘 사이의 차이가 무엇일까? 지향적 내용에 관해 제거주의자가 되는 것과, 그 지향적 상태가 포착하는 뇌의 실제 패턴이 존재한다고 주장하는 것, 둘 사이의 차이는 무엇일까? 인격, 자아, 영혼 등의 존재를 부정하는 것과, 수적 동일성이 개인의 동일성을 요구하기에는 너무 과하다는 것을 인정하는 것, 둘 사이의 차이는 무엇일까? 인문과학의 가능성을 부정하는 것과, 그 경계 조건이 너무 빨리 변화하여 그것을 실시간으로 사용할 수 없다고 주장하는 것, 둘 사이의 차이는 무엇일까? 나는 그러한 차이들이 실제적이라고 생각하며, 내가 왜 그러한 지에 대해 이미 위에서 암시했다.

우선적으로, 거의 모든 자연주의자는 생물학에 관해, 심리학에 관해, 혹은 사회적, 정치적, 경제적 과정 등에 관해, 다양한 물리주의적 반환원주의(physicalist antireductionism)를 채택한다. 물리학적 사실이 모든 사실을 어떻게 확정하는지를 알아보는, 우리의 능력에 대한 일시적 혹은 심지어 장기적 장애인 인식적 반성으로서, 물리주의적 반환원주의는 여전히 살아 있는 가능성이다. 그러나 대부분 자연주의자는 그것을, 생물학이나 심리학 내의 조직화 수준에 관한 형이상학적 논제로 취급한다. 그들은 정신적 사건의 인과적 힘을 위한, 그리고 분자적 수준에서 생물학적 과정의 실질적 독립성을 위한 여지를 만들기 위해 그렇게 한다. 이런 자연주의자들 중 아무도 형이상학적 창발주의(metaphysical emergentism)가 어떻게 가능한지에 대해 설득력 있는 설명을 내놓지는 못하지만, 단순히 인식적 창발주의(epistemic emergentism)에 만족하는 사람은 없다. 나는 과잉-결정 대 설명-경쟁에 관한 김재권(Jaegwon Kim)의 주장이 물리주의적 환원주의가 왜 효과가 없는지 그 이유를 보여주기에 충분하다고 생각한다. 그러나 여하튼, 마법이 풀린 자연주의자와, 우리가 믿는 대부분을 그대로 손상 없이 남기고 싶은 사람의 차이는, 이런 실제적 차이에서 시작된다. 그러나 그 차이는 거기서 끝나지 않는다.

그리고 그러한 차이의 출발점은, 물리학이 우주의 목적에 미치는 함축에 있다. 만약 제2법칙이 다윈주의 자연선택을 불가피한 것으로 만든다면, 다윈주의 자연선택이 목적을 자연화시킨다는 관념은 포기되어야 한다! 물리학, 특히 제2법칙은 우주에서 목적을 제거하고, 물리학과 화학 내에서뿐만 아니라, 생물학과 (인간의 과학을 포함하는) 모든 생물과학에서 그렇게 한다. 그것에, 목적, 계획, 의도, 설계, 심의 및 행동 등의 본거지라고 우리가 생각하는 인지 과정조차 포함되어야 한다. 처칠랜드 부부(Churchlands 1986, 2012)가 제거주의를 꿈꾸기 오래전, 그 진실은 물리학으로부터 가능했다. 다윈주의가 인과관계를 위해 목적을 안전하게 만들었다고 가장할 수 있는 유일한 길은, 주제를 바꾸거나, 또는 목적이나 다른 모든 목적론적 개념을 재정의함으로써, (실증주의자의 전문 용어를 살짝 빌리자면) 그 개념들이 단지 엔트로피가 거의 변함없이 증가하는 거의 모든 시간, 거의 모든 곳에서, 예정된 과정에 대한 상투적 언어일 뿐이라고 말하는 것이다. 내가 보기에, 중요한 용어를 재정의함으로써 주제를 바꾸는 것은, 낙관적 자연주의의 재고품에 불과하며, 낙관적 자연주의와 마법이 풀린 자연주의 사이의 차이가 단지 강조의 문제일 뿐이라는 인상을 전달할 뿐이다.

자연주의적으로 윤리를 붙잡으려는 광범위한 시도를 고려해보자. 그들 대부분은 그러한 노력이 자연선택설을 활용해야만 한다는 점을 제대로 인식하고 있었다. 이 프로젝트를 위해 과학적으로 사용할 수 있는 다른 자원이 없다는 것이, 내가 공유하는 견해이다. 그러나 자연주의자들 중 가장 낙관적인 사람들조차도, 자연선택은 늘 적응을 추적할 뿐, 진리를 추적하는 일이 거의 없다는 것을 인식하고 있다. 따라서 핵심 도덕성에 대한 자연주의적 해석이 할 수 있는 가장 큰 일은, 우리에게 신중한 가치나 중요한 가치를 드러내는 것이다. 홉스(T. Hobbes)에서 시작하여 고티에(D. Gauthier)로 이어지는 400년 묵은 연구 기획이 바로 그 일을 해보려는 시도였지만 성과가 없었던 것으로 보아, 그런 것은 아마도 가능하지 않을 것이다. 만약 핵심 도덕성에 신중함보다 더 많은 것이 있다거나, 우리와 같은 피조물에게 신중하다는 것 외에 핵심 도덕성에 관해 더 올바른 사실이 있다면, 자연주의는 설명할 수 없는 엄청난 우연의 일치에 직면하게 된다. 즉, 핵심 도덕성은 적응이며, 그것이 올바른 도덕성이라면, 이런 두 가지 사실은 서로에 대해 어떤 설명적 연관성도 제시하지 못한다. 마법이 풀린 자연주의는 엄청난 우연의 일치를 용납하지 않는다. 그것의 유일한 대안은 허무주의이다. 즉, 도덕성을 설명해줄 어떤 올바른 사실도 존재하지 않는다. 여기에서도 도덕적 올바름을 신중함으로 환원시키는 문제는, 주제를 바꿈으로써, 도덕성의 자연주의적 기초를 제공한다.

무엇보다 가장 근본적인 것은 마음에 관하여 마법이 풀린 자연주의와 낙관적 자연주의 사이의 결별이다. 후자는 최소한 인간의 명제적 지식에 대한 인과적 설명, 어쩌면 목적의미론적 설명, 어쩌면 뇌의 "실제 (지향적) 패턴"의 다른 이론 등에 대한 희망을 드러낸다.

마법이 풀린 자연주의는, (의식적 내적 성찰을 포함한) 모든 신경학적 사실이 고유한 명제 내용을 과소평가하며, 심지어 신경학적 상태가 어떤 유한 명제를 "포함하는지" 문제에 관련한 어떤 사실도 존재하지 않는다는 주장을 유지한다.

본래적 지향성의 포기는 마법이 풀린 자연주의로서 쉬운 부분이다. 어려운 부분은 뇌가 비명제적으로 정보를 수집하고, 저장하고, 배포하는 등의 방법에 대한 대안적 설명을 정교하게 만드는 일이다. 신념과 욕망에 관해 성향으로 대답하는 것은 쉽다. 뇌 대응도(maps)는 정보를 비문장적으로 저장하므로, 따라서 아마도 비명제적으로 저장할 것이며, 그렇다는 것은 뇌가 정보를 어떻게 저장하는지를 설명해줄 모델을 제공할 수도 있다.8) 그러나 지향성에 관한 급진적 제거주의가, 전체적으로 참인지 거짓인지와 상관없이, [그 모델을 과연] 제공할 수 있을지 의문이 남는다.

참고문헌

Bennett, Jonathan. *Linguistic Behavior*. Cambridge: Cambridge University Press, 1976.

Churchill, Winston S. *Maxims and Reflections*. London: Heinemann, 1947.

Churchland, Patricia. *Neurophilosophy: Toward a Unified Science of the Mind-Brain*. Cambridge, MA: MIT Press, 1986.

---

8) [역주] 이러한 시도는 처칠랜드 신경철학이 노력하는 부분이다. 폴 처칠랜드(Paul Churchland)의 책, *A Neurocomputational Perspective: The Nature of Mind and the Structure of Science*(1989)와 『플라톤의 카메라: 뇌 중심 인식론』(2013) 등을 참조.

Churchland, Paul M. *Plato's Camera: How the Physical Brain Captures a Landscape of Abstract Universals.* Cambridge, MA: MIT Press, 2012.

Damasio, Antonio. *Self Comes to Mind: Constructing the Conscious Brain.* New York: Pantheon Books, 2010.

Darwin, Charles. *On the Origin of Species by Means of Natural Selection.* London, 1859.

Dennett, Daniel C. *Content and Consciousness.* London: Routledge, 1969.

Descartes, René. *Meditations on First Philosophy.* Leiden, 1641.

Dretske, Fred. *Explaining Behavior: Reasons in a World of Causes.* Cambridge, MA: MIT Press, 1988.

Fodor, Jerry A. *A Theory of Content and Other Essays.* Cambridge, MA: MIT Press, 1990.

Gray, Asa. *Darwiniana: Essays and Reviews Pertaining to Darwinism.* New York, 1876.

Kandel, Eric R. "The Biology of Memory: A Forty-Year Perspective." *Journal of Neuroscience* 29(2009): 12748-756

Kant, Immanuel. *Critique of Judgment.* New York: Cosimo, 2007.

Lewis, David. "Survival and Identity." In *The Identities of Persons*, edited by Amelie O. Rorty, 17-40. Berkeley: University of California Press. 1976.

Lloyd, Dan. *Simple Minds.* Cambridge, MA: MIT Press, 1989.

Matthen, Mohan. "Biological Functions and Perceptual Content." *Journal of Philosophy* 85(1988): 5-27.

Millikan, Ruth G. *Language, Thought and Other Biological Categories: New Foundations for Realism.* Cambridge, MA: MIT Press, 1984.

Neander, Karen. "Content for Cognitive Science." In *Teleosemantics*, edited by Graham Macdonald and David Papineau, 167-94. Oxford: Oxford University Press, 2006.

Papineau, David. *Philosophical Naturalism*. Oxford: Blackwell, 1993.

Santayana, George. *The Life of Reason: Reason in Science*. New York: C. Scribner's Sons, 1905.

Spencer, Herbert. *Social Statics: or, The Conditions Essential to Happiness Specified, and the First of Them Developed*. London, 1851.

Voltaire. *Candide*. London: Penguin, 1947.

3. 자연주의와 언어적 전회

Naturalism and the Linguistic Turn

폴 호위치 Paul Horwich

1. 과학주의 형식

현대 과학 지식은 놀라운 창작물이다. 그것은 아마도 인간의 가장 위대한 업적이고, 우리는 정당하게 그 지식에 깊게 감명받을 수 있다. 그러나 모든 위대한 일들이 그렇듯이, 거기에 매료되는 위험도 있다. 과학에 관한 우리의 존중은 여러 가지 방식으로 왜곡될 수 있다.

그중 철학적으로 가장 중요한 것으로, 다음과 같은 오도된 주장들(doctrines)이 있는 것으로 보인다.

- 과학은 존재하는 모든 것을 포함한다. 완전한 이성적 신념은 오직 과학 방법에서 나오며, 모든 사실은 원칙적으로 과학으로 설명될 수 있다. (자연주의)
- 선험적 지식 같은 것은 없다. 달리 말하자면, 모든 지식은 관

찰 가능한 자료에 의존한다. (경험주의)

- 선험적 이론화는 과학의 목표와 방법에 병행하는 것들로 규제
될 수 있고, 그렇게 되어야 한다. (이론 철학)[1]

이번 장은 위의 "과학주의" 오류 중 (선험적 지식을 경멸하고, 철학에서 과학을 모방하려는 다른 두 가지도 논의되지만) 첫째, 즉 자연주의에 초점을 맞출 것이다. 그러나 나는 자연주의 논제의 **그럴듯함**뿐만 아니라, 그것을 지지하거나 반박하는 데 사용되어야 할 적절한 방법론도 평가하겠다. 더욱 특별히 나는 (해당 주제에 관하여 진화하는 비트겐슈타인의 개념을 일차적으로 참고하여) 그런 논증들이 철학의 여러 "언어적 전회(linguistic turns)" 중 어떤 것을 보증하는지 문제를 고찰할 것이다.

나의 결론은 다음과 같다. 첫째, 자연주의는 비합리적인 과잉 일반화(irrational overgeneralization)이다. 둘째, 이런 비판을 지지하는 근거들이, 형이상학이 언어의 단순한 투사라는 극단적 견해(idea)와 일치하지는 않지만, 후기 비트겐슈타인의 덜 극단적인 언어적 전회, 즉 철학적 문제에 대한 추리는 특히 혼동에 취약하므로 철학 분야에서 언어-개념적 자의식(linguo-conceptual self-consciousness)이 매우 중요하다는 견해를 지지한다.

2. 자연주의 형식

모든 철학적 "주의(isms)"처럼, "자연주의(naturalism)"라는 용어는 매우 다양한 방식으로, 종종 어떤 분명한 의미도 염두에 두지 않

---

1) 분명히 (그리고 놀랍지도 않게) 이런 교설들은 전적으로 상호 정합적이지 않다.

고 사용되기 때문에, 그것은 아마도 백해무익하고 가장 피해야 할 대상이다. 그러나 적어도 그 용어를 사용하려면 그때 그것이 의미하는 것에 대해 분명한 (현재 당면한 목적을 위해 매우 충분한) 설명이 뒤따라야 한다.

그러므로 앞에서 제시된 매우 조잡한 표현을 개선하여 그런 명칭이 때때로 적용되는 더 정확한 논제들의 목록을 작성해보기로 한다. 나는 그중 가장 덜 논쟁적인 교설로 시작해서(실제로 나는 이것에 동의한다), 다음에 점차로 논쟁적인 교설들로 나아갈 것이다(나는 이 모두에 대해서 동의하지는 않는다).

- **반-초자연주의**(Anti-supernaturalism): 과학은 서로 공간적, 시간적, 인과적, 설명적 관계가 있는 현상들의 영역 내부를 지배한다. (예를 들어, 점성술의 영향에 관한 전망, 초감각적 지각, 침술은 과학적 조사에 의해 해결되어야 한다.)
- **형이상학적 자연주의**(Metaphysical naturalism): 존재하는 모든 것은 시공간적이며 인과적인 영역 내에 놓인다.
- **인식론적 자연주의**(Epistemological naturalism): 오직 과학적 방법만이 진정한 지식을 낳는다.
- **환원적 자연주의**(Reductive naturalism): 형이상학적 자연주의에 다음 교설, 즉 모든 대상, 속성, 사실 등이 (하나의 참인 기초 이론 내에서 가정되는) 비교적 적은 수의 실재로부터 구성된다는 교설이 추가된 것이다.
- **물리주의적 자연주의**(Physicalistic naturalism): 환원적 자연주의에 다음 논제, 즉 근본적인 (환원 불가능한) 실재 중 어느 것도 정신적이지 않다는 논제가 추가된 것이다.

나는 **형이상학적** 자연주의에 집중할 것이다. 그 이유는, 이것이 네 가지 논쟁적 교설 중 가장 논란의 여지가 적기 때문이며, 따라서 만약 그것이 그럴듯하지 않다는 점이 드러나면, 다른 교설들도 마찬가지로 그 기반이 약해질 것이기 때문이다.

3. 자연주의 반대 논거

다음은 형이상학적 자연주의(이하 "자연주의"로 칭함)에 대한 거부를 지지하기 위해, 즉 시공간적인 인과적 순서 **외부에** 있는 현상을 지지하기 위해, 내가 취하는 고찰이다.

A. 자연주의는 비자연적 사실들이 참을 수 없을 정도로 기괴하다는 인상에 기초하고 있다.

B. 그 인상은 세 근원을 갖는다. 첫째는 자연적 사실들의 뛰어난 실용성과 설명적 중요성이고, 둘째는 자연적인 것의 매우 넓은 범위, 즉 그것이 논증적으로 포함하는 사실들의 놀라운 범위와 다양성이고, 셋째는 실체가 "확실히" 근본적으로 획일적이라는, 즉 **모든** 사실은 자연적이라는 느낌이다.

C. 세 번째 느낌은 문제의 핵심으로 보인다. 그러나 나는 그것이 자연적 규범에 관한 오도된 왜곡, 특히 이론적 단일성에 관한 규범에 기초하고 있다고 주장할 것이다.

D. 우선, 우리가 인지하는 사실 중 어떤 것이 비자연적이라는 생각은 언뜻 보기에 매우 그럴듯하다는 점에 주목하자. 예를 들면, 수가 존재한다는 사실, 다른 사람들의 복지에 관심은 좋은 것이라는 사실, 세계는 지금과는 다른 방식으로 될 수도 있었다는 사실 등이 그것이다. 그런 사실들에 관한 선입견 없는 고

려는, 그것들이 자연적이 아니라는 점을 시사할 것이다. 왜냐하면 그것들은 시공간적으로 존재하지 않고, 물리학의 사실에 의해 발생하지도 않으며, 다른 사실들과 인과적이거나 설명적인 관계를 갖지도 않는다는 등은 ("그 이론"에 사로잡혀 있지 않은 사람에게는) 불을 보듯이 매우 분명하기 때문이다.

E. 그러나 그런 반자연주의적 고찰을, 많은 철학자는 단지 언뜻 보기에만 합리적이고 결코 **분명히** 옳은 것이 아닌 것으로 여길 것이라는 점이 인정되어야 한다. 그런 예를 다루기 위해 철학자는 다음과 같은 친숙한 전략을 채택할 것이다. (i) 문제가 되는 사실들에 대해 급진적인 환원적 분석, 즉 그것들이 결국은 자연적이라는 것(예를 들어, 수는 단지 수라는 것, 좋음에 대한 사실은 사람들이 좋은 것으로 **간주하는** 것에 의해 구성된다는 것)을 제안한다. (ii) 그런 사실들이 존재한다는 것을 부정하고, 우리는 그것들에 대한 우리의 관여를 표현하는 담론을 포기해야 한다거나, 만약 실용적 관점에서 볼 때 그런 포기의 대가가 너무 크다면, 우리가 실제로 그런 관여를 갖지 않지만 **마치** 그런 것처럼 행위하고 말하는 "기능주의적" 자세를 채택할 것을 추천한다.

F. 확고한 자연주의자는 이런 제안들이 임시방편적이고, 부자연스럽고, 본질에서 그럴듯하지 못하다는 비난에 크게 동요하지 않을 것이다. 왜냐하면 그는, 비록 그런 결함이 실제로 존재하더라도, 그리고 실제로 그 자체로 다소 달갑지 않더라도, 그것들은 자연주의가 제공하는 놀라울 정도로 단순한 형이상학에 대해 지급할 가치가 있는 대가라고 생각할 것이기 때문이다. 그리고 그는 단순성이라는 전체적 이득을 위해 국소적인 복잡성은 참아야 한다는 자신의 배경 방법론이, 그동안 과학에서

훌륭하게 행해졌듯이, 지적으로 흠잡을 데 없다고 주장할 것이다.

G. 그러나 자연주의자들을 위한 이런 변명은 두 가지 측면에서 옳지 않다. 첫째, 자신의 이득을 위해 포기되는 것은 "국소적인 이론적 단순성"이라고 정당하게 기술되지 **않는다**. 포기되어야 할 것은 자료, 즉 인식론적인 근본적 확신이다. 프레게가 말했듯이, 줄리어스 시저는 하나의 수가 아니라는 것은 우리에게 명백히 분명하다. 시저가 실제로 하나의 **수였다**는 점을 인정하게 되는 것은 유감스럽게도 복잡한 하나의 이론을 참아내기보다 훨씬 더 어렵다. 이에 못지않게 회의적인 "오류 이론"의 어떤 함축들과 (예를 들어, 존재의 부정) 수, 가치, 보편자(universals), 가능성 등이 제기하는 위협으로부터, 자연주의를 보호하려는 목적을 지닌 부자연스러운 환원적 분석은 분명히 거짓이다.

H. 둘째, 단순성이라는 규범은, 그것이 과학에서 사용되듯이, 실제로 다루기 힘든 자료를 무시하고, 더는 고심하지 않고 자료가 잘못임이 틀림없다고 결론 내려도 좋다는 허가가 **아니다**. 과학자는 모든 적합한 자료를 존중해야 할 의무가 있으며, 자료가 하나의 단순한 패턴에 따르지 않으면, 그 현실은 수용되어야 한다. 물론 여전히 희망할 수 있는 것은 더욱 깊은 (관찰불가능한) 수준에 있는 단순한 법칙들이다. 그러나 이것은 원래 문제가 된 사실들이 지금 부적합하다거나 존재하지 않는다고 말하는 것은 아니다. 그것들은 여전히 설명을 요구한다. 그러나 그 일은 이제 단순한 근본 법칙들과 환경의 혼란스럽게 변동이 심한 시공간적 배열의 조합에 의해 행해져야 한다. 이런 요인들의 결합 효과는 다양한 예외를 갖는, 피상적인 근사

적 규칙성이다.

I. 그러나 수의 속성이나 가치 등에 관한 우리의 근본 선험적 신념 중 일부가 하나의 단순한 형이상학과 충돌한다는 이유로 억압될 때, 이와 같은 일은 절대로 발생하지 않는다. 이런 비경험적 영역에서 과학에서처럼 **근원적** 단순성(*underlying simplicity*)이 밝혀질 가능성은 없다. 왜냐하면 어떤 근원적 수준도 없으며, 환경적 요인을 왜곡하는 복잡한 시공간적 배열에 대응하는 어떤 것도 없기 때문이다. 그러므로 우리의 혼란스러운 자료를 단순한 근본 원리와 일치시키는 어떤 가능성도 없다.

J. 관찰 가능한 신념들이 믿을 수 없는 지각 과정으로부터 유래한다고 생각할 수 있는 검증 가능한 이유가 있는 경우, 과학자들은 그 신념들을 무시한다는 점을 인정하자. 그리고 어느 기본적인 선험적 확신(a priori convictions)이 어떤 방식으로 신빙성이 떨어진다는 것을 인정하자. 이것은 아마도, 좋은 인지 기능을 방해하는 것으로 유명한 환경에서, 예를 들어, 피험자가 피곤하거나 취했거나 주의가 산만할 때, 내려진 판단에 대한 평결(verdict)일 수 있다. 그렇지만 위에서 인용된 선험적 직관들(a priori intuitions)은 그와 같은 조건과 관련이 **없다**. 그러므로 자연주의자는, 그들의 진술이 자신의 단순한 이론과 일치하지 않는다는 점을 제외하고는, 그 직관에 반대할 말이 전혀 없다.

K. 그러므로 자연주의를 위한 논거(case)가 과학에서 풍부한 역할을 통해 존경을 받아온 바로 그 규범들(norms)에서 나온다는 것은 사실이 아니다. 실제로, 정직한 사상가는 그런 규범들로 인해, 만약 우리가 그것들을 무시하려고 준비하지 않은 이상, **비**자연적(*nonnatural*) 현상의 폭넓은 다양성을 인식하게 될 것

이다. 자연주의는 분명히 거짓이며, 오직 우리가 (이 글 처음에서 언급된 세 번째 형태의 과학주의에서 유래한) 단순한 선험적 이론들을 고집할 때만 생각할 수 있다.

4. 언어와 형이상학의 상대적 우선성

반자연주의(anti-naturalistic) 사고방식의 **메타**철학적 의미(*meta-philosophical import*)를 살펴보자. 특별히, 나는 그것이 철학의 언어적 전회의 지혜와 어떻게 관련되는지를 검토하려 한다.2) 나의 논증은, 비록 형이상학적 쟁점들이 물질적 세계를 고려하는 것처럼 **보이더라도**, 그 쟁점들의 진정한 주제는 언어이며, 어느 형이상학적 사실도 어떤 의미에서는 언어 현상의 단순한 "투사"여야 한다는 등의 견해와 화해될 수 있는가?

위에 제시된 추리는 다음을 시사한다. 이런 "언어 우선성(linguistic priority)" 주장은 사실이 **아니다.** 왜냐하면 우리의 핵심 논증은 다양한 비언어적 사실을 인용하며, 그런 사실이 인과적이고 시공간적 특징을 갖지 않는다는 점을 주목하기 때문이다. 그 논증이 언어, 방법론, 여러 대안적 관점에서의 실수 등에 대한 주위 논의들로 강화되었다는 점을 인정하자. 그러나 자연주의 중심 논증에 대한 그런 비판적 성찰은 확실히 **어떠한** 탐구 영역에서도 중요하다.

그러나 만약 상황에 대한 이런 평가가 옳다면, 그리고 더 일반적으로 말해서, 만약 특히 형이상학에 관한 **언어**-기반이 전혀 없다면, 언어가 형이상학보다 우선적이라는 견해가 어떻게 20세기 철학에서 군림하게 되었는가? 왜 그것이 지금도 여전히 그렇게 인기가 있는

---

2) 이런 운동에서 중심 인물은 프레게, 러셀, 무어, 비트겐슈타인, 카르납 등이다.

가? 특히 그것을 지지하기 위해 제시된 근거들을 반박하기 위해서 무엇을 말할 수 있는가? 그리고 언어적 전회는 전적으로 잘못이었다고 결론 내려야 하는가?

이런 질문들은 크고 복잡한 문제들이다. 그 문제들을 적절히 제기하려면 분석철학의 역사에 등장한 다양한 인물을 고려할 필요가 있지만, 나는 여기서 그것을 할 수 없다. 내가 할 수 있고 해야 할 것은, 이 주제와 관련하여 특히 영향력이 있었던 (그리고 현재에도 그런) 철학자, 즉 비트겐슈타인의 견해를 간략히 검토하는 것이다.

『논리철학 논고(Tractatus Logico-Philosophicus)』(1921)에 제시된 비트겐슈타인의 전기 철학의 중심 견해에 따르면, 여러 철학 이론들은, 언어의 한계를 벗어난 시도로, 의미 없는 산물이다. 어느 문장이 어떻게든 의미 있으려면, 개념적으로, 논리적 용어 및 경험적 용어로 구성된 하나의 경험 문장으로 환원 가능해야 한다(고 그는 가정했다).3) 그러므로 특성상 **비**경험적인 철학적 질문들은 의미 없는 사이비 질문(pseudo-questions)으로 분류되고, 이는 진술된 대답들에 대해서도 동일하게 적용된다.

이것은 언어적 고찰이 형이상학보다 우선적이라고 주장될 수 있는 하나의 의미를 제공한다. 그러나 이것은, 형이상학 **내부**에서의 논제들이 언어에 대한 사실로부터 유도되어야 한다는 것을 의미하지는 않는다. (아마도) [그 고찰에서] 추론되는 것은, 형이상학적 선언들이 이해될 수 있지 않다(unintelligible)는 것이다.

그러나 그런 결론은 방금 언급된 의미성 기준에 의존하고 있으며, 비트겐슈타인은 『철학적 탐구(Investigations)』(1953)에서 그것을, 모순적으로 제한적이며, 그럴듯하지 못하다고 생각하게 된다. 그 책

---

3) 이것은 단지 비트겐슈타인이 말한 것에 대한 근사치이지만, 우리의 목적상 충분히 그것에 가깝다.

에서 의미성 기준은 단어의 의미를 그것의 **쓰임**(*use*)과 동일시하는 기준으로 대체된다. 그런데도 비트겐슈타인은, 심지어 후기 저서에서도, 언어는 철학적 난제(philosophical puzzlement)의 근본적 원인이고, 여러 철학 이론들은 "무의미하다(nonsense)"는 양면적인 초기 이론을 고수했다. 사람들은, 어떻게 비트겐슈타인이 그렇게 하기 위한 자신의 주요한 근거들을 포기한 이후에도 그 노선을 계속 생각할 수 있었는지에 대해 궁금해 할 것이다.

그 답변의 일부는, 놀랄 것도 없이, 비트겐슈타인이 새로운 근거를 발견했다는 점이다. 그러나 또 다른 부분은, 철학에 어떻게 언어가 관계하는지에 대한 전기와 후기의 **표현들**(*articulations*) 사이의 강한 유사성은 근본적인 그의 입장의 변경을 숨긴다는 데 있다. 이 점을 자세히 설명하고, 그다음 비트겐슈타인의 더욱 성숙한 "언어 철학(linguistic philosophy)"이, 앞에서 개략적으로 논의된, 자연주의를 지지하거나 반대하는 **비**언어적 논증들과 일치할 수 있는지의 문제를 다루기로 한다.

더욱 성숙한 견해에 따르면, 철학적 난제는 전형적으로 우리가 언어적 유비를 과잉 확장하기 때문에 발생한다. 우리는 다른 영역의 언어에 속하는 단어 간 용법에서 어떤 진정한 유사성에 감명을 받고, (이론적 단순성을 위한 과학적 노력 속에서) 이런 유비들을 과장하게 되어, 또 다른 존경심을 품고, 그 단어들이 비슷하게 사용될 수 있다고 결론 내린다. 이런 과장이 피할 수 없고 대답할 수 없는 질문들을 유발한다.

예를 들어, 숫자와 물질적 대상의 이름 간 유비가 있다. (예를 들어, "3"과 "Mars") 이 유비로 인해, 우리는 "수는 어디에 존재하는가?" "수는 무엇으로 구성되는가?" "우리는 수와 어떻게 상호작용하는가?" 등과 같은 적법한 질문을 하게 된다. 그러나 이런 문제들은 당황스럽게도 다루기 힘들다.

나는 철학적 복잡성에 관한 이런 종류의 진단에 약간의 진리가 있다고 생각하고 싶다. 그러나 그것은 철학적 문제들의 본질이 언어적 문제라는 사상을 지지하는 것과 거리가 멀다. 이것을 살펴보기 위해, 단어들이 어떻게 사용되는지에 대한 유비가, 단어들이 나타내는 현상 간 유비에 대한 우리의 인식과 상호 관련되는지에 주목하자. 특히 "3"과 "Mars" 사이에서 용법의 유사성에 대한 과장은, 3 그 자체와 화성 그 자체 사이의 유사성을 믿는 과장과 같다. 그러므로 여기에는 어떤 언어적 우선성도 없으며, 단순히 동일한 사항을 표현하는 두 가지의 방식만이 있을 뿐이다.

여러 철학 이론들(과잉 유비화의 산물인)이 어떤 의미에서는 "비정합적(incoherence)"이거나 "무의미"하다는, 그 연관된 후기 비트겐슈타인의 견해는 어떤가? 만약 비정합성이 **비합리성**과 동일하다면, 이 사상은 (메타철학적 논제로서 그리고 비트겐슈타인에 관한 해석으로서) 매우 그럴듯하다. 그러나 만약 비정합성이 **무의미성**과 동일하다면, 그것은 (그 두 가지 수준에서) 결코 그럴듯하지 못하다. 결국, 반증에 직면하여 과잉 일반화하는 것은 분명히 비합리적이다. (누군가는 그 결론을, 구어로 표현해서, "말도 안 되는 소리"라고 기술할 수도 있다.) 그러나 한 단어의 의미는 단지 어떻게 그것이 사용되는가에 불과하다는 비트겐슈타인의 후기 그리고 더 나은 의미론은, 형이상학적 이론화에서 사용된 단어들이 문자 그대로 의미가 없다고 가정하는 것을 배제한다.4)

---

4) 명심할 필요가 있는 것으로, 비트겐슈타인의 선험 철학(a priori philoso-phy)에 대한 비판은 **이론들**을 위해 남겨두었다는 점이다. 선험 철학에서 이론들의 참은 잠재적으로 **분명한** 진술들과 구분된다. 따라서 형이상학적 자연주의는, 그것이 억측된 일반화인 한, (이런 의미에서) "이론"으로 자격을 가진다. 반면에, 그것의 부정은, 만약 단순히 그것이 어떤 분명히

따라서 피상적 인상과는 정반대로, 비트겐슈타인은 자신의 초기 메타철학을 근본적으로 수정한다. 철학적 복잡성에 대한 비난과 연관된 이론화 기획은 의미의 환영으로부터 **과학적으로 주도된 과잉일반화**(*scientistically driven overgeneralizations*)로 이행한다.5)

그러므로 비트겐슈타인의 입장은 구성적이라기보다 비판적으로 남아 있다. (적절하게 그렇게 불리는) 형이상학적 **이론화**(*theorizing*)는 여전히 수상히 여겨지고 있다. 좋은 철학은 여전히 그 이론화의 결함을 폭로하는 성찰로 제한되고 있다. 그리고 자신의 언어-개념적 활동(linguo-conceptual activity)에 대한 이런 강조는, 여전히 일종의 언어적 전회, 즉 초기의 전환과는 매우 다르지만, 언어적 전제들에 기초하여 형이상학을 하려는 어떤 시도와도 여전히 전적으로 구별되는 종류로 여겨질 것이다.

처음에 제시된 나의 반자연주의적 고려는 비트겐슈타인의 새로운 관점과 완전히 일치한다. 형이상학적 자연주의는 비언어적 세계에 대해 하나의 선험적 주장을 하며, 그것을 지지할 것인지의 문제는, 비언어적 세계에 대한 우리의 근본적이고 선험적인 확신에 의존하여 일부 **직접적으로** 해결되어야 한다. 그리고 그 수준에서 대립하는 논증들에 대한 비판적 검토를 통해 일부 **간접적으로** 해결되어야 한다. 의심의 여지없이, 우리는 그 직접적 추리를 통해서, 수용된 **문장들**(*sentences*)로부터 자연주의 **형식화**(*formulation*)를 받아들이거나, 아니면 그것을 부정해야 하는 것으로 생각할 **수 있다**. 그러나 이런 사소하고 무의미한 재표현(rearticulation)의 가능성은, 그 쟁점이 근

비자연적인 사실에 관한 관심에서 확립될 수 있는 것이라면, 그 자격을 갖지 못한다.

5) 이에 대한 추가 논의는 나의 저서, *Wittgenstein's Metaphysics*(Oxford: Oxford University Press, 2012)를 보라.

본적으로 언어적이라는 측면에서, 어떤 흥미로운 의미도 제공하지 않는다. 다른 경우와 마찬가지로, 여기서도 오직 의미 있는 언어적 전회는, 전통 철학의 특징인 선험적 이론화 기획이 혼동과 비합리성에 의해 특이하게 시달리고 있으며, 그러한 언어-개념적 활동에 대한 성찰이 특히 중요하다는 등의 이해로부터 유래하는 전회이다.6)

6) 이 논문은 2011년 5월 베이루트 아메리칸 대학에서 열린 학술대회에서 "진화론적 자연주의의 형이상학(The Metaphysics of Evolutionary Naturalism)"이라는 주제로 발표한 것을 정리한 것이다. 나를 이 학술대회에 초대해준 바나 바쇼(Bana Bashour), 레이몬드 브라시어(Raymond Brassier), 한스 뮐러(Hans Muller)와 통찰적이고 구성적인 질문을 해준 참석자들에게 감사드린다. 3절은 나의 논문 "Naturalism, Deflationism, and the Relative Priority of Language and Metaphysics," in *Expressivism, Pragmatism, and Representationalism*, ed. Huw Price(Cambridge: Cambridge University Press, 2013, pp.112-27)에서 발췌된 것이다. 그 자료를 사용하도록 허락해준 출판사에게 감사드린다.

2부
자연화된 이유

4. 이유의 진화

The Evolution of Reasons

대니얼 C. 데닛 Daniel C. Dennett

오늘날 후기-다윈주의(post-Darwinian) 시기에 우리는 목적론 (teleology)과 목적(purpose)에 관해 어떻게 생각해야 하는가?[1] 오래전 마르크스(K. Marx)는 『종의 기원(*On the Origin of Species*)』 이 성취한 것이 무엇인지를 자신이 안다고 생각했다.

여기에서 처음으로, 자연과학에서 목적론이 치명상을 입을 뿐만 아니라, 그 합리적 의미가 경험적으로 설명된다. (1861)

그러나 더 자세히 살펴보면, 마르크스는, 계속 옹호되고 있는 두 가지 견해 사이에 모호한 말로 얼버무리는 것을 보여준다.

---

1) 베이루트 컨퍼런스 참가자들의 의견에 감사하고, 루스 밀리칸(Ruth Millikan)과 브라이스 호이브너(Bryce Heubner), 아르논 로템(Arnon Lotem)의 추가 논평들에 감사한다. 그 논평들이 많은 혼란과 오류로부터 이 논문을 구해주었다.

우리는 자연과학에서 모든 목적론적 공식을 추방해야 한다.

또는

이제 우리가 (생명력(entelechies), 지적 창조자 등등에 대한) 고대 이데올로기 없이 자연 현상의 합리적 의미를 경험적으로 설명할 수 있으므로, 우리는 구식의, (절대적 의미의) 대문자 T의 "목적론(Teleology)"을 새로운 후기-다윈주의의 목적론으로 대체할 수 있다.

이런 애매함은 오늘날까지 많은 사려 깊은 과학자들의 실천과 선언에 확고하게 얽혀 있다. 한편으로 생물학자들은 일상적으로든 어디에서든 다음과 같은 행동의 **기능(*functions*)**을 언급해왔다. 식량 구하기 및 영역 표시하기, 눈 및 부레와 같은 기관, 리보솜과 같은 세포하(subcellular) "장치", 크렙스(Krebs) 회로와 같은 화학적 순환, 운동 단백질 및 헤모글로빈과 같은 거대 분자 등등의 기능이다. 하지만 일부 사려 깊은 생물학자들과 생물철학자들은 기능과 목적에 대한 이런 모든 이야기가 정말로 약칭 표현이고 은유적 어법에 불과하며, 엄밀히 말해서, 세상에는 어떤 기능도, 어떤 목적도, 어떤 목적론도 존재하지 않는다고 주장한다. [그래서] 회개하지 않는 목적론자에게 퍼붓는 모욕적인 표현으로 "다윈주의 과대망상증(Darwinian paranoia)"(Richard Francis, Peter Godfrey-Smith)과 "음모론자(conspiracy theorists)"(Alexander Rosenberg)가 있다. 물론, 특정한 목적론적 과잉을 금지하면서도 더 차분하고 제한적인 대안을 허용하는, 중간 입장이 방어될 여지는 있다. 내가 격의 없이 느끼는 것이지만, 많은 과학자는 바로 그런 건전한 중간 입장(intermediate position)에 자리 잡고 있으며, 자신들이 아마도 수년 전 읽었을 책이나 논문에서 적절히 옹호되어왔다고 추정한다. 그러나 적어도 내가 알기로는 그러한 합의를 이루는 고전 텍스트는 존재하지 않는다. 또, 자신들이 연구하고 있는 대상의 기능에 대해 속절없이 언급한 많은 과학자는 자신들이 결코 목적론이란 죄를 범하지 않았을 것이라고 여전히 주장하고 있다.

여기[그 주장]에 작용하는 미묘한 힘 중 하나는, 창조론자와 '지적 설계' 신봉자(Intelligent Design crowd)를 어렵고 힘들게 만들려는 욕구이다. 자연 내의 목적과 설계를 말함으로써, 우리는 (명백히) 그들의 논거를 절반쯤 인정해준다. 그들의 생각에 따르면, 그러한 주제에 대해 엄격한 금지 규정을 유지하고, 인간 기술자가 설계하지 않았다면, **엄밀히 말해서,** 생물권의 어떤 것도 설계되지 않았다고 주장하는 것이 더 좋다. 복잡한 시스템(신체 기관, 행동 등)을 생성하는 자연의 방법은 기술공의 방식과 너무 달라서, 그것들을 묘사하는 데 동일 언어를 사용하면 안 된다. 그래서 (때로) 리처드 도킨스(Richard Dawkins)는 유기체의 **설계 망상**(*designoid*)[2] 특징에 대해 말한다(예를 들어, Dawkins 1976, 4). 그리고 『조상 이야기(*The Ancestor's Tale*)』에서는 "다윈주의 자연선택에서 그려지는 설계라는 환상은 놀랄 만큼 매우 강력하다"(Dawkins 2004, 457)라고 말한다. 나는 최근 술집에서 몇몇 젊은이들이 모든 세포 내부에서 발견되는 경이로운 나노 기계에 관해 대화하는 것을 우연히 들었다. "그 모든 기상천외한 작은 로봇들이 작동하는 것을 보면, 어떻게 진화를 믿을 수 있겠어?"라고 한 명이 외쳤고 다른 한 명은 현명하게 고개를 끄덕였다. 그 젊은이들이 받은 인상에 의하면, 진화생물학자들은

---

2) [역주] 도킨스에 의하면, 설계 망상은 설계된 것처럼 보이지만, 사실은 설계와 같은 거의 완벽한 환상을 창조해내는, 비우연적인 어떤 과정에 의해 빚어진, 자연의 공예품으로 정의된다.

생명이 그다지 복잡하지도 않으며, 그렇게나 놀라운 부분으로 이루어진 것도 아니라고 생각한다는 것이다. [그런데] 이렇게 진화를 의심하는 사람들은 무식한 사람들이 아니라, 하버드 의대생들이었다! 그들이 자연선택의 힘을 크게 과소평가했던 까닭은, 그들이 진화생물학자들로부터 자연에는 어떤 **실제** 설계(*actual* design)도 없으며, 단지 설계[처럼 보이는] **현상**이 있을 뿐이라고 계속 들어왔기 때문이다. 이 에피소드는 나에게 이런 측면을 시사해준다. "상식"은, 진화생물학자들이 자연에서 매우 명백한 설계를 "인정" 또는 "승인"하기를 꺼린다는, 잘못된 견해를 혼합하기 시작했다.

이와 관련하여 빈(Wien)의 가톨릭 대주교인 쇤보른(Christoph Schönborn)은 '지적 설계'를 믿는 사람들에게 속아 넘어간 친구라 할 수 있다. 그는 『뉴욕 타임스』의 특집 기사 「자연에서 설계를 발견하기(Finding Design in Nature)」(2005년 7월 7일자)에서, 악명 높게, 다음과 같이 말했다.

> 가톨릭교회는, 지구상의 생명 역사에 대한 많은 세부 사항들을 과학에 맡겨 두면서, 이성적으로 인간 지성이 생물계를 포함한 자연 세계의 목적과 디자인을 쉽고 명확하게 식별할 수 있다고 천명합니다. 공통 조상에서 유래했다는 의미에서 진화는 아마도 사실일 수 있겠으나, 신다윈주의(neo-Darwinian) 의미에서 진화, 즉 무작위 변이와 자연선택이라는 안내되지 않고 계획되지도 않은 과정은 사실이 아닙니다. 생물학에서 설계를 지지하는 차고 넘치는 증거를 부정하거나, 발뺌하려는 어느 사고 체계라도 그것은 이데올로기이며, 과학이 아닙니다.

우리 진화론자들은 어떤 캠페인을 벌여야 할까? 우리가 일반인들에게, 그들이 생물학의 모든 규모에 놀랍도록 명백한 설계를 실제로는 보지 못하다는 것을 확신시켜주고 싶지 않은가? 아니면, 말하기도 좋게, 그보다 다윈이 보여준 것은, '지적 설계자(Intelligent Designer)' 없는 실제 설계가 정말로 있을 수 있다는 것임을 보여주어야 할까? 우리는 원자(atom)가 '더는 쪼개지지 않는 것(atomic)'이 아니며, 대지(earth)가 태양 주위를 돈다는 것을 세상에 설득시켜 왔다. '설계자 없는 설계(design)'가 있을 수 있음을 보여주는 교육적 과제를 우리가 왜 꺼려야 하는가? 그래서 나는 아래와 같은 주장을 (다시 강조하면서) 여기에서 옹호하겠다.

생물권은 설계, 목적, 이유로 완전히 포화되었다. 내가 설계 자세 (design stance)라 부르는 것은, 역공학(reverse-engineering)[3] 인공물이 (다소) 지능적인 인간 설계자에 의해 만들어질 때 잘 작동하는 동일 가정들을 사용해서, 생물계 전반의 특징들을 예측하고 설명한다. 자연선택에 의한 진화는, 사물이 다른 방식이 아닌 특정 방식에 따르는 이유를 "찾고" "추적하는" 일련의 과정이다. 진화로 발견된 이유와, 인간 설계자에 의해 발견된 이유 사이의 주요 차이점은, 후자[이유]는 전형적으로 (항상 그런 것은 아니나) 설계자의 마음에 표상되지만, 자연선택으로 발견된 이유는 전형적으로, 역공학으로 자연의 산물을 만들어낸 인간 연구자에 의해서, 처음 표상된다. 즉, 인간 설계자는 자신의 인공물이 갖는 특징에 대해 이유를 생각한다. 그리고 그 이유를 나타낼 아이디어를 갖게 된다. 그들은 일반적으로 자신들이 설계한 이유를 우선 주목하고, 평가하고, 공식화하고, 수정한 다음, 그것을 전달하고, 토론하고, 비판적으로 사고한다. 진화

---

3) [역주] 리버스 엔지니어링은 "역공학"이라고 번역되며, 사람이 만든 개체를 분해하여 디자인, 아키텍처, 코드를 표시하거나 개체에서 지식을 추출하는 프로세스이다.

는 이런 일을 하지 않는다. 그냥 그것이 생성한 여러 변이를 무심하게 체로 걸러내며, (자연선택의 과정으로 나타나지 않거나, 가능하리라 꿈도 못 꿀 이유로 보건대) 좋은 것들은 복사(복제)된다.

진화 과정은, 색 지각을 발생시킨 (그리고 그렇게 하여 색깔을 발생시킨) 것과 같은 방식으로, 목적과 이유를 (점진적으로) 발생시킨다. 만일 우리가 인간 이성의 세계가 어떻게 더 단순한 세계로부터 생겨났는지를 이해한다면, 목적과 이유가 색깔만큼이나 실제적이고, 생명만큼이나 실제적이라는 것을 알게 될 것이다. 다윈이 목적론을 추방했다고 주장하는 사상가들은, 그가 또한 색깔의 비실재성을 증명했다는 점을 일관성 있게 덧붙여야 할 것이다. 원자가 존재하는 모든 것이며, 원자는 색깔을 갖지 않았고, 원자가 하는 일에 어떤 이유도 없다. 그렇지만, 그 말이 색깔이 없고, 이유도 없다는 것을 의미하지는 않는다. 단백질이 하는 일에 이유가 있고, 박테리아가 하는 일, 나무가 하는 일, 동물이 하는 일, 우리가 하는 일 등등에 이유가 있다. (물론, 색깔도 마찬가지로 존재한다.)

1. "왜"의 다른 의미

아마도 이 문제를 보는 가장 좋은 방법은 왜(why)의 다른 의미를 반영하는 것이다. 이 영어 단어는 중의적이며, 그 중의성은 익숙한 대체 문구 쌍인, **무엇 때문에**(what for?)와 **어떻게 그러한지**(how come?)로 표시될 수 있다.

"왜 내게 네 카메라를 건네나?"라는 말은 **무엇 때문에** 당신이 그러는지를 묻는다.
"왜 얼음이 물에 뜨는가?"라는 말은 **어떻게 그러한지**를 묻는다.

이것은 액체인 물보다 밀도를 낮추는, 얼음이 형성되는 방식에 관한 물음이다.

후자의 질문은, 어떤 현상이 **무엇을 위한** 것인지 말하지 않은 채, 현상을 설명하는 과정의 내러티브를 요구한다. 종종 후자의 질문에 대한 대답은 **원인**(*cause*)을 인용하고, **이유**(*reason*) — 고유한, 목적을 나타내는 이유(telic reason)를 인용하지 않는다고 말해진다. "왜 하늘이 파란가?" "왜 해변의 모래가 크기별로 배열되어 있는가?" "왜 땅이 흔들렸는가?" "왜 우박이 뇌우를 동반하는가?" "왜 마른 진흙이 그런 식으로 갈라지는가?" 또한 "왜 이렇게 터빈 블레이드가 작동 안 하는가?" 등등이 그런 질문이다. 어떤 사람들은 왜 얼음이 물에 뜨는지에 관한 질문을, 무생물계의 이런 특징들에 대해 **무엇 때문인지 목적을 나타내는 이유**를 요구하는 질문으로, 즉 아마도 신의 이유로 취급하고 싶어 할 수도 있다. 그렇지만 이것은 단어의 중의성에서 생겨난 실수일 뿐이다. 이런 실수는 내가 1974년 웨스턴 미시건 대학(Western Michigan University)에서 열렬한 스키너식 행태주의자(Skinnerian behaviorism)인 루 미카엘(Lou Michaels)과 가졌던 토론에서 발생한 단어의 교환에서 명백히 나타남을 볼 수 있다. 그때 나는 논문 "Skinner Skinned"(나중에 *Brainstorms*으로 1978년 출간)을 발표했고 미카엘은 반박 논평에서 특히 대담한 행태주의 이데올로기를 설파했다. 나는 그에 대해, "하지만 루, 왜 그렇게 말합니까?"라고 반문했는데, 그의 즉각적인 대답은 이랬다. "과거의 발언으로 인해서 내가 강화되고 있기 때문이죠." 나는 **무엇 때문인지** 이유를 요구했는데, [원인에 관한] 과정 설명을 얻었다. 차이가 있는데, 스키너주의자가 그 차이를 없애려는 시도에서 실패한 것이, 행태주의가 더는 심리학에서 지배적인 학파가 못 되는 여러 이유 (**무엇 때문에**와 **어떻게 그러한지**라는 두 가지 의미에서) 중 하나이다. 그런 결과는 실증주의 성향의 과학자들에게, 그들이 "무엇 때문에"를 추방하려 하면, [그것에 대한] 이해에 대단히 큰 어려움을 가질 것임을 경고한다.

아리스토텔레스의 네 가지 "원인" 또는 아이티아(*aitia*)는 다소 다른 질문을 표시한다. "질료인(material cause)"은 무엇으로 구성되어 있는지에 관한 질문에 답한다. 동일한 재료로 서로 다른 것을 만들 수 있기 때문에, "형상인(formal cause)"은 그러한 경우 차이점이 무엇인지에 관한 질문에 답한다. "작용인(efficient cause)"은 어떤 사건이나 과정을 촉발하거나 시작한 것에 관한 질문에 답하며, 대부분의 영어 사용 (원인 및 결과)에서 "원인"이라는 단어를 우리가 사용하는 방법에 가장 가깝다. 그다음 **목적을 나타내는**(*telic*) 또는 "목적인(final cause)"이 있는데, 실제로 이것이 이유의 의미로서 **무엇 때문에**에 해당한다. 즉 목적, 존재 이유(raison d'être), 어떤 것이 있거나 지금 같은 방식으로 있는 이유가 그것이다.

2. 이유의 진화: "어떻게 그러한지"에서 "무엇 때문에"로

자연선택에 의한 진화는 **어떻게 그러한지**에서 출발하여, **무엇 때문에**에 도착한다. 우리는, 많은 원인이 있지만, 어떤 이유나 목적도 없는, 무생물계에서 시작한다. 거기에는 여러 발생 과정이 있을 뿐이다. 이러한 과정 중 일부는 다른 과정을 생성하는 다른 과정을 생성하기 위해 발생한다. 그 과정은, 우리가 어떤 "지점"에 도달해서 (그렇지만 뚜렷한 선을 기대하지는 말라), 어떤 것들이 지금처럼 정렬된 **이유**를 서술하는 것이 적절하다고 알게 될 때까지 계속된다.

이 전환을 자세히 살펴볼 필요가 있다.

셀라스(Wilfrid Sellars)에 이어 피츠버그 철학자들, 특히 브랜덤 (Robert Brandom)과 호글랜드(John Haugeland)는, 서로의 이유를 묻고 비판하는 아주 흔한 인간 관행에서 발견되는 "이유의 공간 (space of reasons)"이 규범(*norms*)에 묶여 있다고 강조했다. 이유가 있는 곳에는 어떤 종류의 정당화와 교정 가능성에 대한 여지가 있고, 그에 대한 필요가 있다. 그들이 옳지만, 그들은 두 종류의 규범과 그 수정 방식 사이의 구분을 생략하는 경향이 있다. 나는 그 두 가지를 **피츠버그 규범성**(*Pittsburgh normativity*)과 **소비자 보고서 규범성**(*Consumer Reports normativity*)이라 부를 것이다. 전자는 의 사소통과 협업의 관행에서 발생하는 사회적 규범과 관련이 있다. 그래서 호글랜드(1998)는 사회 구성원의 "검열"을 교정하는 힘이라 말한다. 반대로 후자는 시장의 힘이나 자연적 실패로 드러나는 기술적 규범인 품질 관리 또는 효율성과 관련된다. 이 두 가지 규범성은 좋은 행동과 좋은 도구 사이의 구분, 또는 부정적으로는 버릇없음과 어리석음 사이의 차이로 잘 강조된다. 사람들은 자신들의 생각에 따라 당신을 버릇없다는 이유로 처벌할 수 있다. 하지만 자연 자체는 당신을 어리석다는 이유로 무심코 처벌할 것이다. **무엇 때문에**라는 이유가 있을 때는 언제나 암묵적 규범(implicit norm)이 호출될 수 있다. 진짜 이유는 항상 좋은 이유, 즉 문제가 되는 특징을 정당화하는 이유여야 한다. 어떤 정당화 요구도 **어떻게 그러한지**라는 질문으로 ("그런데 너는 어떻게 알았느냐?"로 표현되는, 항상 존재하긴 해도 보통 무언의 요구를 넘어서는 질문으로) 함축되지 않는다. 앞으로 살펴보겠지만, 우리는 **무엇 때문에**라는 이유가 자연에서 **식별 가능하다**는 것으로부터 그런 전망을 알아보기 위해, 두 종류의 규범 모두 필요하다. 이유의 인식이, 색 지각이 색깔과 공진화하는 방식으로, 이유와 공진화하지 않았다. 이유의 인식은 이유보다 더 나중의, 더 발전된 진화의 산물이다.

나는 『다윈의 위험한 생각(*Darwin's Dangerous Idea*)』(1995)에서 자연선택은 알고리즘 과정(algorithmic process)이라고 주장했다. 그것은, 더 많은 자손을 낳아 토너먼트에서 전진하는 승자들과 함께, 생성 단계에서, 그리고 일종의 무심한 품질 관리 테스트 단계에서, 무작위성(의사 무작위성, 혼돈)을 활용하는 생성-실험 알고리즘으로 구성된 정렬 알고리즘(sorting algorithms) 모음이다. 그러나 이 일련의 계단식 생성 과정이 어떻게 진행되고 있는가? 그것은 물론 진화론의 주요 퍼즐이다. 생명의 기원은 여전히 곤혹스러움에 싸여 있지만, 우리는 평소와 같이 다양한 점진적 수정 과정을 통해 일이 진행될 수 있다는 점에 주목함으로써 일부 혼란을 없앨 수 있다.

생물 발생 이전의(prebiotic) 세계는 완전히 혼란스럽지는 않았고, 자잘한 원자들이 멋대로 움직이고 있었다. 특히, 많은 시공간적 척도(spatiotemporal scales)에서 **순환**(*cycles*)이 있었다. 계절, 낮과 밤, 조수, 물 순환, 원자와 분자 수준 등에서 발견할 수 있는 수천 개의 화학적 순환이 그것이다. 순환을 알고리즘에서 "실행-고리(do-loops)"라고 생각해보자. 그 고리는, 무언가를 "달성한" 후 다시 시작점으로 돌아가는 실행으로 이루어진다. 예컨대, 무언가를 축적하고, 이동시키고, 분류하고, 그런 후 반복하여(그리고 반복하고 또다시 반복하여), 세상의 조건들을 점진적으로 변경시키고, 이것이 **새로운 일이 일어날 확률을 높인다**(Dennett 2011). 케슬러(Kessler)와 베르너(Werner)의 사진은 이러한 놀라운 비생물계의 사례를 보여준다.

이런 현상은 "인공적인" 것처럼 보인다. (예를 들어, 그것은 앤디 골드워시(Andy Goldsworthy)가 만든 조각품을 닮았다.) 그러나 이

그림 4.1 케슬러(Mark A. Kessler), 머레이(A. Brad Murray), 할렛(Bernard Hallet)이 찍은 자기 조직화된 북극의 암석 원[모양]의 사진.

것은 북극에서 얼고 녹는 무심한 순환의 자연적 결과이며, 케슬러와 베르너가 제시한 알고리즘에 의해 우아하게 모형화된 피드백 과정(feedback processes)을 이룬다. 북극 형성에 대한 "어떻게 그러한지"에 대한 설명이 있지만 "무엇 때문에"에 대한 설명은 없다. 그것은 무엇을 위해(무슨 이유로) 일어난 일이 아니다. 이와 대조적으로 골드워시는 자신의 디자인에 대한 이유를, 대개는 미리 갖고 작업한 지적 설계자이다.

비생물계에서 많은 유사한 순환이 동시적으로 발생한다. 병렬 처리 또는 대량 생산이 결국 대량 **재**생산으로 바뀐다. 차등적 **지속성**으로 시작되는 것이 점차 차등적 **재생산**으로 바뀐다. 이러한 관점에서 우리는 다윈 알고리즘이 항상 승자와 패자, 차등적 "생존"을 가지며, 단순한 지속성은 수정 및 조정을 선택할 수 있는 추가 시간을 제공한다는 것을 알 수 있다. 생물학적 복제는 "단지" 차등적 지속성의 특별한 경우이며, 특히 그 이점을 곱셈으로 계산하는 폭발적 유형이 된다! **유형**(*type*)의 [구현된] **토큰**(*tokens*)을 생성하여 세계의 약간 다른 구석을 "탐색"할 수 있다. 선전 문구처럼 "다이아몬드는 영원하다." 그렇지만 그 말은 과장이다. 다이아몬드는 엄청나게 지속적이고, 전형적인 경쟁자보다 훨씬 더 지속적이다. 그러나 그 지속성은 시간에 따른 선형적 하강의 모델이 되기에 적절하다. 마치 화요일의 다이아몬드가 그 원석인 월요일의 다이아몬드와 비슷하고, 그 다음 날도 그러한 것처럼. 그것은 결코 증식하지 않는다. 그러나 그것은 변화, 마모, 굳어지는 진흙 코팅 등을 축적할 수 있다. 그것은 여러 순환, 어떤 방식으로든 관여하는 많은 실행-고리에 의해 영향 받는다. 일반적으로 이러한 효과는 오랫동안 축적되지 않고 나중의 효과에 의해 제거되지만, 때로는 일종의 막과 같은 장벽이 세워지게 된다.

소프트웨어의 세계에서 잘 알려진 두 가지 현상은 **우연적 발견**(*serendipity*)과 그 반대인 **겹쳐쓰기**(*clobbering*)이다. 전자는 서로 관련이 없는 두 프로세스가 행복한 결과를 낳는 우연한 부딪침이고, 겹쳐쓰기는 파괴적인 결과를 낳는 부딪침이다. 어떤 이유로든 겹쳐쓰기를 방지하는 경향이 있는 격막은 특히 지속적이며, 내부의 순환 (실행-고리) 간섭 없이 작동하도록 허용한다. 그래서 우리는, 격막의 공학적 필요성이, 생명체가 출현할 수 있도록 하는 화학적 순환, 즉 크렙스 순환(Krebs cycle)과[4] 수천 개의 다른 순환을 수용하기 위한 것임을 알게 된다. (세포의 화학적 순환에 대한 알고리즘의 관점에 대한 훌륭한 출처는 브레이(Dennis Bray)의 *Wetware*, 2009이다.) 심지어 가장 단순한 박테리아 세포조차도 절묘하게 효율적이고 우아한 화학적 네트워크로 구성된 일종의 신경계를 가진다. 그러나 격막과 실행-고리의 올바른 조합이 어떻게 생물 발생 이전의 세계에서 등장할 수 있었을까? "백만 년 내에도 불가하다!"라고 말하는 사람도 있다. 충분히 맞지만, 1억 년에 한 번은 어떨까? 곱셈을 시작하기 위해, 오직 한 번의 발생만 있으면 된다.

지속성이 상승하기 직전의 초기 과정 시점에 우리가 진입했다고 상상해보라. 그러면 우리는 이전까지 아무것도 없었던 곳에서 일부 유형의 항목이 확산하는 것을 보면서 이렇게 묻게 된다. "왜 우리가 여기에서 이것들을 보는가?" 이 질문은 중의적이 **되어가는** 중이다. 처음엔, **무엇 때문에**라는 정당화만, 그리고 지금으로선, **어떻게 그러한지**라는 과정 내러티브 답변 모두 두 가지가 있다. 우리는, 화학

---

4) [역주] 크렙스 순환은 산소를 이용한 세포 호흡의 두 번째 과정인 TCA 순환(tricarboxylic acid cycle)을 일컫는 말로, 산소 호흡의 첫 단계인 해당 과정을 통해 만들어진 대사산물을 산화시켜, 그 에너지의 일부는 ATP에 저장하고, 나머지는 전자전달계로 전달하는 일련의 과정을 말한다.

적으로 가능한 대안이 없기도 하지만, 일부 화학 구조가 존재하기도 하는 상황을 마주하고 있으며, 우리가 보고 있는 것은 국지적 상황에서 대안보다 **더 잘** 지속하고 재생산하는 것들이다. 우리는 "자동적"(알고리즘)이 (기능적인 것에 의해 밀리는) **비기능적인** 것을 깎아내는 것을 목격하고 있다. 그리고 우리가 번식하는 박테리아에 도달할 때쯤이면, 기능적 기교(감식력)는 풍부해질 것이다. 다시 말해서, 그 부분의 모양과 순서가 지금 그것들처럼 유지되는 데에는 **이유**가 있다. 우리는 재생산 개체를 역공학으로 이해할 수 있고, 장단점을 결정할 수 있으며, **왜** 좋은지 나쁜지를 말할 수도 있다. 이것이 이유의 탄생이고, 다윈주의에 대한 다윈주의의 진상이 이렇다는 것을 주목하는 일은 만족스럽다. 우리는 원시 다윈주의 알고리즘(proto-Darwinian algorithm)이 다윈주의 알고리즘으로 변하는 것을 본다. 단순한 원인을 갖는 종들로부터 이유를 갖는 종들이 점진적으로 출현하고, **어떻게 그러한지**에서 **무엇 때문에**가 점진적으로 출현하고, 이들 사이에는 어떤 "본질적" 구분 선이 없음을 본다. 자기 어머니가 포유류가 아닌 첫 번째 포유류인 원시 포유류(prime mammal)가 존재하지 않는 것과 마찬가지로, 최초 이유란 것은 존재하지 않는다. 만일 그런 이유가 있다면, 그것은 생물권의 첫 번째 특징이 될 텐데, 그것은 어떤 것이 "경쟁"보다 더 잘 존립하게 해주기 때문에, 그것을 존립하게 해준다는 내용이 될 것이다. (아델슨(Glenn Adelson)은 Godfrey-Smith 2009에서 인용되었듯이, "다윈주의에 관한 다윈주의"라는 귀중한 용어를 만든 사람이다.)

따라서 자연선택은 여러 세대에 걸쳐 이유를 "발견하고", "승인하고", "집중하는" 자동적 이유 탐색기이다. 소심한 따옴표들은, 자연선택이 마음을 갖지 않고, 그 자체 이유를 갖지 않지만, 그럼에도 불구하고 설계를 개선한다는 이 "임무"를 수행할 능력이 있다는 사실을 환기하기 위해서이다. 이것은 이해(comprehension)가 수반되지 않는 능력(competence)이다(Dennett 2009). 우리가 겁을 먹는 따옴표를 어떻게 풀어버리는지 알고 있다고 확신해보자. 많은 변이를 지니는 어떤 개체군이 있다고 하자. 어떤 것들은 증식을 잘하고, 대부분은 그렇지 못하다. 각각의 경우에 우리는 **왜 그러한지**(*why*)를 물어볼 수 있고, 그것을 중의적으로 묻는다. 많은 경우, 대부분 경우에 그에 대한 대답은 **전혀 이유가 없다**는 것이다. 좋든 나쁘든 그것은 뜻밖의 행운일 뿐이다. 그 경우에 우리는 우리의 질문에 대해 **어떻게 그러한지**라는 답만 가진다. 그러나 만일 아마도 매우 작은 하위 집합의 경우들이 있고, 그 사례들에서 우연히 차이를 빚는 차이에 대한 대답이 있다면, 그 경우들이 갖는 공통점이 이유를 싹트게 [이유가 생겨나게] 한다. 과정 내러티브는 그것이 어째서 생겨났고, 또한 그 과정에서 이것이 왜 저것들보다 더 나은지, 왜 그들이 경쟁에서 이겼는지를 가리킨다. "최고의 존재에게 승리를!"은 진화 토너먼트의 슬로건이며, 더 나은 승자는 그들의 기능 향상에 대한 정당화를 내세운다. 이 프로세스는, 맹목적으로 이유를 추적하는 프로세스에 의해서 기능의 축적을 설명해주며, (알 필요가 없는) 목적을 갖는 것들을 창조한다. 알아야 하는 원칙(need-to-know principle)은 생물권을 지배하며, 자연선택 자체는 그것이 무엇을 하는지 알 필요가 없다. (자세한 내용은 Dennett 2009를 참조하라.)

그래서 이유 제시자가 있기 전에 이유가 있었다. 진화로 추적되는 이유를 나는 "유동적 근거(free-floating rationales)"(1983, 1993. 및 다른 곳)라고 불렀는데, 그 용어는 내가 어떤 종류의 유령을 불러내고 있다고 의심하는 다수 사상가의 신경을 곤두서게 만든 것으로 보인다. 전혀 그렇지 않다. 유동적 근거는 숫자나 중력 중심이 그렇지 않은 것과 마찬가지로 유령 같거나 문제의 소지가 있는 것은 아니다. 사람들이 산술을 표현하는 방법을 발명하기 이전에 9개의 행성이 존재했고, 물리학자가 중력 중심이라는 아이디어를 품고 그것을 계산할 물리학자가 있기 전, 소행성은 중력 중심을 가졌다. 그 용어를 쓴 데 대해 나는 후회하지 않는다. 대신, 나는 여기에서 그들의 두려움을 진정시키고자 한다. 인간 연구자나 다른 정신에 의해 표현되거나·대표되기 전까지, 진화로 인해 드러나는 이유가 있었음에 대해 우리 모두 기꺼이 이야기해야 한다고 그들을 설득하고자 한다. 다음 그림에 있는 놀랍도록 유사한 구조물들을 고려해보자.

흰개미 성과 가우디(Gaudi)의 파밀리아 성당(La Sagrada Familia, 성가족성당)은 형태가 매우 비슷하지만, 기원과 건축 면에서 완전히 다르다. 흰개미 성의 건축 구조와 형태에는 **이유가 있지만**, 어떤 흰개미에 의해 그 이유가 표현되지는 않는다. 구조를 계획한 건축가 흰개미도 없고, 개개의 흰개미가 자신의 기여가 전체에 어떻게 이바지하는지에 대한 단서를 전혀 갖고 있지 않다. 그들은 그들의 행동을 촉발하는 차별점에 대해 기껏해야 근시안적인 인식을 지닌다. 이해력 없는 능력이 이런 것이다. 가우디의 걸작의 경우, 구조와 형태에 대한 이유가 있지만, 그것은 (대부분) 가우디 자신의 이유이다. 가우디는 자신이 만들려고 주문한 형태에 대해 이유가 **있었다**. 반면 흰개미가 만든 형태에 대해 이유가 **존재하지만**, 흰개미가 그런 이유를 **갖는** 것은 아니다. 나무가 가지를 퍼뜨리는 데에는 이유가 있지만, 어떤 강한 의미에서도 그것이 나무의 의미는 아니다. 해면동물은 이유 때문에 어떤 일을 하고, 박테리아도 이유 때문에 어떤 일을 하고, 심지어 바이러스도 이유 때문에 어떤 일을 한다. 그러나 그것들이 이유를 **갖는** 것은 아니며, 이유를 가질 필요도 없다.

그림 4.2 호주 노스 퀸즐랜드(North Queensland), 케이프 요크(Cape York)에 있는 흰개미 언덕. 사진: 피오나 스튜어트(Fiona Stewart).

그림 4.3 베르나르 가뇽(Bernard Gagnon)이 찍은 파밀리아 성당(La Sagrada Familia) 사진. 크리에이티브 커먼즈(Creative Commons) 사의 허가 아래 수록. 출처: http://en.wikipedia.org/wiki/File:Sagrada_Familia_01.jpg.

3. "우리가" 유일한 이유 제시자인가?

인간을 제외한 동물이 이유를 **갖는가?** 그것은 좋은 질문이고, 그 대답은 동물에 대한 상식적 이해가 허용하는 것보다 덜 분명하다. 먼저 우리 인간은, 최근 우리가 추론할 수 있었던, 여러 이유에서 많은 일을 한다는 점을 주목해보자. 우리는 재채기하고, 기침하고, 덜덜 떨고, 걸을 때 팔을 휘두르는 등등의 일을 한다. 우리가 왜 이런 행동을 하는지 이유를 알 필요 없이, 우리를 이롭게 하는 행동(그리고 수천 가지 다른 행동)의 모든 패턴에 그럴 만한 좋은 이유가 있다. 이 점에서 인간이 아닌 동물의 모든 행동이 비슷할까? 원숭이를 생각해보자. 원숭이는 가우디에 가까울까, 아니면 흰개미 집단에 더 가까울까? 흰개미 집단은 상당한 정도로 수완이 풍부하고 독창적이며, 증거를 활용하고, 활동을 조절한다. 그러나 내가 제시했듯이 흰개미는 개별적으로 이유를 갖지 않고, 그들이 구성하는 집단 행위자(collective agent)도 비록 이유를 위해 무엇을 하지만, 스스로 그 이유를 알지 못하며 (또는 그럴 필요가 없으며) 그 이유를 표상하지(represent) 못한다. 그렇다면 원숭이는 왜 이유를 알아야 하는가?

엘리자베스 토머스(Elizabeth Marshall Thomas)는, 개가 자신의 행동 방식에 대한 현명한 이해를 누린다고 상상한다. 그래서 "우리는 모르는데 개만 아는 이유가 있어서, 많은 어미 개가 아들 개와 짝짓기하지 않을 것이다"(1993, 76)라고 했는데 그것은 말도 안 된다. 우리가 하품하는 이유를 아는 것보다, 개가 그(짝짓기하지 않는) 이유를 안다고 생각해야 할 이유는 결코 없다. 아마도 이유가 있겠지만 우리는 아직 하품하는 이유를 알지 못하며, 그 이유를 알더라도 그것이 하품을 멈추게 하지도 않는다. 아마도 그녀는 훨씬 더 온건하고 명백하게 방어할 수 있는 주장을 하려 했을 것이다. 그녀의 의미는, 어미 개가 아들과 짝짓기를 꺼리도록 유발하는 식별 특징이 무엇인지 우리가 모른다는 것이다. 그렇지만 실험으로 알아낼 수 있다. 첫 번째로 가장 간단한 방법은 실현 가능한 한 빨리 수컷 강아지를 어미로부터 분리하고, 다른 곳에서 키운 다음, 어미에게 돌려보낸 후 무슨 일이 벌어지는지 확인하는 것이다. 그 어미 개는 새끼를 알아볼까? 알아본다면, 그 식별 기능은 필시 냄새일 것이다. 그 냄새를 피하도록 만들어진 데에는 **이유가 있겠지만**, 개는 그 이유를 모른다.

따라서 우리는 동물이 유동적 근거를 이해한다고 가정하지 않지만, 그런 근거를 이용하여 그 동물의 많은 인상적인 행동을 설명할 수 있다는 인식에서 논의를 시작해야 한다. 뻐꾸기 새끼는 양부모로부터 얻을 수 있는 먹이를 극대화하기 위해 다른 새의 알들을 둥지 밖으로 밀어낼 때, 자기의 살해 계획을 이해할 필요가 없다. 낮은 곳에 둥지를 마련하는 새가 **주의를 분산시키는 행동**(*distraction display*)으로 포식자를 둥지로부터 멀리 떼어놓으려 할 때, 어미 새는 날개가 부러진 시늉으로 자신을 보고 있는 포식자의 손쉬운 저녁거리라는 유혹적인 환상을 만들어내지만, 어미가 이 영리한 행동의 근거를 이해할 필요는 없다. 어미 새가 대면하는 변화에 더 잘 맞게 자기 행동을 조정할 수 있도록 성공 가능성의 조건들을 **이해할** 필요는 있지만, 새끼 뻐꾸기 경우와 마찬가지로 자신의 행동을 위해 더 깊은 근거를 알 필요는 없다. 그러한 속임수 행동의 근거는 매우 정교하며, 도킨스(Dawkins 1976)가 말한 "독백"을 만드는 유용한 설명 전략을 택하면, 우리도 새의 독백을 다음처럼 상상해볼 수 있다.

나는 낮은 곳에 둥지를 마련하는 새이며, 그런 둥지 새는 포식자로부터 새끼를 보호할 수 없다. 이 접근하는 포식자는, 내가 주의를 분산시키지 않으면 곧 새끼들을 발견할 것이라 **예상될** 수 있다. 포식자는 나를 잡아먹고 싶은 **욕망**으로 주의가 산만해질 수 있지만, (바보가 아니니) 실제로 나를 잡을 수 있는 **합리적인** 기회가 있다고 **생각할** 때만 그럴 것이다. 만일 내가 더는 날 수 없다는 **증거를 주면** 바로 그 **믿음**에 걸려들 것이다. 내가 날개가 부러진 시늉 등등을 함으로써 그렇게 만들 수 있다.

정교하게 논의해보자! 깃털이 달린 "기만자"가 이런 지능을 지닌 지향적 체계일 가능성은 지극히 없어 보인다. 어떤 새가 가질 만한 더욱 현실적인 독백은 아마도 다음과 같은 형식일 것이다. "지금 포식자가 다가오고 있다. 갑자기 나는 날개가 부러진 듯 보이는 우스꽝스러운 춤을 추려는 엄청난 충동을 느낀다. 왜 그런지는 모른다." (그렇다. 나도 알지만, 그런 새가 자신의 갑작스러운 충동에 대해 메타 수준(metalevel)의 경이로움에 이를 정도로 가정하는 것이 매우 낭만적이다.) (위의 마지막 두 단락은 Dennett 1983, 350에서 발췌했다.)

이런 종류의 설명은 훨씬 "더 영리한" 동물 행동에 적합하겠지만, 동물의 모든 영리함이 이유를 표상하는 것과 동반하지는 않을지, 의문을 여전히 남겨두고 있다. 그리고 늘 그렇듯, 단순한 "본능"으로부터 합리적 행동 계획에로의 점진적인 경로를, 어떤 "원칙적" 구분선도 긋지 않고 찾아야 한다는 다윈적 자제(Darwinian refrain)에 귀 기울여야 한다. 밀리칸(Ruth Millikan)은 동물의 인지 시스템에서 "푸시미-풀유(pushmi-pullyu)"5) 표상이라고 자기가 부른 것의 편재

---

5) [역주] 푸시미-풀유(pushmi-pullyu)는 미국의 동화 작가 휴 로프팅(Hugh

성과 중요성에 주목한다. 그것은 선언적인(정보를 주는) 동시에 명령적인(행동을 제어하는) 표상인데, 밀리칸은 더 나아가 유망한 중간 범주, 즉 "자기에 관한 사실을 표상하는 것과 동일한 표상 체계로, 자신의 목표를 표상하는 동물"(2000, 170)에도 주목한다. 이 좋은 제안이 그 자체로 날카로운 경계를 만들지는 않는데, 사실-표상(fact representation)과 독립적인 목표-표상(goal representation)으로 간주되어야 한다는 것은 그 자체로 더 많은 중간 사례를 찾을 좋은 장소이기 때문이다.

동물의 다른 동물에 대한 지각과 "이해"를 기술하고 설명하려는 "마음 이론(theory of mind)" 문헌은 모두 이에 대한 명확한 평결을 내놓지 못한 것 같다. 유인원은 험프리(Nicholas Humphrey)가 "타고난 심리학자(natural psychologists)"라고 부른 존재일 수 있겠지만, 자신의 동료와 메모를 비교하거나 어떤 속성을 귀속시키는 문제를 놓고 논쟁할 수는 없다. 셀라스 식(Sellarsian)의, 피츠버그대 학파의 용어로, 비록 유인원이 더 약한 의미에서 합리적인 생물이라 할지라도, 그것들은 이유의 공간(space of reason)에 관여하지 못한다.

더 약한 의미라니? 많은 동물과 마찬가지로 그것들은, 암묵적인 합리성 가정을 가진 지향적 자세(intentional stance)에서 우리가 예측할 수 있는, 그런 지향적 시스템은 아니다. 그들 자신(그들 중 일부)은 다른 동물의 합리적인 행동을 예상할 수 있으므로, 우리는 그들을 고차원의 지향적 시스템으로 최선을 다해 취급할 수 있다. 그것들은 **정말로** 다른 동물의 믿음과 욕망에 대한 믿음을 가질까? **사**

John Lofting)이 쓴『둘리틀 박사 이야기(*The Story of Doctor Dolittle*)』(1920)에 등장하는 동물로, 외뿔 가젤 영양의 상반신이 앞뒤로 붙어 있어 한쪽이 전진하면 반대쪽은 후진하면서 앞으로 간다.

고에 대해 사고하는 능력을 그들에게 귀속시킬 이유는 (아직) 없지만(Dennett 2000), 지향적 귀속을 통한 그들의 능력에 주석을 달자면, 그것은, 다른 동물들이 자신들의 행동을 왜 하는지에 대한 이유를 알아보는 것에 해당한다. (물론, 마음 이론과 관련한 논쟁에 대해, 그리고 우리의 마음을 유인원의 마음과 다르게 만드는 진화된 문화의 역할에 대해 해줄 말이 많이 남아 있지만, 그런 주제는 다른 기회로 미루겠다. Dennett 1996 및 2009b 참조.)

우리처럼 언어를 부여받은 동물은 서로 이유를 표현하고 파생적으로 자신에게도 이유를 표현할 수 있는 장비와 성향을 모두 갖춘 유일한 존재이다. 오직 우리만이 두 가지 의미에서 "이유에 의해 움직인다." 우리는 모든 지적인 생물들과 마찬가지로 우리에게 중요한 세상의 변화에 적절하게 반응한다. 그뿐만 아니라, 우리는 이유 부여와 비판이라는 셀라스 식의 게임에서, 이유에 대한 정교한 표현일 뿐인 것에도 적절하게 대응한다. 이유는 다른 어떤 종과도 비교할 수 없는 방식으로, 우리의 명백한 이미지로서 주목의 대상이 되었다. 이유는 우리의 가장 소중한 적응 중 하나이지만, 순전한 축복은 아니다. 서로에게 그리고 우리 자신에게 이유를 표현하는 것은 다른 사람, 특히 우리 자신을 속이는 풍부한 원천임이 드러났다. 이유의 공간 내에 많은 활동에는 남을 오도하는 속임수와 망상적인 정당화가 포함된다. 이러한 움직임 자체는, 이유, 즉 무의식적이며 진화적으로 승인된 이유에서 수행된다. 세계의 위대한 문학작품에는 우리가 단어를 잘못 사용하는 방법에 관한 통찰력 있는 사례가 가득한데도, 우리는 최근에서야 그 이유에 대해 체계적으로 발견하기 시작했다. 탈레랑(Talleyrand)이 말했듯이, "언어는 사람들이 서로의 생각을 숨길 수 있도록 발명된 것이다."

4. 자연에서 이유를 읽어내기

모든 설계를 하향식(top-down)으로, 즉 표상-지배적으로 해석하는 우리의 타고난 경향은 시대착오적이고 인간 중심적이다. 성경에 따르면 "태초에 말씀(the word)이 있었다"라고 하지만, 이것은 솔직히 잘못되었다. 말(words, 언어)은 매우 최근의 발명품으로, 맹목적이고 목적 없는 자연선택의 가장 최근 작품 중 하나이다. 그러나 말은 지적 설계의 시작**이기도 하다.** 수백만 년 동안 흰개미 성 건축가, 새 둥지 건축가, 비버 댐 건축가 등이 있었지만, 인간 건축가와 엔지니어는 고작 수천 년 동안 있었을 뿐이다.

[그림 4.4의] 아이젠버그(Leonard Eisenberg)가 그린 우아한 "생명의 트리(Tree of Life)" 도표를 보면, 우리는 포유류 중 가장 최근의 분지를 가장 우측에서 볼 수 있으며, 가장 짧게 보이는 분지 중 하나를 약 6백만 년 전 갈라져 나온 원숭이 사촌과의 분지 후보로 선택할 수 있다.

(우리의 갈래를 오른쪽 아래의 마지막 나뭇가지로 보는 실수를 하지 말아야 한다. 우리 인간이 생명의 트리에서 "마지막 가지"라는 의미는 있지 않다. 또 어떤 경우에도 다이어그램에서 가지의 선형적 순서를 의미하지 않는다.) 그리고 말(언어)은 수백만 년 동안 우리 사람과(hominid)의 갈래에 나타나지 않았다는 것도 기억해야 한다. 따라서 지구상의 생명체 역사상 지적 설계가 번성한 적이 거의 없었다.

그러나 말(언어)과 더불어 추론이 생명의 역사를 조사할 때 중요하지 않은 도구라는 이야기는 아니다. 이제 이유의 표상자(repre-senters)인 우리는 생명의 트리 모든 곳에서 이유를 되돌아보고, 발견할 수 있다. **마음이 없는** 과정이 그런 모든 이유를 발견했다는 것을 밝혀낸 사람이 바로 다윈이다. 우리 지적 설계자는 그러한 모든 목적의, 원인이 아니라, 결과 중 하나이다.

우리는 이유 표상자(reason representers)이다. 로버트 브랜덤 (Robert Brandom)은『명확히 하기(*Making It Explicit*)』(1998)에서 우리가 이유(reasons)를 표상하는 **이유**(*why*)에 대해 아주 석연치 않은 태도를 보였다. 우리는 그저 그냥 할 뿐이다. 즉, 우리는 사람이고, 그것이 사람이 하는 일이다. 물론, 이러한 의지는 호기심을 조기에 끝내려 하며, 이것은 철학에서 오래되고 뚜렷한 전통이다. 비트겐슈타인은 "설명이 어딘가에서 멈춰야 한다"라는 유명한 말을 했고, 과학이 우리에 관해 뭔가 말해야 할 논제를 탐구하지 않기로 선택한 철학자들은 종종 그 발언을 정중히 인용한다. 이런 철학적 방치의 유명한 예는 반응적 태도(reactive attitudes)에 대한 스트로슨 (P. F. Strawson 1962)의 연구, 즉 그의 고전적 논문「자유와 분노 (Freedom and Resentment)」가 있다. 인간의 감정으로서 분노는 왜 존재하는가? 그것은 그냥 존재한다. **하지만 그렇지 않을 것이다.** 인간이란 존재는 "이유 부여하기" 게임에 많은 시간과 에너지를 쏟는다. 그 견해가 이유의 공간 내에 얼마나 안정적이고 만족스럽게 나타나더라도, 이 정교한 인간 행동의 존재는, 새의 주의 분산 유도 행동(distraction displays)이나 비버의 댐 건설 사업만큼이나 생물학적 설명이 필요하다. 셀라스는 최근 피츠버그대 추종자들과 달리 이 질문을 진지하게 받아들였다. 비록 그가 이유를 묻고 제시하는 관행의 기원에 대한 개략적인 진화론적 설명을 넘어서는 그 어떤 것도 명백히 개발하지 않았지만, 그는 그러한 설명의 필요성을 인식했다. 또한, 그는 효과의 법칙(또는 스키너의 조작적 조건화(operant conditioning))과 자연선택에 의한 진화 사이의 깊은 유사성을 지적했다 (Sellars 1963, 325ff, 353).

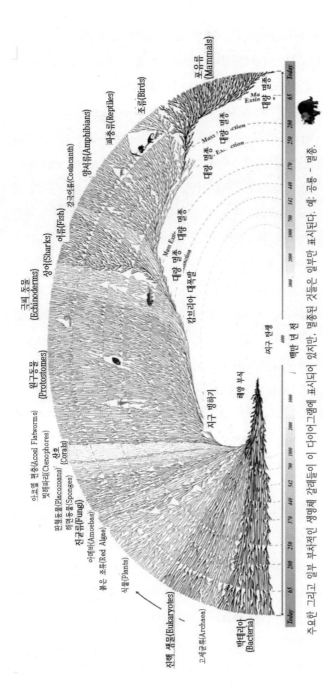

그림 4.4 위대한 생명의 나무(The Great Tree of Life). 아이젠버그(Leonard Eisenberg). 미국 오리건 주 애쉬랜드(Ashland).

주요한 그리고 일부 부차적인 생명체 갈래들이 이 다이어그램에 표시되어 있지만, 멸종된 것들은 일부만 표시된다. 예: 공룡 — 멸종.

출처 : http://www.evogeneao.com.

4. 이유의 진화 127

우리가 이유를 표상하는 까닭은 무엇인가? 내가 다른 곳에서 길게 설명했던 답은 다음과 같다. 의미와 목적을 복잡한 것으로 읽어내는, 우리의 억누를 수 없고 아주 소중한 경향, 즉 지향적 자세는 우리가 다른 모든 포유류, 새, 두족류 동물(cephalopods)과는 확실히 공유하고, 그리고 어류 및 파충류와는 아마도 공유하는 "본능"이라는 것이다. 다른 종에서, 개별적인 마음 해독자들(mind readers)은 그들이 마음을 읽는다는 것을 깨닫지 않아도 된다. 그들은 단지 행위자 같은 것들에 대해 다른 양식으로 반응할 뿐이며, 그들이 이런 충동을 지니는 유동적 근거도 또한 우리와 공유한다. 그러나 우리에게 있어서 언어적 재능(아니면, 저주?)을 통해, 우리가 사용하는 단어가 우리 자신과 다른 행위자의 목적, 이유, 신념 및 욕구를 "보이게" 하고, "들리게" 만든다. 이것들은 **고려하고, 조사하고, 평가할 대상**이 된다. 그리고 예전에 우리는 **매우** 복잡하고 흥미로운 것을 지향적 자세에서 과용해서 다루어왔다. 강은 바다로 돌아가고 싶었고, 비의 신은 뇌물을 받았고, 광석이 영혼을 가졌다는 등등이다. (물론 동물도 우리와 같은 마음을 가졌다.) 일반적으로 과학 덕분에, 특히 다윈 덕분에, 오늘날과 같은 위엄 있는 자리에서 우리는, 이것이 과도한 확장이며, 무차별적으로 사용된 좋은 방책이었다고 회고할 수 있다.

그리고 재미있게도, 과학이 이런 오류를 발견했을 때, 이것은 반대 방향으로 과잉 교정되었다. 당신은 목적론을 말하지 않아야 한다! 당신은 어떤 물질적인 것에 마음을 부여하지 않아야 한다! 모겐베서(Sidney Morgenbesser)는 스키너에 대한 그의 도전에서 이러한 과도함을 잘 포착했다. "**사람**을 의인화하는 것이 잘못이라고 말씀하시는 건가요?"

우리는 꿩 먹고 알 먹기를 할 수 있다. 우리는 지향적 자세를 사용하여, 진화(대자연)가 분별없이 발굴한 이유를 발견하고 설명할 수 있다. "진화는 당신보다 영리하다"라는 오르겔(Leslie Orgel)의 제2규칙(Second Rule)에 대해 크릭(Crick)이 했던 농담을 회상해보자(Dennett 1995, 74). 우리는 명확한 양심을 갖고 지향적 자세를 사용할 수 있지만, 그것은 다윈이, 설계가 생성되고 개선되는 알고리즘 프로세스에 관한 적절히 엄숙한 이야기로, 지향적 언어를 바꿔 쓰는 방법을 보여주었기 때문이다. 다윈은 우리가 **어떻게 그러한지**(*how come*)로 **무엇 때문에**(*what for*)를 말해줄 방법을 보여주었다. 자신이 하는 행동에 대해 더 멋진 이유를 갖는 더 멋지고 눈에 띄는 다세포 생명체가 증식함에도, 여전히 박테리아가 지구상에서 대다수 생명체인 것처럼, 다윈적인 **무엇 때문에**에 대한 모든 설명은 **어떻게 그러한지**라는 의무적인 뒷배와 공존한다. 어쨌든, 종종 생물학자들은 순전히 **무엇 때문에**에 대한 고려로부터, 현재는 귀중한 독립적인 지원이 거의 없다는 데 대한 가정적인 과정 내러티브로, 자신 있게 그리고 정당하게 추정한다. 예를 들어, 우리는 박쥐가 **어떻게 그렇게** 날 수 있는지 아직 자세히 알지 못한다. 그러나 이 명백히 귀중한 기능이 어떤 다윈주의적 과정이나 다른 과정에 의해 발생했다는 것은 의심할 여지가 없고, 경험적 연구는 결국 어느 정도까지 확답해줄 것임이 틀림없다. (이제 우리는 사변적인 '**무엇 때문에** 가설(*what for* hypotheses)'을 사용해서 시험 가능한 '**어떻게 그러한지** 가설(*how come* hypotheses)'을 시험에 회부시킬 수 있다.) 일부 생물학자들은 특히 그러한 적응주의자(adaptationist)의 추론을 의심하지만, 정치적으로 민감한 화제, 특히 인간의 진화에 대한 적응주의자의 추론을 옹호하는 데에 거의 항상 거리낌을 보인다는 점이 흥미롭다. 우리는 일부 진화론자들이 자신 있게 설명하는 많은 인간 특성에 대한 선택 환경에 대해 매우 자세하게 설명할 수 없다. 그렇지만, 말하자면, 육상 포유류에서 고래를 선택하는 환경에 대해서도 우리는 훨씬 덜 자세한 지식을 가진다. 그러나 생물학자들이 가능성 있는 변형 순서를 개괄할 때 아무도 불평하지 않으며, 그들의 개괄을 사용해서 더 나은 설명을 찾는 데 도움을 받는다. 진화론자의 방식으로 지향적 태도 이야기를 이해한다면, 부분이 아닌 전체 구도를 잘 볼 수 있고 이는 바람직하다. 왜냐하면 기능을 가정하지 않고는 생물학을 할 수 없고, 모든 곳에서 이유를 찾지 않고서는 기능을 가정할 수 없기 때문이다.

갓프리-스미스는 이것을 "다윈적 편집증(Darwinian paranoia)"이라 부르고, 로젠버그는 이것을 "음모론(conspiracy theory)"이라 부를 것이다. 이것들은, 지향적 태도가 부정할 수 없는 힘을 지닌 전략적 도구라는 인식에 대한 최근의 과잉 반응일 뿐, 부정할 수 없는 사실에 대한 기술적 표현은 아니다. 그들이 깨달아야 하는 것은, 필수적인 훌륭한 책략에도 때로는 광택이 필요하다는 점이다.

참고문헌

Brandom, Robert. *Making It Explicit: Reasoning, Representing, and Discursive Commitment.* Cambridge, MA: Harvard University Press, 1988.

Bray, Dennis. *Wetware.* New Haven: Yale University Press, 2009.

Dawkins, Richard. *The Selfish Gene.* Oxford: Oxford University Press, 1976.

Dawkins, Richard. *The Ancestor's Tale.* New York: Mariner Books, 2005.

Dennett, Daniel. "Intentional Systems in Cognitive Ethology: The

'Panglossian Paradigm' Defended." *Behavioral and Brain Sciences* 6(1983): 343-90.

____. *Darwin's Dangerous Idea*. New York: Simon & Schuster, 1995.

____. *Kinds of Minds*. New York: Basic Books, 1996.

____. "Making Tools for Thinking." In *Metarepresentations: A Multidisciplinary Perspective*, edited by D. Sperber, 17-29. New York: Oxford University Press, 2000.

____. "Darwin's 'Strange Inversion of Reasoning.' " *Proceedings of the National Academy of Sciences* 106, suppl. 1(2009a): 10061-65f.

____. "The Cultural Evolution of Words and Other Thinking Tools." *Cold Spring Harbor Symposia on Quantitative Biology*, published online August 17, 2009b.

____. "Cycles," Edge World Question Center, 2011, http://edge.org/q2011/q11_5. html#dennett, subsequently published in *This Will Make You Smarter*, edited by J. Brockman, 170-74. New York: Perennial/ HarperCollins, 2012.

____. *Intuition Pumps and Other Tools for Thinking*. New York: Norton; London: Penguin, 2013.

Godfrey-Smith, Peter. *Darwinian Populations and Natural Selection*. Oxford: Oxford University Press, 2009.

Haugeland, John. *Having Thought: Essays in the Metaphysics of Mind*. Cambridge, MA: Harvard University Press, 1998.

Marx, K. Marx to Ferdinand Lassalle? in Berlin, 16 January 1861. Marx & Engels Internet Archive: Letters. http://www.marxists.org/archive/marx/works/1861/letters/61_01_16.htm.

Millikan, Ruth. *On Clear and Confused Ideas: An Essay about*

Substance Concepts. Cambridge: Cambridge University Press, 2000.

Sellars, Wilfrid. *Science, Perception and Reality*. Austin: Ridgeview Publishing Co., 1963.

Thomas, Elizabeth Marshall. *The Hidden Life of Dogs*. Boston: Houghton Miffl in, 1993.

5. 자연적 목적의 엉킴, 그것이 바로 우리
The Tangle of Natural Purposes That is Us

루스 가렛 밀리칸 Ruth Garrett Millikan

1. 서론

다윈은 그동안 어느 목적에서(purposefully) 설계된 것처럼 보였던 많은 유기체의 형질(traits of organisms)이 사실은 자연선택으로 설명될 수 있다고 생각했다. 사람의 눈은 주변의 빛으로부터 정보를 추출하기 위한 정교한 장치이다. 빛에서 정보를 얻는 것은 분명히 눈이 설계된 목적인 것처럼 보인다. 그러나 다윈은 이런 멋진 설계가 어떤 목적이나 표적(aims)[1])에서 나온 것이 아니라고 주장했다. 그보다 인간의 진화 과정 중 어느 설계가 다른 것보다 잘 작동할 때

---

1) [역주] 필자가 이 논문에서 "aims"를 "의식적 목표(conscious goals)", "명시적 의도(explicit intentions)"라고 말하는 것으로 보아, 이 단어가 "goals"와 구분되어야 할 것 같다. "goal"이 명확하지 않은 막연한 목표라면, "aim"은 명확한 의식 수준의 명시적 목표나 의도라는 점에서, 그리고 행동으로 얻어낼 결과의 표상이라고 말하는 것으로 보아, "표적"이라 번역한다. "goal"은 "목표"로, "purpose"는 "목적"으로 번역한다.

마다, 그 설계가 미래 세대에 보존되는 경향이 있다고 주장했다. 우연히 생긴 (현대 생물학에 의하면, 유전적 돌연변이에 의한) 개선이 계속 쌓여서, 결국 지금과 같은 설계가 되었다고 하였다. 그리고 우리의 행동 성향 같은, 놀랍도록 적응적인 여러 특징(예를 들어, 눈 보호를 위한 눈 깜박임 반사)도 이와 마찬가지라고 하였다. 실제로, 환상적 설계(고안물)로 보이는 현재의 기능이 생물학자에게는, 다면 발현(pleiotropy), 유전적 표류(genetic drift), 굴절적응(exaptation), 상대성장(allometry), 혹은 어느 다른 목적을 위한 설계의 우연적 부산물이 아니라, 자연선택이 그 형질의 진화에 작용했다는 가장 강력한 증거로 여겨진다.

자연선택은 목적에서 설계된 **것처럼** 보이는 많은 것들을 설명해 줄 수 있다. 그러나 실제로 목적에서 설계된 것들에 대해선 어떠한가? 당연히 인간에 의해 목적적으로 설계되는 것도 자연선택의 산물인 것들과 관련되어야 한다. 만일 인간이 자연선택으로 설계(고안)된 것이고, 인간의 계획 능력과 의도를 만들고 실행하는 능력이 잘 설계되고 적응적이라고 가정한다면, 그 능력 자체가 자연선택의 산물일 수밖에 없기 때문이다. 그래서 사람이 목적적으로 설계한 것들 모두 자연선택의 산물이어야만 한다.

질문: 그렇다면 자연선택이 미켈란젤로의 다비드상을 설계했는가? 정말로?
이 사례는 내가 말하고 싶은 두 가지 수수께끼를 제시해준다.

첫 번째 수수께끼

진짜로 **목적에서 나온** 설계(*purposeful* design), 즉 다비드상이 목적이 있어 설계되었다는 의미에서 설계란, 그것이 완성되기 **이전에** 그 특정한 형태를 **향해 조준하는**(*aiming toward*) 어떤 활동에 관여하는 것처럼 보인다. 다비드의 형태나 설계는 그 조각상이 구체화되기 **이전에** 조준된 것이다. 그렇지만 자연선택은, 확언하건대, 그것의 실현에 앞선 표적을 갖지 않는다. 자연선택은 "표적을 설정하지" 않는다. 이것은 단지 우연한 돌연변이가 발생한 후 우연히 만들어진 설계가 남아서 유지될 뿐이다. 그렇다면 어떻게 자연선택이 목적이 있어 만들어진 어떤 것, 계획된 형태의 어떤 것, 표적이 된 무엇을 위해, 그것이 완성되기에 앞서, 원인으로 작용했다고 볼 수 있을까? 어떻게 자연선택이 다비드에 대한 원인으로 작용하였을까? 이것이 첫째 수수께끼이다. 즉, 어떻게 자연선택이 표적을 설명해줄 수 있을까? 자연선택 이론의 관점에서, 인류의 목적, 인간의 표적은 무엇일까?

두 번째 수수께끼

미켈란젤로의 다비드상을 더 자세히 살펴보자. 자연선택이 그 목적에 어떻게든 원인이 **되었고**, 우연이 아닌 다비드의 창조에 **조준되었다**고 가정해보자. 그렇다면 다비드, 그 조각상이 인간 종이 생존하고 번식하도록 돕는 잠재력을 가져야만 한다는 것이 추론되어야하지 않을까? 이것이 자연선택이 선택하는 이유가 아닌가? 다른 측면에서, 다비드의 제작이 단지 "스팬드럴(spandrel)", 즉 어떤 다른목적을 위한 자연선택의 우연한 부수적 산물이라고 가정해보자. (당신 팔 아래의 움푹 들어간 겨드랑이가 스팬드럴이다. 이것은 선택된것이 아니라, 그 주변의 구조들이 선택되고 그 구조들의 적절한 크기와 모양이 우연히 결합하면서 움푹 들어간 그것이 생긴 것이다.)

그러나 다비드가 스팬드럴이었다는 가정은, 다비드가 목적이 있어 만들어졌다는 것과 상충하는 것 같다. 분명히 다비드는 결코 우연이 아니다! 그렇다면 우리는 다비드가 어떤 면에서 우리의 생존과 번식을 돕는 잠재력을 실제로 **가진다**고 결론 내려야 할까? 더 일반적으로, 만약 자연선택이 우리의 모든 목적과 표적의 원인이라면, 그렇다면 왜 적응도를 높이지 않는 것처럼 보이는 수많은 표적이 있는 것일까? (고전적인 예로 독신주의가 있다.) 그러면 두 번째 수수께끼는 이것이다. 생물학적으로 부적절한(irrelevant) 표적들이 왜 존재하는가?

만약 어떤 형질이나 메커니즘이, 어떤 역할을 담당하기 때문에 번식하고 유지된다면, 나는 그런 역할을 하는 것이 "자연적 목적(natural purpose)"("고유 기능(proper function)", "생물학적 목적"), 또는 여러 자연적 목적 중 하나라고 말하겠다. 여기서 어떤 '것'의 자연적 목적은 우연히 일어나는 것(아마도 행복하게, 운이 좋게), 또는 다른 무엇을 위해 우연히 쓰이는 것(베개 안에 넣는 거위 털)과 대비된다. 어떤 '것'의 자연적 목적은 그것의 존재를 설명해주는 기능이다. 왜냐하면 그것이 이런 기능을 과거 수행하게 해주었거나, 또는 그것의 조상이 생존하고 번식하여, 결과적으로 현재 존재를 설명해주기 때문이다. 그것의 자연적 목적은 그것의 레종 데트르(raisons d'être) 또는 존재 이유이지만, 그 존재의 표적이라는 의미로는 **아니고**, 존재의 **원인**으로서만 그렇다. 다윈이 옳았다고 가정하면, 당신 눈의 자연적 목적은 구조화된 빛으로부터 정보를 추출하는 것이고, 당신 심장의 자연적 목적은 혈액을 순환시키는 것이고, 눈 깜빡임 반사는 모래가 눈에 들어가지 않도록 하는 것이고, 기타 등등이다.

"자연적 목적"을 이런 방식으로 포장하면서, 나는 다음과 같은 두 가지 문제를 제시할 수 있다.

1. 어떻게 단지 자연적 목적인 것이 때로는 표적이 될 수 있는가?
   어떻게 어떤 것의 존재 원인인 것이 그 존재가 표적으로 삼는
   무엇이 될 수 있는가?
2. 어떻게 형질이나 행동이, 생물학적 적응도에 기여하지 않아 보
   이는, 자연적 목적을 이따금 가질 수 있고, 때로는 표적까지 가
   질 수 있는가?

나는 두 번째 질문부터 살펴보고, 나중에 첫 번째 질문으로 돌아
오겠다.

2. 표적에 앞서는 여러 자연적 목적 사이의 충돌

나는 조작적 혹은 도구적 조건화(operant or instrumental con-
ditioning)에 관한 이야기로 시작하려 한다, 이것이 인간 설계의 주
요 요소라고 생각해서는 아니며, 중요한 일반 원리를 쉽게 보여주기
위해 활용될 수 있다고 생각하기 때문이다.

기초심리학 수업에서, 강사는 학생들에게 이후 수일 동안 친구와
이야기할 때 친구가 눈을 깜빡일 때마다 미소를 지어보라는 연습
과제를 제시한다. 도구적 조건화의 힘이 여기서 나타나는데, 이 학
급의 친구들은 알아채지도 못하고, 왜 그런지도 모르면서 점점 더
자주 눈을 깜빡거리게 된다. 미소가 선천적 "강화물(reinforcer)"로
작용해서, 미소에 앞선 행동을 증가시킨 것이다. 눈 깜빡임의 증가
는 미소를 불러일으키도록 선택되었고, 미소의 결과로 유지되었다.
이것이 눈 깜빡임이 존재하는 이유이고, 자연적 목적이다.

그러나 이런 선택 과정은, 유전자 선택을 의미하는, 진짜 자연선택은 아니다. 이것은 가장 기초적인 생물학적 수준의 선택이 아니다. 이 선택을 한 메커니즘인 조작적 조건화 메커니즘은, 자신의 앞선 자연적 목적을 지녔고, 이전에 더 기초적인 수준에서 이미 선택되었다. 이 경우에, 이 메커니즘의 목적은 미소를 불러일으키는 행동을 반복하는 것이다. 그런 앞선 자연적 목적은 아마도 유전자 선택의 직접적 산물이자, 다른 것을 위해 선택하는 선택 메커니즘이었을 것이다. 눈 깜빡임을 증가시키는 이차 수준의 메커니즘은, (1) 조작적 조건화의 일반 메커니즘, 즉 보상을 주는 행동을 증진하고 강화하는 기능을 지니는 메커니즘과, (2) 미소를 보상(강화물)으로 받도록 인간에게 설정하는 것으로 구성된다.

조작적 조건화의 일반적 메커니즘은, 보상이 따르는 행동을 증진하는 경향으로 작동한다. 명확한 이해를 위해 보상을, 행동하는 동물 **내부에서** 일어나는 무엇, 예를 들어, 배고픔, 목마름, 추위, 더위 등의 욕구를 해소하라는 내적 신호라고, 미소에 대한 지각이라고, 입속의 단맛 등이라고 생각해보라. 이것들을 보상이나 강화물로 규정하는 것은, 단순히 그것들이 조작적 조건화 메커니즘이 반응하는 것들의 메뉴에 속한다는 뜻이다. 그것들은 유전자 선택으로 직접 선택되어 메뉴에 올랐을 수도 있고, 아니면 이전 학습의 결과, 즉 연합(association)에 의해 획득된 이차 강화물로 메뉴에 올랐을 수도 있다. 유전자 선택으로 장착된 것들인 일차 수준의 강화물들은 생물종의 과거 역사 속에서 이런 내적 발현이 그 유기체의 복지를 증진하는 효과를 가진 사전 행동과 연결되었기 때문에 메뉴에 오른 것이다. 미소를 유발하는 행동들, 즉 노력하여 인정받기, 배려, 돌봄 등과 같은 것들이 그렇고, 입속의 달콤함을 유발하는 행동 역시 열량을 제공하기에 그렇다. 이차 강화물은 운이 좋은 경우에 일차 강화물과 연결된 것으로, 일차 강화가 온다는 신호였을 것이다. 그리고 일차든 이차든, 스팬드럴인 강화물의 가능성이 항상 존재하는데, 이것들은 부산물로서 또는 우연적 연합에 의해 메뉴에 오른 것이다.

그러므로 일반적인 조작적 조건화 메커니즘은 일반적인(일차 수준의) 자연적 목적을 가져서, 말 그대로, 적응도를 높이는 행동을 증가시킨다. 그리고 다양한 강화물들은 각기 저마다의 자연적 목적을 가지는데, 조작적 조건화 시스템이 부족한 물, 부족한 돌봄, 부족한 열량 등을 각각 가져다주도록 하는 목적이다. 그 각각의 내적 강화물은 이렇게 신호로, 처음에는 방금 수행된 행동이 그 유기체에게 필요한 것의 공급에 도움이 된다는 신호로, 두 번째에는 비슷한 상황에서 그런 행동을 반복한다는 신호로 작동한다. 그러나 이런 종류의 신호는 이따금 틀릴 수도 있다. 그 눈 깜빡임 실험에서 미소에 대한 지각은 사실, 실험자가 타인을 돌보는 경향이 있다는 것과 연관되지 않으며, 사카린의 달콤한 맛은 열량에 대한 참 신호가 아니다. 마찬가지로, 이차 강화물도 우연히 일차 강화물과 연결될 수 있고, 그 경우에 그것은 올바른 신호가 아닐 것이다. 물론, 만약 그 메뉴에 우연적 또는 스팬드럴 강화물이 있다면, 그것들은 그 유기체에 좋은 무언가에 관한 신호를 올바로 전달하지 못할 것이다. 이것이 자연적 목적(여기서는 조작적 조건화로부터 비롯된 목적)이 그 종의 생존과 연관 없는 것들과 엮이는 한 가지 방식이다.

조작적 조건화 과정의 선택 수준에 집중해보자. 친구들의 눈 깜빡임은 미소의 지각을 만들어내기 때문에 반복되고 유지된다. 그래서 미소의 지각을 만드는 것이 눈 깜박임의 자연적 목적, 즉 이차 수준의 자연적 목적이다. 그러나 미소 지각은 좋아함을 증가시킨 무언가를 했다는, 즉 실험자 학생의 관심을 끌었다는 **거짓** 신호이다. 그래서 눈 깜빡임이 자연적 목적, 즉 선택된 기능을 가지더라도, 그런 기능은 깜빡인 사람의 실제 이득과 연관이 없고, 당연히 인간종에도 이득이 없다. 마찬가지로, 사람들은 사카린이 단맛을 내기 때문에 사카린이 든 음료를 계속 선택하고, 그래서 그런 음료를 선택하는 자연적 목적, 즉 생물학적 기능은 단맛을 얻는 것이다. 그러나 이런 단맛은 열량에 대한 거짓 신호이다. 비록 이런 음료를 고르는 행동이 선택되었고, 그래서 (이차 수준의) 자연적 목적을 지니더라도, 이 기능은 그 유기체에 어떤 실제 이득도 주지 못한다.

우리는, 생물학적으로 관련 없는 표적 같은 것들이 왜 존재하는가 하는 의문에서 시작하였다. 여기서 우리는 유사한 것들을 찾아내었다. 그것은, 생물학적으로 관련 없는 자연적 목적이며, 아직 표적이 아닌, 그렇지만 어떤 행동의 자연적 목적이 선택된 것임에도 불구하고, 그 유기체의 적응도에 전혀 도움이 되지 않는 것들이다. 일차 수준의 선택은, 자신만의 이차 수준의 자연적 목적을 도입하고 기초적인 자연선택과는 독립적으로 작동하는, 이차 수준의 선택 메커니즘을 만든다. 사실, 조건화된 행동의 자연적 목적이, 그것의 기반이 되는 조작적 조건화 메커니즘의 자연적 목적과 실제로 상충할 수 있다. 친구들의 눈 깜빡임이 실험자에게는 어쭙잖은 권력 의식을 갖게 했을 수도 있다. 사카린이 든 음식을 고르는 쥐는 그 상황에서 굶어 죽을 수도 있다. 이차 수준의 목적이 그것을 낳은 일차 수준 메커니즘의 목적과 항상 부합하지는 않는다.

3. 표적들의 충돌

한 유기체의 명시적 표적들(explicit aims) 또는 의도들(intentions) 사이의 내적 충돌, 그리고 이런 표적들과 일차 수준의 선택이나 조건화로부터 비롯된 목적들 사이의 내적 충돌은, 우리가 분석하기는 어렵지만, 종종 발견하기는 쉬울 때가 있다. 분석이 어려운 이유는, 한 유기체의 명시적 표적의 본질과 기원이 그 자체로 분석하기 어렵기 때문인데, 이 주제는 나중에 좀 더 이야기하겠다. 우선 이런 종류의 충돌에 그저 주목해보자.

우리가 살펴봤듯이, 내적 신호, 내적 강화물이 학습 시스템을 **잘못 인도할** 때, 다른 목적이나 반대의 목적이 나타날 수 있다. 비슷하게, 이런 거짓 의도의 내적 신호나 표상, 즉 거짓 믿음이 어떻게 우리에게 도움이 되지 않고, 실제로는 해를 끼치는 행동을 일으키는지 우리 모두 익숙하게 잘 알고 있다. 거짓 믿음은, 사실상 자신의 최종 종착지(ends)와 부합하지 않는 방책을 의식적으로 추구하게 만들기도 한다. 만약 내가 보스턴으로 가려고 하는데, I-91 고속도로가 그곳으로 가는 길이라고 잘못 알고 있다면, 나는 확신에 차서 I-91 표지판을 따라가겠지만, 결국 의도한 행동이 잘못된 방향으로 향하게 하는 결과를 초래한다. I-91 고속도로를 타겠다는 나의 분명한 의도는 보스턴으로 가겠다는 나의 분명한 의도와 충돌한다.

위와 같은 충돌은 행위자가 알지 못하는 경우이다. 그러나 다른 경우, 충돌이 매우 잘 인식되는, 우리에게 아주 익숙한 종류의 상황이 있는데, 이를 우리는 보통 "유혹(temptation)"이라 부르고, 철학자들은 "아크라시아(akrasia, 자제력 없음)"라고 부른다. 한쪽 수준에서는 체중을 빼려는 마음이 있어서 과자를 먹지 않지만, 다른 한쪽 수준에서는 달콤한 것에 대한 사랑과 자연적 조건화 과정에 끌린다.

분명히 인식되는 충돌은 의식적 표적(conscious aims)과 반사 행동 수준 사이에서도 일어난다. 기초 반사 행동은 유전자 선택의 아주 직접적인 결과로 보인다. 작은 고무망치로 하는 신경 검사는 아마도, 신경이 자신에게 주어진 일을 하도록 분포되어 있는 곳에서 일어난 우연적 결과, 스팬드럴에 해당할 것이다. 그러나 다른 반사작용, 예를 들어, 놀람 반사, 보호적 눈 깜빡임 반사, 구역질 반사와 같은 기초 반사작용은 그 자체가 선택된 것이다. 이것들은 자연적 목적을 가지는 것 같다. 이러한 목적은 유기체의 명시적 표적과 쉽게 충돌할 수 있다. 그래서 의사가 설압자(tongue depressor)를 이용해서 당신의 후두를 보려 할 때, 당신은 자신의 후두를 개방하려는 분명한 표적이 있음에도 불구하고, 구역질 반사를 일으킨다. 눈에 안약을 넣을 필요가 있을 때, 당신은 눈을 최대한 크게 뜨려고 노력하지만, 당신의 보호적 눈 깜빡임 반사는 계속 눈을 감으려 한다.

만약 인지행동치료(cognitive behavioral therapy) 이론이 옳다면, 환자의 조건화된 행동, 문제를 다루는 나쁜 방식, 더욱 합리적인 명시적 표적 사이에 때때로 심각한 충돌이 있기 마련이다. (만약 학급 친구가 자신의 눈 깜빡임을 인식하게 되어도 여전히 눈 깜빡임을 멈추기는 어렵다.) 이 경우 역시 이런 충돌과 그 원천을 행위자가 모르는 경우이다. 이를 의식하면(aware) 그 충돌 해소에 도움이 될 수 있다.2)

4. 선택과 표적으로부터 비롯되는 목적

나는 이전에 집 지붕 처마에 달린 새 모이통에 닿으려고 애쓰는 회색 다람쥐를 본 적이 있다. 그놈은 며칠 동안 매일 나타나서, 모이통 아래 판자 끝에서 끝으로 달리기도 하고, 난간 아래로 내려왔다가 위로 올라가기도 하고, 모이통에 어떻게든 닿으려고 여러 각도로 목을 빼보기도 하였다. 그러던 어느 날 그놈은 뒤로 물러났다가

---

2) [역주] 의식은 우리의 무의식적 행동의 개선에 도움이 된다. 그것이, 밀리칸의 용어로, 의식의 자연적 목적이었을 것이다.

난간을 따라 창문 덮개를 향해 질주하며 도움닫기를 하였고, 그 창문 덮개에 튕긴 후 앞발을 모이통에 착지시켜 기어올랐다. 어떻게 하는지 알고 난 후, 그놈은 자주 다녀갔다. 그놈은 시행착오를 겪으며 길을 찾으려 애썼고, 성공하여 모이통을 획득한 것이다. 결국 길을 찾아낸 후, 그놈은 시작 지점을 더 신중히 선택하였는데, 이는 직접적인 행동 조건화나 내재된 강화물에 의한 것은 아니다. 등산하는 사람이 갈라진 돌들 사이로 흐르는 개울을 건너려 이리저리 시도해볼 때, 발 움직임이나 눈 움직임 같은 것을 보면, 비슷한 행동이 발생할 것이다. 여기에는, 눈 깜빡임 반사와 같은 단순 조건화의 경우와 달리, 분명한 표적이 관여되는 것 같다. 최종 위치 선정은, 제시된 결과와 그것의 제시된 관계에 따라 선택되었기에, 목적이 분명한 행위다. 이런 종류의 행동 선택은 신경처리 과정의 "피드포워드(feedforward)" 모델과 유사한 것으로 볼 수 있는데, 이는 직전 행동의 결과에서 정보가 미리 얻어진 후에야 행동 조절에 기여할 수 있는 전통적 "피드백(feedback)" 모델과 대비되는 것이다. 피드포워드 모델에서는 행동의 결과가 미리 모델링되고 이렇게 제시된 결과가 행동 선택에 이용된다.

이렇게 지각(perception)에서 시행착오를 통한 선택이 있는 것처럼, 물론, 추론에도 시행착오를 통한 선택이 있다. 추론은 보통 증명의 방법(a method of proof)으로 여겨지지만, 추론의 더 근본적이고 보편적인 쓰임새는, 증명이나 어떤 결과를 유도하는 행동 단계를 찾으려 노력하는 발견의 방법(a method of discovery)이다. 칼 포퍼(Karl Popper)는 당신이 머릿속으로 하는 시행착오 실험이 실제 세상에서 하는 실험에 비해 빠르고 안전하다고 말했다. 나는 5일 3시에 보스턴에 있고 싶었다. 운전이 빠를까? 하지만 지금과 같은 계절에는 날씨가 너무 불확실하다. 그럼 기차가 있나? 지금 시간에는 없지. 버스가 있나? 버스 정류장에서 미팅 장소로는 어떻게 가지? 제 시간에 갈 수 있을까? 나무집(tree house)처럼 매우 간단한 것을 만드는 방법을 알아내려 해도 이런 종류의 시행착오 추론을 몇 시간이나 해야 한다. 결과는 목적을 위해 선택된, 그래서 목적을 가지는 행동일 것이다. 그러나 또다시, 표적이 여기 시작 지점부터 관여된다. 물론 의식적 목표(conscious goals)와 의도(intentions)를 원형적 표적(prototypical aims)으로 볼 때 말이다. 이제 표적에 대해 말해보자.

다양한 자연적 목적으로서의 표적

사후 작동하는 자연선택이 어떻게 미리 기획되는 표적을 설명할 수 있을까? 표적은 어떻게 그저 다양한 자연적 목적일 수 있을까? 표적은 보통의 자연적 목적과는 분명히 다르다. 표적은 그것이 노리는 것에 앞서 존재하는 것이지, 그 이후 존재하는 것이 아니다. 표적은 그 결과의 형태가 만들어질 결과를 미리 그려보는, 즉 표상하는 것을 투영한다.

그렇지만, 이 정도로 말을 했으니, 해결책이 나올 때가 되었다. 명시적 표적은 표상적 매개물(representational vehicles)이다. 물론, 서술적 매개물이 아닌, 지시적 매개물이다. 만약 표적이 적절히 기능한다면, 즉 그것을 만들어내는 메커니즘의 생존을 설명해줄 방식으로 기능한다면, 표적은 그것이 얻어낼 결과를 표상한다. 표적은 지시적 내적 표상, 즉 명령적 내부 신호이다. 표적의 자연적 목적은 그것이 표상하는 미래 사건을 만들 행동을 발견하고, 안내하는 것이다. 표적은 설계도처럼 그것이 표상하는 것의 건축을 안내하고, 그 건축물이 다른 방식이 아니라 이런 방식으로 지어지는 원인으로 작용한다. 표적의 자연적 목적은 그것이 지정하는 것을 만드는 데에 있다.

의도는 표적, 즉 의식적 목표인데, 자신의 자연적 목적을 표상하고, 그 자연적 목적이 불러일으키는 무엇이다. 물론 표상하려는 목적을 갖지 않는다면, 그 목적을 표상하지 못한다. 그 목적은 그것이 표상하는 것을 현실로 만들고, 현실화 과정을 안내한다. 일차 수준의 자연선택인 유전자 선택이 표적을 설명해주는데, 그것이 기능하는 인지 시스템을 위해 선택됨으로써, 부분적으로, 만들어질 것을 미리 표상함으로써, 그 결과의 청사진을 그림으로써, 즉 그 결과를 일으키는 지침 행동의 청사진을 내놓음으로써, 그러하다. 사람들의 의식적 목적은, 눈과 심장이 지니는 "목적"과 같은, 동일한 근본적 의미에서 "목적"이다. 이것은, 그 목적을 표상하는, 표상의 목적이다.

그러므로 표적이 무엇인가, 그것이 무엇으로 구성되는가 하는 질문에 답하기는 매우 쉽다. 이런 표상된 표적이 어디서 비롯되는가 하는 질문, 이것이 어떻게 선택되는가, 또는 무엇을 위해 선택되는가 하는 질문이 더 어렵다고 나는 생각한다. 그러나 나는 먼저 선택의 힘이 작동하는 또 다른 수준에 대해 논의하고 싶다. 왜냐하면 나는 이런 논의가, 우리의 수많은 명시적 표적들이 어디에서 비롯되는가 하는 질문에 도움이 될 수 있다고 생각하기 때문이다.

5. 언어 형식의 자연적 목적

마이클 토마셀로(Michael Tomasello 2008)에 따르면, 다른 사람과 목적을 공유하려는 성향은, 우리를 다른 영장류와 확실히 구분해주고 언어를 가능하게 해주는, 우리 인간종의 가장 큰 특징이다. 그런데 그 반대도 확실히 참이다. 언어는 협력적 활동, 무엇을 함께 만들거나 서로에게 배우는 것 등에 관한 우리의 능력을 엄청나게 증폭시킨다. 이런 활동의 결과나 수단이 모두 언어에 의해 항상 조율된다. 언어는 한 사람에게서 다른 사람에게로 표적을 전달하고 암묵적인 목적도 전달한다. 우리는 타인의 태도를 흡수하며, 이런 태도는 보통, 명시적 지시가 아닌 "정서적"인, 또는 소위 "두터운 개념(thick concepts)"이라 불리는 것을 표현하는, 언어를 통해 전달된다(Gibbard 1992). 확실히, 언어는 우리 행동에 심대한 영향을 주는 원천이다. 그리고 언어 형식이 생각을 지배하는 경향이 있으며, 그래서 행동 역시 매우 직접적으로 지배하는 경향이 있다는 증거가 있다. 사회심리학자 댄 길버트(Dan Gilbert)의 연구(Gilbert 1991; Gilbert, Tafarodi, and Malone 1993; Knowles and Condon 1999)에 따르면, 어떤 사람이 당신에게 무언가를 말할 때, 가장 먼저 일어나는 일은 그것이 직접적으로 믿음이 된다고 한다. 나중에, 오직 당신이 충분한 인지 자원을 활용할 여유가 있을 경우, 당신은 처음 들은 것을 다시 평가하고, 거부할 수 있다. 그렇지 않으면 당신은 그냥 그 믿음을 유지한다. 지시받은 일을 하는 것도 같은 방식으로 작동하는 것 같다. 적극적으로 거부할 필요가 있는 것도 그 의도가 행동이나 계획으로 표현되지 않는다면 그냥 순응하게 되는 것 같다. 이것은, 언어의 태도-형성 기능 혹은 명령적 기능이 명시적이기보다 암묵적이기 때문에, 정서적 언어의 경우에 특히 그런 것 같다. 언어의 기능을 연구하고, 다음에 언어의 자연적 목적, 여러 언어 형식이 무엇 때문에 선택되었는지 등을 차례로 연구하는 것이, 인간 행동에서 표현되는 다양한 자연적 목적을 연구하는 핵심 부분이 되어야 한다.

그리고 언어는 바로 그 자체의 선택 수준(level of selection)에 따른 결과이다. 단어, 구조, 억양 등과 같은 여러 언어적 요소와, 그것들이 서로 결합된 발언들은, 각각 그 자체의 자연적 목적을 지닌다. 이것은 언어 형식의 생존과 증식 자체가 의존하는 목적이다. 이러한 기능은 **협력적인**(cooperative) 자연적 목적이고, 화자와 청자 모두에게 작동하는 기능이며, 그러므로 언어의 생존을 설명해준다. 이런 기능은, 상당히 많은 경우에, 언어 형식을 실제로 사용하는 개별 화자와 청자의 (암시적이든 명시적이든) 구체적 목적에 부합해야만 한다. 그러나 화자와 청자의 목적 혹은 의도가 이 기능을 구성한다는 말은 아니다. 예를 들어, 화자의 의도와 청자의 목적을 모두 합해 평균하는 식으로 언어 기능이 규정되지는 않는다. 고양이의 점프 착지의 목적은 여러 번의 점프에서 고양이 발바닥이 땅에 닿은 것의 평균으로 규정되는 것보다는 뭔가 더 있다. 또한, 언어 형식이 선택된 것이라는 사실이, 우리가 언어 형식에서 발견하는 높은 임의성과 양립할 수 없는 것은 아니다. 엄마 암탉이 "이리 오너라, 여기 먹이가 있어"라든지 "내가 죽일 동안 뒤에서 기다려" 같은 의미의 소리를 낼 때, 암탉은 본능적으로 이런 소리를 내고 병아리들이 본능적으로 그것을 이해하는 것도 비록 분명히 선택된 것이지만, 역시 임의적이다. 나는 다양한 언어 형식의 기능을 이전 저작에서 논의하였다(Millikan 1984, 2000, 2005, 2010). 여기서는 두 가지 아주 분명한 사례만 소개하겠다.

여러 언어에서 직설법 구조는 일반적으로 매우 많은 기능을 가지지만, 그중 반드시 포함되는 하나는 서술적 정보를 전달하는 기능이다. 더 정확히 말하자면, 그 기능은 청자에게 참된 믿음을 만들어주려는 것이고, 그 믿음의 내용은 직설법 형식 안에 있는 특정 단어들의 기능에 달려 있다. (언어의 확장 용어의 기능에 대해서는 Millikan 2010을 참조.) 그 기능이 그냥 믿음이 아니라, 참된 믿음을 만드는 기능이라는 것은, 믿음이 충분히 자주 참인 것으로 밝혀져야 청자의 협력적인 믿음 반응이 증식된다는 전제로부터 주장된다. 더구나 만약 청자가 직설법으로 들은 것을 믿지 못할 것이라면, 화자3) 는 믿음을 만들기 위한 목적(명시적이든 암묵적이든)을 위해 이런 직설법을 사용하지 않을 것이다. 대략적으로 볼 때, 청자에게 참된 믿음을 불러일으키는 것이 직설법의 핵심 존재 가치이다. 비슷한 방식으로, 명령법의 핵심 존재 가치는, 어떤 행위가 화자와 청자 모두에게 이득이 될 때, 청자에게 이 행위를 하도록 유발하는 것에 있는 것 같다. (이런 이득은 긍정적인 것일 수도 있고, 부정적인 것을 피하는 것, 즉 처벌이나 손해를 피하는 것일 수도 있다.) 만약 청자가 이 명령을 따를 때 청자에게 아무런 이득이 없다면, 청자는 따르기를 거부할 것이고, 청자가 따르지 않으면, 화자는 이런 형식의 사용을 그만둘 것이기 때문이다.

이런 종류의 방식으로, 모든 관습적인 언어 형식은 대화하는 양쪽 모두에게 동시에 만족스러운 과제를 수행하는 자연적 목적을 가지고 진화하였다. 그것의 기능은 일반적인 화자-청자 이익을 증진하는 것이다. 그러나 이런 기능은, 모든 경우는 아니더라도, 충분한 수의 사례들에서, 즉 대부분 사례에서 수행되어야만 한다. 그렇게 서로 다른 수준의 선택이 다른 기능이나 반대 기능을 초래하는 또 하나의 사례가 나타난다. 화자가 사용하는 언어적 토큰은 화자가 필요한 것의 의도나 (명시적 혹은 암묵적) 목적에서 직접 비롯되는 기능을 지닌다. 이것은 화자의 심리 안에 자리 잡은 목적이다. 그러나 이 토큰은 또한, 부분적으로는, 공적 언어의 특정한 선택주의 (selectionist) 역사 때문에 존재하며, 공적 언어에서 이것은 자연적

---

3) [역주] 원문에는 청자로 되어 있지만 원문이 오류인 것 같다.

목적 혹은 기능의 두 번째 원천을 갖는다. 화자의 목적과 청자의 이해가 공적 언어 기능에서 멀어지면서, 그래도 협력적일 때, 우리는 은유적 사용, 암시 같은 현상을 보게 된다. 화자의 목적이 공적 언어 기능과 비협력적으로 충돌할 때, 우리는 거짓말이나 악의적 지시를 보게 된다. 청자의 목적이 언어 기능과 비협력적으로 충돌하면, 믿고 따르기를 거부함을 볼 수 있다. 화자가 오인된 믿음을 표현하거나 진지하지만 잘못된 지시를 할 때, 잘 설계된 언어 형식은 그 설계된 기능을 제대로 지원하지 못하며, 어느 것의 이득이나 생존 또는 증식에 대해 극히 무작위 방식으로 청자의 목적을 생성하게 만든다.

6. 표적의 기원?

표적, 의식적 목표, 명시적 의도의 기원에 대한 질문이 아직 남아 있다. 나는 여기서 어떻게 진행해야 할지 전혀 모르겠다. 그렇지만 아마도 우리는 표적을 두 종류로 나눌 수 있을 것 같다. 한편으로, 그 목표가 어떤 방식으로든 지각(perception)으로 나타나는 경우가 있다. 다람쥐가 모이통에 닿으려고 노력할 때나, 등산객이 개울을 건너려고 할 때와 같은 상황이 그렇다. 다른 한편으로, 조준되는 것이, 현재 지각과는 완전히 동떨어진 미래 사건의 사태(future state of affairs)로 보이는 경우가 있다. 5일에 보스턴의 미팅에 참석하는 일 같은 것인데, 이런 미래 사건에 도달하려면 여러 종류의 외연적 개념(extensional concepts)을 이용한 실천적 추론이 필요하다.

지각에 부분적으로 존재하는 목표는, 행동유도성(affordance)의 단순한 지각과 밀접하게 연관되는 것 같으며, 이것은 가장 본래적인 종류의 지각으로, 그 유기체에 어떤 가까운 자극을 주면, 그 자극이 주로 혹은 일반적으로 지시하는 먼 상황에 알맞은 반응을 유발하는 지각이다. 이런 본래적인 경우의 지각은 내가 "푸시미-풀유 표상 (pushmi-pullyu representation)"4)이라 부르는 것으로, 그 상황이 무엇인지, 그리고 (그 유기체의 다른 인지 상태의 호환성을 감안하여) 어떻게 반응할지를 동시에 말해주는 표상이고, 소위 (서술적인) 진실 조건과 (지시적인) 만족 조건을 모두 가지는 표상이다(Millikan 1996, 2004). 이전 경험을 고려해볼 때, 다람쥐의 모이통 지각은 그 자체와 일정한 연관이 있을 때 먹이가 어디에 있는지 그리고 동시에 그 먹이를 향한 운동이 어떻게 지각적인 도움을 받을 것인지를 말해준다. 아니, 그보다는 원래 대부분에서 그렇게 말해준다. 여러 다양한 희망 경로의 예측이 처음에는 실패로 이어졌지만, 그런 여러 시도가 다람쥐의 첫 위치를 계속 재조정하여, 결국 하나의 경로를 성공적으로 예측했다. 이런 단순한 종류의 목표는 유전자 선택에서 직접 유도되었거나, 아니면 여러 종류의 조건화로부터 파생된 것으로 생각된다. 그래서 많은 이런 표적의 기원이, 특히 사람이 아닌 동물에서는, 깔끔하고 분명해 보인다.

다른 한편, 사람에게서 이런 종류의 표적은, 이전 경험으로부터 직접 파생된다고 하기보다, 이런 더 가까운 표적이 추론되는, 더 먼 표적으로부터 파생되는 것 같다. 선천적인 강화물인 음식, 물, 부상 방지, 체온 조절, 성적 행동 등등의 고전적 목록은 요즘 매우 유행이 지난 것임을 기억해야 한다. 지금은 (미소 외에도) 모든 종류의 미묘한 계기들이, 여러 종의 동물에 폭넓게 분포하는 선천적 강화물로 고려되고 있다. 예를 들어, 개울을 건너 등산을 계속하려는 등산객의 목표가, 운동과 탐험의 기쁨을 훨씬 넘어 모든 것에 도달하는

---

4) [역주] 서술적이며 지시적인 표상.

토대라고 가정할 필요는 없다.

그렇지만 명시적 추론 과정이 일반적으로 개념적 표상을 요구한다고 가정되고, 개념은 일반적으로 선천적이지 않은 것이라고 여겨진다. 개념적으로 표상되는 표적의 기원은 분명히 개체 발생(ontogeny)에 있다. 아마도 표적은, 여러 다양한 강화물을 개념화하려는 우리의 시도, 즉 우리가 유혹되고, 예감하고, 지각하는 것이 무엇인지 알아내려는 시도로부터, 또는 우리를 직접 강화하는, 물론 개념화된 생각은 아닌, 그 무엇으로부터 기원했을 것이다. 아이는, 달콤한 것, 너무 뜨겁거나 차가운 것, 아픈 것 등의 개념을, 이것들에 다가가거나 물러나는 추론을 위해서 가져야만 한다. 실제로 우리를 끌어당기거나 밀어내는 것이 무엇인지를 아는 것도 항상 쉽지는 않다. "대형 백화점의 무언가가 나를 매우 불편하게 만든다." "그녀는 매우 거만하지만, 그녀의 무언가가 나를 매혹한다." 이런 반응은 매우 흔하다. 실제로, "무의식"(즉, 개념화되지 않은 공포, 매혹, 목표 등)의 가능성은 잘 알려져 있고, 많은 전통적 정신의학이나 임상심리학은 환자들이 아직 이런 것을 모두 개념화하지 못하고 있다는 전제에 기반한다.

그러나 우리의 명시적 표적 중 가장 변두리, 가장 먼 것들은 주로, 적어도 부분적으로는, 우리의 사회문화적 맥락에서 파생되었을 가능성이 있다. 즉, 서술적 및 지시적 언어를 통해서는 명시적으로, 그리고 정서적 언어를 통해서, 모방을 통해서, 즉 타인의 태도를 흡수함으로써는 암묵적으로 파생되었을 가능성이 있다. 문화는 물론, 참인 믿음과 유익한 표적처럼, 잘못된 믿음과 해로운 표적을 좋게 포장해서 우리에게 전달해줄 수도 있으며, 사회적 맥락이라고 항상 협력적인 맥락은 아니다. 후자의 좋은 예로, 생산자의 이득을 위해, 소비자 욕구를 조작하기 위해 설계되는, 광고 기술 연구에 투자되는,

돈, 에너지, 시간 등이 그렇다.

다비드상을 조각하는 미켈란젤로의 표적은? 예술의 진화적 기원
은 매력적인 주제이지만, 나는 아직 이 주제에 대해 생각을 정리하
지 못하였다. 예술은 스팬드럴일까? 아니면 성 선택의 산물일까? 예
술은 인간의 문화에 아주 깊숙이 스며들어 있으므로, 나는 이 두 생
각 모두 믿기 좀 어렵다고 본다. 여전히, 나는 다비드가 진짜로, 적
어도 부분적으로는, 아마 역시 부분적으로 부산물일 수는 있겠지만,
자연선택의 산물이라는 주장이 타당하기를 바란다.

참고문헌

Gibbard, A. "Thick Concepts and Warrant for Feelings." *Proceedings
of the Aristotelian Society* 66, suppl. vol. (1992): 267-83.

Gilbert, D. "How Mental Systems Believe." *American Psychologist*
46, no. 2(February 1991): 107-19.

Gilbert, D. T., R. W. Tafarodi, and P. S. Malone. "You Can't Not
Believe Everything You Read." *Journal of Personality and Social
Psychology* 65, no. 2(1993): 221-33.

Knowles, E. S., and C. A. Condon. "Why People Say 'Yes': A
Dual Process Theory of Acquiescence." *Journal of Personality
and Social Psychology* 77, no. 2(1999): 379-86.

Millikan, R. G. *Language, Thought and Other Biological Categories*.
Cambridge, MA: MIT Press, 1984.

____. "Pushmi-pullyu Representations." In Vol. 9, *Philosophical
Perspectives*, edited by James Tomberlin, 185-200. Atascadero,

CA: Ridgeview, 1996. Reprinted in *Mind and Morals*, edited by L. May and M. Friedman, 145-61. Cambridge, MA: MIT Press, 1996. Reprinted in Millikan 2005.

____. *On Clear and Confused Ideas*. Cambridge: Cambridge University Press, 2000.

____. *Varieties of Meaning*. Cambridge, MA: MIT Press, 2004.

____. *Language: A Biological Model*. Oxford: Oxford University Press, 2005.

____. "On Knowing the Meaning: With a coda on Swampman." *Mind* 119, no. 473(2010): 43-81.

Tomasello, M. *The Origins of Human Communication*. Cambridge, MA: MIT Press, 2008.

3부
자연화된 지식

6. 기술 학습과 개념적 사고

야생에서 진보해온

Skill Learning and Conceptual Thought

Making a Way through the Wilderness

엘렌 프리들랜드 Ellen Fridland

흔히 철학자들이 인간과 동물 사이에 인지(cognition)의 **불연속성**을 강조하고 싶을 때, 그들은, 정상의 성숙한 인간이 추상적으로, 개념적으로, 유연하게, 그리고 현재 주변 상황에 얽매이지 않고, 생각하는 역량을 갖는다는 사실을 지적한다.1) 사람은 정의(justice)에 대

---

1) 예를 들어, 포더(Fodor)와 밀리칸(Millikan) 같은 다양한 철학자들은, 인간 사고의 유연성, 주재성(agency), 그리고 상황-독립적 특성 [즉 의도성] 등을 강조했다. 포더는 이렇게 말한다. "우리는, 지각(perception)의 대상이 어떻게 표상되는지에 대해 단지 몇 가지 선택지만 갖지만, **사고**(*thought*)의 대상이 어떻게 표상되는지에 관해서는 온갖 자유재량을 갖는다. 즉, 지각의 경우를 제외하고, 자신의 인지 자원을 전개하는 방법은 일반적으로, 그 용도가 무엇인지에 의존한다고 보는 것이 합리적이다. 여기 당신이 선택할 수 있는 몇 가지 과제가 있다. 『햄릿(*Hamlet*)』을 복수극으로, 매너리스트 감수성의 전형적인 산물로, 싸구려 문학작품으로, 그레타 가르보(Greta Garbo)를 위해 있을 법하지 않은 연극이라고 생각해보자. 벽돌을 활용하는 16가지 다른 방법을 생각해보라."(Fodor 1983, 55) 밀리칸은 이렇게 말한다. "푸시미-풀유[역주: 하나의 몸체 끝 양쪽으로 머리가 둘 달린 가공의 동물]는 직접 지각으로 주어진 문제만을 해결

해 숙고할 수 있고, 허구 인물에 관한 시를 쓸 수 있으며, 저녁 회식을 계획할 수 있고, 5년 기획을 구상할 수도 있다. 같은 맥락에서, 인간과 동물 사이의 지적 **연속성**을 주장하려는 경우, 철학자들은 추상적이고 개념적인 사고 능력에 침묵하고, 활동(action), 능력(ability), 기술(skill) 등을 강조한다. 실질적으로, 인간과 동물 그리고 진화의 사다리 아래에 있는 다른 생물 사이에 어떤 공통점이 있다고 가정된다. 예를 들어, 새들은 집을 지으며, 사람 역시 그렇다. 청설모는 나무에 오를 수 있으며, 사람도 그렇게 할 수 있다. 만약 인간 지성에 본성적 도약을 놓을 장소가 있다고 가정한다면, 그것은 아마도 지향적 활동(intentional action)과 능력의 영역일 것이다.2)

평범한 지혜에 비해, 고차원 인지(higher-order cognition)에 관해 적절한, 자연화된 이론(naturalized theory)을 구성하려면, **활동에서** 인간과 비인간 동물 사이의 지적 연속성과 **불연속성** 모두를 살펴볼 필요가 있다. 다시 말해서, 나는, 인간과 동물 사이에 인지의 불연속성은 행동과 개념적 사고 사이의 차이에서만이 아니라, 실천적 능력(practical abilities)에서도 중요한 불연속성이 나타난다고 주장할 것이다. 중요하게, 나는, 활동 영역에서 불연속성은 인간의 인지에 대

한다. 그 동물은, 지각에 현재 제시된 여러 가능성 중 하나를 결정함으로써, 또는 현재 지각으로 외연을 앎으로써, 또는 그 동물이 현재 필요한 것을 제공해주는 이미 아는 한 장소에서 다른 장소로 알고 움직임으로써, 그렇게 한다. 반면에 인간은, 자신의 경험이 (개인적으로 또는 종(species)으로서) 실천적 활동성(practical activity)에 전혀 어떤 관련성도 없는, 기술(skill)과 순수한 사실을 수집하는 데 많은 시간을 소비한다. … 인간은, 어느 것이 무엇을 그리고 왜 인과적으로 일으키는지 호기심을 갖지만, 그러한 지식에서 실천적 적용을 전혀 기대하지 않는다." (Millikan 2006, 122)

2) 이러한 종류의 도약에 관련된 사례를 Millikan(2006), Dretske(1997, 2006), 그리고 Hurley(2006)에서 보라.

해 자연화된 설명을 제공하는 설명력이 있다고 주장한다. 이어서, 나는, 인간 기술에 관해 독특하게 탐구함으로써, 지성 발달의 중간 단계를 구성할 기회를 제공할 수 있음을 논증하려 한다. 이런 탐구는 개념적 사고(conceptual thought)의 몇 가지 기초적 특징을 설명하기에 마땅한 기초이며, 충분히 정교할 것이다.

나의 주요 주장에 따르면, 기술 정교화(skill refinement)에 포함되는 유연성(flexibility), 창의성(creativity), 주재성(agency), 그리고 의도성(deliberateness) 등이 인간 지성의 발달에 핵심 역할을 한다. 특히, 나는 인간의 기술 학습(skill learning)이 반복적이고 고정적인 절차적 행동(procedural behaviors)과, 충분히 추상적인 개념적 사고(conceptual thought) 사이의 중간에 위치한다고 생각한다.[3] 내가 제안하건대, 기술 학습 과정을 통해, 지향적 활동은 영역-특이적, 구현 환경(domain-specific, instantiation environments)에서 벗어나, 분별력과 추상화 수준을 높여가기 시작했다. 마찬가지로, 기술 학습을 통해서 여러 활동 요소는 (어느 맥락에서 완전히 독립적이지는 않더라도) 다양한 맥락 속에 다양한 역할을 할 역량을 획득한다.

다음에, 기술 학습과 개념적 사고 사이의 관련성에 관해 예비적 탐색을 하겠다. 그것은 충분히 합리적이며 고차원인 인지 능력의 발달에서 기술 학습의 역할을 정당하게 다루는 이론을 제시하려는 첫 시도이다. 그런 만큼 마땅히 많은 세부 사항들은 인상적일 것이다. 그렇지만 그 이론의 전체 윤곽과 동기가, 독자들에게 이러한 접근법

---

3) [역주] 전통적으로 철학자들은, 무의식적이지만 어떻게 행동해야 할지를 아는, 절차적(procedural) 혹은 암묵적 지식(implicit knowledge)과, 의식적인 명시적 지식(explicit knowledge)을 구분해왔다. 그런 배경에서, 필자는 우리 행동의 기초가 무의식적, 절차적 활동인 "기술"에서, 추상적이며 명시적인 "개념적 사고"로 발달했다고 고려하며, 그것이 어떻게 가능한지를 설명하려 한다.

이 유망하고 건전하다고 확신시켜줄 수 있기를 나는 기대한다.

이 논문은 다음과 같이 전개된다. 1절에서 인간 기술의 세 가지 중요한 특징을 제시한다. 2절에서 다음의 두 가지 차이, 즉 능력(ability)과 기술(skill) 사이의 차이, 그리고 기술과 개념적 사고 사이의 차이를 구별하겠다. 3절에서 기술 학습이 중간 인지적 범주(intermediate cognitive category)를 구성하는 구조를 제시한다. 이런 범주가 인간 사고의 몇 가지 특징적 발달을 제공한다. 4절에서 힘들게 획득한 인지적 이득을 정리하고, 5절에서는 두 가지 반론에 대답한다.

1. 인간 기술의 기묘한 본성

1.1 비실천적 기술(impractical skill): 그렇게나 많은

수천 년 동안, 인간 진화의 놀라운 경향 중 하나는, 동물과 공유하는 근본적인 목표들, 즉 고통, 배고픔, 잡아먹힘 등을 피하고, 안락함을 찾고, 교미 기회 등을 달성하는 데 투자하는 노력 비중이 확연하고 점진적으로 줄어들었다는 점이다. 비록 명성, 권력, 부, 아름다움, 여가, 음악, 놀이기구 등등에 대한 인간의 갈망은 (이성을 차지할 기회를 개선하고 자신의 세력권을 확장한다는 측면에서) 분명하고 도구적이며 합리적이기도 하지만, 이러한 것들은 어느 정도 본래의 목적에서 벗어나, 그것 자체가 목적이 되기도 한다. 예를 들어, 어느 젊은이가 처음엔 이성을 유혹하기 위해 기타를 샀지만, 지금은 사랑보다 음악을 더 잘하기 위한 연주자가 되려고 한다(Dennett 2006).

인간에 관해 (이상하게도) 흔히 간과되는 사실은, 사람들이 막대한 시간, 에너지, 자원 등을 진화적 유리함이 전혀 없는 취미와 기술을 익히는 데 투자한다는 점이다. 밀리칸이 지적했듯이, "어린이는 훌라후프, 루빅큐브, 귀 움직이기, 관절 꺾기, 물구나무 서기, 그리고 코 잡고 돌기 등을 연습한다."(Millikan 2006, 123) 사람들은 단지 루빅큐브 퍼즐 풀기를 배울 뿐 아니라, 어떤 사람들은 발을 사용하여 루빅큐브 퍼즐을 푸는 법을 배우기도 한다. 사람들은 몇 시간 동안 테트리스[블록 깨기 컴퓨터 게임]를 하고, 누구도 쳐다보지 않는 거대한 카드 집을 만들기도 한다. 사람들은 애완동물을 위해 뜨개질로 발싸개를 만들고, 자동차 모형을 조립했다가 부수기도 한다. 그리고 거울 앞에서 자신이 좋아하는 영화 장면을 재연하기도 한다.

어떤 활동은 운동 기술을 발달시키고, 다른 활동은 예술적 능력을 배양한다. 어떤 활동은 시간 보내기를 위한 것이고, 다른 활동은 강요된 것이기도 하다. 어떤 활동은 단체로 이루어지기도 하고, 다른 활동은 개별적으로 이루어지기도 한다. 여러 활동이 공개적으로 또는 비공개적으로 이루어진다. 어떤 기술은 힘과 아름다움에 초점을 맞추지만, 다른 기술은 독특함이 중요하다. 어떤 기술은 크고 대단해 보이지만, 다른 기술은 소소하여 드러나지 않는다. 어떤 기술은 동호인들 사이에 공유되지만, 다른 기술은 공적 교육을 통해 학습된다. 어떤 기술은 특별한 집단의 구성원 또는 집단에 전수되지만, 다른 기술은 개인적 수준을 넘지 못한다. 사람들이 개발하는 기술은 다양하고, 가짓수도 많아서, 놀라울 정도이다. 그리고 매우 기묘하기도 하다. 우리 인간은 왜 그렇게 실천적으로 쓸모없는 수많은 기술을 추구하는 것일까?

1.2 무용한 기술: 반복 훈련하는

인간 기술의 기묘함은, 수적으로 많다는 것을 넘어, 그것의 완성도를 높이기 위해 소비하는 시간과 에너지의 양에서도 그러하다. 사람들이 기술을 연마하기 위해 소비하는 에너지는 분명 그것이 제공하는 진화적 유리함보다 너무도 불균형적이다. 사람들이 스포츠, 악기, 기교 또는 취미를 연습하고, 훈련하고, 반복하며, 완성하기 위해 소모하는 수많은 시간을 생각해보라. 우리는, 어떤 사람이 기술을 끊임없이 훈련하여, 결국 그것을 잘할 수 있게 되었다는 이야기를 들었을 때, 이상하게 생각하지 않는다.4) 실제로 우리는 한 사람의 전문 기술을 한 단계 끌어올린 훈련과 노력의 양에 흔히 고무되곤 한다. 사람들은 다듬고 또 다듬으며, 훈련하고 또 훈련한다. 그들의 목표는 어떤 수준에 도달하는 것이 아니라, 도달해야 하는 새로운 수준을 세우는 것에 있다.5)

또 하나 주목해야 할 것으로, 기술의 발전에는 목표 달성 외에 특별한 방식으로 목표를 달성한다는 사실이 포함되기도 한다. 높은 수준의 목표에 도달하려면, 기술을 구현하는 방식에 대한 주의집중 (attention)과 조절(control)이 필요하다. 그러나 더욱 놀라운 것은 때로 기술의 목표가 어떤 특별한 실천과 무관하다는 점이다. 실제로 사람들이 다듬으려는 것은, 어느 목표 수준에 더 근접하는 것이 아

---

4) 데닛은 이렇게 말했다. "놀라움은 훌륭한 종속변수라서, 자주 실험에 이용되곤 한다. 즉, 놀라움은 측정하기 쉽고, 피검자가 **뜻밖의 것을 기대한다**는 것을 폭로한다."(Dennett 2001, 982)

5) 물론, 이런 식으로 모든 또는 대부분 기술을 개발할 필요는 없다. 그러한 주장은 분명 거짓이다. 중요한 점은, 모든 기술이 이런 정도까지 발달된다는 것이 아니라, 개인마다 어떤 기술을 가지며, 그런 기술을 단순한 유용성 이상으로 개발한다는 것이다.

니라, 기술을 구현하는 특별한 방식 그 자체이기도 하다. 심포니, 스포츠 댄스, 올림픽 경기, 또는 베니스 비엔날레 등을 생각해보라. 그것들에서 목표는, 음악을 연주하고, 왈츠를 추고, 달리기를 하거나, 초상화를 그리는 것이 아니라, 기술을 우아하게, 정교하게, 강력하게, 그리고 조화롭게 수행하는 것에 있다. 그렇다면 더 잘 수행하는 것이 중요하다는 것인가 하면, 반드시 그렇지도 않다. 여기에서 우리는, 기술을 다듬기 위해, 그 기술이 노리는 종국의 특징이 아니라, 기술 자체의 어떤 특징이 관심의 대상이 된다는 점에 주목할 필요가 있다. 이것은, 우리가 관심 갖는 기술 발달의 최종 목표가 그 기술 자체라는 것을 의미한다. 이 얼마나 기묘한 일인가!

1.3 쓸모없이 하는 만큼 비실천적인 모방

우리가 기술에 대해 가지는 비실천적 방향(impractical orientation)과 그 기술이 수행되는 방식은, 인간의 다른 독특한 습관(practice)에서도 확인할 수 있다. 예를 들어, 우리의 비실천적 활동 방향과 방식은, 우리의 이상스러운 모방 선호 방향에서 찾아볼 수 있다.

인간 어린이가 다른 동물에 비해 더욱 자주 그리고 더 세세하게 모방한다는 것은 잘 알려진 사실이다.[6] 중요한 점은, 인간 어린이가 학습 전략으로 모방을 선호할 뿐 아니라, 흔히 당면한 목표와 무관

---

6) 이것은, 인간만 모방한다는 것을 모든 사람이 동의한다는 것을 의미하지 않는다. 예를 들어, Byrne(2002), Byrne and Russon(1998), Honor and Whiten(2005) 등은 Call, Carpenter, and Tomasello(2005)와 견해를 달리하며, 영장류도 모방할 수 있다고 주장한다. 그렇지만, 이러한 논란에도 불구하고, 모방이 인간 아이의 학습과 발달에 특별한 역할을 한다는 것에는 모두 동의한다.

한 행위나 활동도 모방한다는 것이다.7) 흥미롭게도 이런 종류의 행동을 인간이 아닌 영장류에서는 찾아볼 수 없다.

예를 들어, 2005년 아너와 화이튼(Honor and Whiten)은 침팬지와 인간 어린이에게서 모두, 잠긴 상자에서 보상을 얻는 데 필요한 여러 동작 중 불필요한 활동을 발견했다. 그런데 인간 어린이만이 그 불필요한 동작을 계속 따라 했다. 침팬지는 그 동작이 목표 달성에 불필요하다는 것을 확인하자, 그 동작을 배제했다. 반면에, 인간 어린이는 그 동작이 인과적으로 불필요하다는 것을 확인한 후에도,8) 잠긴 상자를 여는 행동에 그 동작을 계속 포함시켰다. 이것은, 영장류에게 목표를 성취하는 방법은 그것의 도구적 특성에서만 가치 있지만, 인간 어린이에게 목표 달성의 수단은 그것의 본래 역할과 유리된 가치를 가질 수 있음을 시사한다. 즉, 인간 어린이에게는 일련의 동작을 모방하는 것이, 목적 달성을 위한 연결성 또는 효율성과 유리된 가치를 가진다. 인간 어린이에게는, 그 활동의 가치가 반드시 실용적이거나 도구적이어야 하는 것은 아니다.

어린이가 목표 지향적 활동에서 보여주는 비실천적 방향은 몇몇 임상적 사례에만 국한된 것이 아니다. 사실, 관찰된 어떤 활동의 세세한 양태를 재현하는 것은 거의 언제나 특정 과제를 성취하는 일에 부적절하다. 그러나 보통 인간 어린이는 어떤 행동 양식에서 나타나는 상세한 방식이나 양식을 완벽히 구현하는 데에 흥미를 느낀다. 모방에서 나타나는 이러한 "수단-중심 방향"은, 일단 어린이가

---

7) 다음을 참조하라. Byrne and Russon(1998), Gergely and Csibra(2005), Hobson and Lee(1999), Schwier et al.(2006), Lyons et al.(2007), McGuigan et al.(2007).

8) Horner and Whiten(2005)은 각자 별개의 실험을 통해 아이들이 인과적으로 효과적인 행위와 비효과적인 행위를 구별할 수 있음을 증명했다.

기술을 습득하기만 하면, 어린이가 기술을 다듬고 완성도를 높이도록 만드는 방향과 같아질 수 있다. 즉, 비실천적 활동(impractical action)에 대한 집중과 몰두가 인간의 독특한 지성을 개발하게 해주는 수많은 인간 활동을 지원했을 수 있다.

1.4 비실천적 기술과 진화적 고려

여러 기술 및 그것의 연마가 실제 진화적으로 가치 없는 것일까? 훌라후프 돌리기, 종이접기, 테라리엄(terrarium) 만들기, 비디오게임 하기, 야구 통계 기억하기, 엄지손가락 씨름하기 등등이 진화적으로 어떤 역할을 한다고 말해줄 이야기를 우리가 찾아낼 수는 없을까? 어쩌면 이런 기술들은, 아름다움, 협력, 세심함, 유머 감각 등을 드러냄으로써, 우리를 잠재적 짝에게 더 매력적으로 보이게 할지도 모른다. 공작새의 깃털이나 바우어새(bowerbird)의 둥지처럼, 그런 기술은 우리를 돋보이게 할 것이다.[9] 그러나 이러한 설명이 직면하게 되는 문제는, 생각할 수 있는 모든 기술에 대해 진화적으로 관련이 있는 어떤 특징을 보여줄 수 있지만, 그렇지 못한 기술도 있다는 점에 있다. 사실상 이런저런 여러 기술의 기묘함을 설명해줄, 매우 훌륭하고, 일반화할 만한, 진화 원리에 대해, 어울리지 않는 기술은 셀 수 없을 만큼 많다.

물론, 그와 같은 설명은, 기술 연마에 투자하는 시간 및 에너지와 그 (직접적이지 않은) 유리함이 서로 비례하지 않는다는 점 또한 무시할 것이다. 이것은 기술이 결코 어떠한 진화적 역할도 하지 않는다거나, 한 적이 없다고 말하는 것은 아니다.[10] 오히려 현재 우리를

---

9) 기술의 용도와 관련하여, 이러한 유력한 설명을 제시해준 것에 대해 조셉 콜(Josep Call)에게 감사한다.

위해 기술이 어떤 역할을 하고 있든, 데닛의 말처럼, "기술은 발달 초기의 목적에서 유리되어, 그 자체가 목적이 된다."(Dennett 2006, 136).

더구나 우리가 중요하게 주목해야 할 것으로, 기묘한 인간의 노력 각각에 대해 진화적 이야기를 지어내는 일은 선택 이론에 도움이 되지 않는다. 논란이 없는 자연주의 설명을 위해서, 우리는, 특정 활동을 추구하는 것이, 다른 직접적 효과가 있는 활동을 추구하는 데 시간을 소비하는 것보다, 어떻게 **더욱** 효과적인지를 보여주어야 한다. 즉, 그 기묘한 활동이 어떤 이에게는, 어떤 방식으로 매력적이지 않을 수 있지만, 진화적 의미에서, 동일 목표에 도달하기 위해 대안으로 추구할 수 있을 수많은 다른 활동보다 더욱 효과적으로 보일 수 있어야 한다. 결국, 그 시초의 활동은, 선택될 수도 있었을 수많은 다른 활동을 눌렀어야 했다. 그렇듯이, 스마트폰으로 테트리스 게임을 하는 것이 잠재적 이성에게 뛰어난 손과 눈의 협력을 보여주는 것일 수 있다고 누군가 주장할 수 있지만, 그렇다면 그 잠재적 이성과 실제로 테니스를 함께 치는 것은 뛰어난 손과 눈의 협력을 더욱 효과적으로 보여주지 못하는가라는 물음에 대답해야 한다.

이 시점에서, 무비판적인 가정, 즉 모든 활동 각각이 고유한 존재 목적을 가진다는 가정을 다시 살펴볼 필요가 있다. 주목해야 할 것으로, 자연주의적 설명이 각각의 모든 활동마다 반드시 실천적 유리함(practical advantage)을 가져야만 한다는 것을 요구하지 않는다. 이것은, 자연선택이 여러 능력을 합친 전체 집합에 작용할 수 있다는 진화 이론과 일관성을 가진다. 그러므로 예를 들어, 리버댄스

---

10) 이 중요한 점을 강조해준 것에 대해 리처드 무어(Richard Moore)에게 감사한다.

(riverdance)를 배우는 것, 혀를 차는 것, 인형 옷에 수를 놓는 것 등등에 대해 각각의 진화적 대가를 생각하기보다, 우리는 그것들을 활동 집단 전체로 보아야 한다. 즉, 개별적으로 다소 무용한 활동의 전체 집합을 보아야 한다. 우리가 "실천적으로 무가치한 기술"의 범주를 고려할 때, 훨씬 추상적인 개별적 수준의 존재에서 발견되는 진화적 대가를 고려해볼 수 있다.

간단히 말해서, 우리가 비실천적 기술을 추구한다는 사실을 받아들인 후에서야, 우리는 비로소 "어떤 이유로 우리가, 동물 세계에서 전혀 찾아볼 수 없는, 진화적으로 비실천적 기술을 추구하는 것인가?"라고 질문할 수 있다. 즉, 우리가 무가치한 활동이 **존재한다**는 사실을 받아들여야만, 우리는 이러한 비실천적 기술의 가치를 물을 수 있다. 이 논문의 결론에서 나는, 개별적으로는 많은 인간의 기술이 진화적 유리함을 갖지 않지만, 함께 고려된다면, 개별적으로 무가치한 활동 집합이, 중간 수준의 인지발달에서 지적 성장의 무대로 올려주는 중요 역할을 담당한다는 점을 주장할 것이다.

2. 두 가지 구분하기: 능력과 기술, 기술과 개념

용어의 명확한 사용을 위해, 이 절의 나머지 부분에서 나는 '능력(abilities)'을, 실천적 성공을 달성할 수 있는 일반적 '역량(capacities)'의 집합으로 규정하겠다. 반면에, 기술(skills)을 그런 능력의 하부 집합으로 규정하겠다. 기술이 그 자체를 위해 주의집중 및 조절에 공들인 결과 정교화되고 개선된다는 사실 때문이다. 그런 만큼, [어떤 생각을 하는] 주체자(subject)가, 능력이 도달하려는 목표뿐 아니라, 능력 자체에 대한 명시적 주의집중(explicit attention) 능력도 개발할 때만, 나는 그것을 기술이라고 부를 것이다.

또한, 나는 (기술이 나타낼 수 없는) 완전히 발달한 개념적 사고 (conceptual thought)의 중요한 특징이 있다는 것을 주장할 것이다. 특별히, 나는, 기술이 맥락-독립적 기준(context-independence criterion, CIC)과 마주할 수 없다고 주장한다. 우리는 개념적 사고의 다른 중요한 특징, 즉 일반성 제약(generality constraint, GC)에 대비하여, 맥락-독립적 기준(CIC)을 생각할 수 있다. 개념적 사고의 이러한 두 가지 특징을 이해하기 위해, 나는 가렛 에반스(Gareth Evans)를 살펴보겠다. 에반스는 다음과 같이 말한다.

> **존이 행복하다**라는 사고-내용의 특징은, 이것을 이해하기 위해, 여러 분별 가능한 기술(distinguishable skills)을 요구한다는 점이다. 특히 행복이란 개념을 가질 필요가 있다. 즉, 사람이 행복하다는 것이 무엇인지에 관한 지식, 그리고 이런저런 특정한 사람의 행복에 얽매이지 않는 무언가에 관한 [즉, 추상적이며 보편적인] 지식을 요구한다. 존이 행복하다는 생각과 해리가 친절하다는 생각을 할 수 있음에도, 존이 친절하다거나 해리가 행복하다고 생각할 수 없는 (개념적으로 생각할 수 없는) 사람은 있을 수 없다. (Evans 1982, 102-3)

에반스에 따르면, 개념이 된다는 것은 두 가지 독립적 기준과 마주할 것을 요구한다. 누군가 어떤 개념을 가진다면, 그 개념을 다양한 상황에 적용할 수 있어야 하고(일반성 제약, GC), 특정 상황에 얽매이지 않은 채, 그 개념을 생각할 수 있어야 한다(맥락-독립적 기준, CIC). 즉, 그 개념을 "그 자체로" 생각할 수 있어야 한다. 따라서 일반성 제약(GC)을 충족하기 위해, 개념 c를 가진 주체자 S는 c를 맥락 a에서, 그리고 맥락 b에서도, 생각할 수 있어야 한다. 그리고 맥락-독립적 기준(CIC)을 충족하기 위해, 그 사람은 맥락에 상관없이 c를 생각할 수 있어야 한다. 즉, 그 주체자 S는 개념 c를 "그 자체"만으로 생각할 수 있어야 한다.[11]

기술이 맥락-독립적 기준(CIC)과 마주할 수 없어서, 우리는 기술과 충분히 발달한 고차원 개념(higher-order concepts)'을 동일화할 수 없다.[12] 기술이 맥락-독립적 기준(CIC)과 마주할 수 없는 이유는 꽤 단순하다. 맥락-독립성은 특정한 구체적 상황으로부터 추상화를 요구하지만, 그런 추상화는 기술을 성공적으로 수행하는 데 방해물이다. 결국, 기술이 성공적으로 구현되려면, 그 기술이 수행되는 환경의 매우 특별한 특징에 따라, 기술자는 기술을 수정하고, 전환하고, 맞추어내야만 한다. 어떤 기술이 구현되는 특정한 조건에 대해 민감성이 부족하다는 것은 그 기술의 성공 가능성을 떨어뜨린다.

예를 들어, 만약 누군가 자전거길 도로(예를 들어, 평평한 포장도로, 풀밭 언덕, 또는 바위투성이 내리막 등)의 정확한 재질, 정확한

---

11) 포더는 다음과 같이 썼다. "개념 C를 가지기 위한 충분조건은, 무엇에 대해 그것을 C라고 생각할 수 있다는 (속성 C를, 마치 내가 이따금 그것을 꺼내놓듯이, 마음 앞에 놓을 수 있다는) 것이다."(Fodor 2008, 138) 주목할 만한 것으로, McDowell(1994)은, 개념이 비일반적(nongeneral)이거나 논증적(demonstrative)일 수 있다고 주장했다. 중요한 점은, 일반화와 맥락-독립성은 구별되는 속성이며, 우리는 이 두 독립적 제약이 서로 마주할 경우를 알아볼 수 있어야 한다는 것이다. 그 중요성은, 이름에서가 아니라, 구분됨에 있다. 맥락-독립적 기준(CIC)이 흔히 성인의 사고에서 (모든 경우는 아니지만) 충족되며, 일반화는 최소한의 필요조건이라는 주장에 모두 동의할 것이라고 나는 확신한다. 둘 모두가 아닌, 하나의 제약과 마주한다는 것이, 두 가지 모두와 마주하는 경우와 다르다는 것에는, 분명 모두 동의할 것이다.

12) 이것은 어떻게-지식/무엇-지식과 관련된다. 이 논쟁은 Ryle(1949)까지 거슬러 올라가며, 최근 Stanley(2011a, 2011b)와 Stanley and Williamson (2001)에 의해 대중화되었다. 특이성 문제가 어떻게 주지주의(intellectualism)에 대해 도전하는지에 대해 더 많은 것을 Fridland(출판 예정)에서 보라.

비탈, 정확한 균일성 등에 반응하지 못하면서 자전거를 탄다면, 그는 자신의 자전거를 지탱하는 데 필요한 순간순간의 몸 균형 조절을 수행할 수 없을 것이다. 중요한 점은 다음과 같다. 잘 발달한 개념은 환경으로부터 분리되어 추상화될 수 있지만, 기술은 발달하면서 점점 더 특정한 환경에 맞추어진다. 개념이 맥락-**독립성**을 향해 가는 반면, 기술을 구성하는 요소들은, 기술이 점점 더 다듬어지는 만큼, 점점 더 맥락에 민감해진다.

3. 제안: 중간 발달 단계로서의 기술 연마

능력, 기술, 개념 등을 구분함으로써, 우리는 (기초적으로 약간 지능적인) 신체 활동에서 고차원 인지를 설명할 방법을 찾아볼 수 있다. 그러므로 특별히 나는 다음을 주장한다. 기술 학습을 통해 활동, 속성, 심적 상태 등이, 특정하고 직접적이며 구체적인 환경에서 벗어나, 처음 서로 다른 환경과 상황에서도 생존할 능력을 얻는다. 따라서 나는 이렇게 가정해본다. 기술 학습은, 활동에서 일반성 제약(GC)과 같은 무언가를 만족시켜줄, 유연성, 조작성, 주재성 등을 우리가 설명할 수 있게 해준다.

나의 주장에서 중요한 것은, 일반성 제약(GC)과 맥락-독립적 기준(CIC)이 동일하지 않으며, 동시에 발달하지도 않는다는 점이다. 이것은, 인간이 충분히 추상적으로 추론할 수 있기 위해, 추가적인 발달 단계가 필요하다는 것을 의미한다. 달릴 수 있기 전에 걸을 수 있어야만 한다. 그와 마찬가지로 나는 이렇게 생각한다. 다중적 활동 맥락에서 재조합될 수 있는, 더 기초적인 유연성을 얻는다는 것은, 인지발달의 거대한 진전이다. 그 점에서 나는, 기술이 재조합의 유연성과 주재성을 낳을 최고 후보인 이유를 설명하겠다. 그럼으로써, 나는 인간의 인지에 필수적인 이러한 특징들을 자연주의적으로 설명하려 한다.

3.1 일반적 관계

우선, 우리가 기술 학습과 개념적 사고의 논리적 관계를 살펴보기 위한 네 가지 선택지가 있다는 점을 주목해보자. (a) 기술 학습이 개념적 사고를 위한 필수조건이다. (b) 기술 학습과 개념적 사고는 모두 같은 수준의 인지 메커니즘이 작동한 결과이다. (c) 기술 학습이 개념적 사고의 결과이다. (d) 그 둘은 서로 관련성이 없다.[13] 나는, (a)가 네 가지 선택지 중 가장 설득력이 있다는 것을 보여주는 몇 가지 이유를 제시하려 한다. 그러나 분명히 말하지만, 나는, (a)가 순수한 논리적 또는 개념적 이유에서 분명히 참이라고 주장하지는 않겠다. 오히려 나는 이렇게 제안한다. 경험적 연구 전체에 비추어 공정하게 평가해볼 때, 기술 학습과 개념적 사고의 관계를 형성하는 특별한 방식은 자연 세계 내에 인간의 인지를 설명해준다. 이것은, (a)가 개념적 또는 선험적(a priori)으로 참은 아니며, 귀추추론(abduction)의 결과임을 의미한다.

3.2 표상의 재기술

기술 학습이 개념적 사고를 위한 필수조건으로 기능하는 경우를 설명하기 위해, 나는 아네트 카밀로프-스미스(Annette Karmiloff-

---

13) 물론, 관련성이 없다는 것은, 관련성이 아니라, 개념적 가능성을 말하는 것이다. 결국, 기술 학습과 개념적 사고는 서로 어떤 흥미로운 관련성도 없는 것일 수 있다.

Smith)의 표상 재기술(representational redescription, RR) 모델에 의존하려 한다. 비록, 내가 그 이론의 모든 교설을 따르지는 않겠지만, 기술 학습과 개념적 사고 사이에 내가 승인하는 관계를 조명하기 위한 도구로서, 나는 표상 재기술(RR)의 일반적 체계를 사용하겠다. 근본적으로 나는 이렇게 주장한다. 표상 재기술(RR) 모델의 중간 단계는 기술 학습의 단계로 가장 잘 이해된다. 이 단계에서 어린이는 주어진 과제를 완성하는 것에서, 그 과제를 구현하는 양식 또는 방식을 정교화하는 것에 관심을 돌린다. 나는, 이러한 표상 재기술(RR)의 중간 단계가, 카밀로프-스미스 모델과 다르게, 내적 표상에 관한 흥미에 의해서라기보다, 활동 조작(action manipulation)에 대한 집중으로 규정될 수 있다고 생각한다.

표상 재기술(RR) 모델은 인간의 지능 발달을 세 가지 기초 단계로 세분화한다. 대략, 표상 재기술(RR) 모델에 따르면, 인간 인지발달의 첫 단계에서, 정신 상태는 "암묵적이며, 즉 표상적이 아니며, 절차적이며, 총체적으로 운영되어야 한다. 그 정신 상태는 의식적으로 접근할 수 없으며, 제어할 수도 없다"(Karmiloff-Smith 1986, 102)고 매우 잘 이해된다. 이러한 첫 단계의 절차적 지식은 맥락에 완전히 매몰되어, 특정 상황과 환경에 얽매인다. 그와 같은 인지 상태는 실천적 가치를 지니지만, 유연성이 없다. 그런 인지 상태는 원자적 또는 구성적 요소로 구성된다기보다, 차단하거나 개별화하기 어려운 전체 연속체로 구성된다.

중요하게, "행동의 숙달은 [이차 단계의 재기술로 넘어가는] 차후 표상 변화를 위한 필수조건"이다(Karmiloff-Smith 1990, 60). 이것은 재기술의 목적이 단순히 실천적 성공에 맞물려 있지 않음을 의미하는데, 그것은 실천적 성공이 재기술을 위한 필수조건이기 때문이다.[14)]

두 번째 단계의 인지발달에서, 첫 단계의 표상에서 나오는 암묵적 절차(implicit procedures)는 동일 표상 부호(representational code)로, 즉 "운동감각적, 공간적, 언어적" [부호]로 재기술되어(Karmiloff-Smith 1986, 102), 제한된 종류의 유연성을 보이기 시작한다. 카밀로프-스미스(1992)는 이 중간 단계를 다시 두 수준으로 세분화한다. 첫 단계의 Ei 표상은 무의식적 메타-절차(metaprocedures)에 의해 작동하며, 이러한 절차적 표상은 동일 표상 부호 Eii로 재기술된다. 중요한 것으로, Eii 표상 단계에서는 어린이가 이러한 절차적 표상에 의식적으로 접근할 수 있으며, 그런 만큼 "자신의 내적 표상(internal representation)의 조직화를 어느 정도 조절할 수 있기" 시작한다(Karmiloff-Smith 1986, 105). 이러한 인지발달의 중간 단계는 제한된 유연성과 변화성(variability)을 허락해준다. 이런 단계에서, 절차는 여러 부분으로 쪼개져, 일정 정도의 조작 가능성(mani-pulability)과 조절 [능력]을 얻기 시작한다. 이차 수준의 재기술 단계에서, 절차는 어린이에게는 "문제 공간(problem space)"이 된다. 그렇게, 그러한 절차는 계속 작동되고 일어난다.

중요한 것으로, 표상 재기술(RR) 모델과 달리, 나는 이렇게 생각한다. 중간 단계의 재기술에서 절차는 최초의 내적 표상으로 고려되지 말아야 하며, 그보다 오히려 어린이가 규칙적으로 구현함으로써

14) [역주] 신경계의 뉴런 수준에서 학습이 일어나는 원리를 처음 밝힌 헤브(Donald Hebb 1949)의 주장에 따르면, 시냅스전 뉴런의 격발이 시냅스후 뉴런의 격발을 유도하면, 그 두 시냅스 사이의 연결이 강화된다. 또한 곤충 뇌의 시스템 수준의 보상회로에서 일어나는 강화학습 원리를 연구한 해머(Martin Hammer 1993)에 따르면, 이전보다 큰 보상은 도파민을 분출하여, 그 동물이 이후 그 보상을 기대하고 행동하도록 만든다. 이런 측면에서 신경계에 주어진 과제의 성공은 학습을 위한 필수조건이라는 필자의 주장에 무게가 실린다.

기술로 발전하는 활동으로 고려되어야 한다. 즉, 표상 재기술(RR) 모델의 중간 단계에서 어린이를 위한 "문제 공간"은 내적 표상이 아니라, 지향적 활동(intentional action)이다. 어린이는 과제를 수행하는 절차를 내적으로 표상하는 방식에 우선 초점을 맞춘다기보다, 자신의 활동을 수행하는 방식을 정교화하는 것에 초점을 맞춘다.15) 나는 이러한 나의 제안을 아래에서 논의하겠다.

다시 표상 재기술(RR) 모델로 돌아가서, 우리는 다음을 주목해야 한다. 중간 단계의 재기술에서 재귀적 순환(recurrent cycles)을 거친 후, 표상은 다시 번역되거나 재기술된다. 그렇지만 이번에는 그 표상이, 이전 두 단계에서 사용되었던 것과는 다른, 표상 부호로 번역된다. 이 부호는 추상적이며, 완전히 성숙한 개념적 사고의 일반성, 유연성, 그리고 객관성을 허락한다. 이러한 표상 재기술(RR) 모델의 마지막 단계는 고차원의 반성, 추상적 사고, 그리고 이론적 추론 등의 기초가 된다. 또한, 이 세 번째 단계가, 다양하고 서로 관련이 없는 여러 활동과 여러 생각 사이의 연결을 허락한다는 것은 주목할 만하다. 이런 방식으로, 서로 다른 영역에서 나오는 전문 기술 혹은 지식이 다른 영역으로 전달될 수 있다. 카밀로프-스미스와 클라크가 주장하듯이, "표상 재기술(RR) 모델은 지식을 공간적, 시간적, 인과적 제약에서 벗어나게 해주며, 근본적으로 다른 표상적 형식들(representational formats) 사이에 새로운 연결을 가능하게 해준다." (Clark and Karmiloff-Smith 1993, 575) 우리가 또 하나 주목할 만한 것은, 각각의 재기술 단계에서, 표상에 담긴 정보의 정교함과 그

---

15) 비록, 내가 댄스와 스포츠와 같이 체화된 활동에 초점을 맞추지만, 나는 또한 같은 방식으로 그만큼 발달하는 사회적 기술도 고려한다. 여기에서 나는 사회적 인지를 설명하지 않지만, 그것 역시 수정된 표상 재기술 (RR) 모델로 쉽게 통합될 수 있다고 생각한다.

표상에 대한 의식적 접근성 사이에 거래가 이루어진다는 점이다.16)

내 논증의 목적에 비추어, 나는 세 번째 단계의 재기술에 기초하는 부호의 정확한 본성에 대해 어느 입장에 서는지는 중요하지 않다. 로렌스 바살론(Lawrence Barsalon, 2003, 2008)은, 양상, 기초 개념(modal, grounded concepts)이 기호 표상(simbolic representation)을 실증해준다고 주장한다. 반면, 선, 메릴, 그리고 피터슨(Sun, Merrill, and Peterson 2001)의 주장에 따르면, 세 번째 단계에서 완전히 다른 유형의 부호로 재기술은, 개념의 의식적 사고 접근 가능성과 더 낮은 수준 절차의 접근 불가능성 사이의 차이를 우아하게 설명해준다. 나는 개념적 사고의 부호에 관한 본성에 대해 중립적 입장을 견지하고 싶지만, 세 번째 단계의 이성적 발달에서 개념이 충분히 추상화되며, 맥락-독립적이 된다는 생각만은 붙들고 싶다. 이 논문의 후반부에서, 나는 첫째와 셋째 단계의 표상 재기술(RR) 모델에 대해 그다지 말하지 않겠다. 그렇지만 여기에서 표상 재기술(RR) 모델 체계의 특징 한 가지를 추가로 말하고 싶다. 즉, 재기술의 어느 한 단계로부터 다른 단계로 이동은, 특정 순간이나 나이에서 일어나는, 명확히 구별되는 변화가 아니라, 그보다 재귀적 순환의 [훈련] 결과이다. 따라서 첫째 단계로부터 둘째 단계로, 그리고 다시 셋째 단계로 이동은 정례적이고 재귀적 적용을 요구한다.

---

16) [역주] 어떤 능숙한 기술을 수행하면서, 만약 우리가 그것을 의식적으로 수행하려 한다면, 우리는 언제나 그 기술의 정교한 정보에 접근하기 어려우며, 그렇게 수행하기도 어렵다. 운동에서는 물론이고, 노래와 강의에서도 그러하다. 기술을 습득하는 과정에서 정교함을 다듬기 위해 의식적 수정이 필요하기는 하지만, 일단 그 기술을 학습한 후, 실행하는 순간에는 정교한 기술 발휘를 위해 의식은 방해물이다. 이것을 원리적으로 이해하지 못하지만, 경험 많은 전문 골프 트레이너들은 선수들에게 의식적으로 스윙하지 말 것을 매우 강조한다.

3.3 인지발달의 3단계 모델을 지지하는 증거

카밀로프-스미스가 주장하듯이, 개념적 지식과 절차적 지식(의식적/무의식적, 암묵적/명시적, 1차적/2차적)으로 구분하는 표준적 이분법은 인간 인지발달에서 중간 단계의 유연성과 변이(variation)를 포착하기에 충분하지 않다. 짧게 말해서, 인지발달의 다양한 단계들 사이에 체계적인 차이가 있다. 그리고 이것은, 인지를 두 부분으로 구분할 때, 주로 간과된다. 인지의 많은 특징, 즉 유연성, 일반성, 전환 가능성(transferability), 의식 등은 '전부 아니면 전무'가 아니다.17)

이 시점에서, 나는 위 주장을 설명하기 위해 스스로 특정한 하나의 연구만을 고찰하는 데 제한하지 않겠다. 괴상망측한 사람을 그려 보라는 요구를 받으면, 4-6세 어린이는 같은 요구를 받은 8-10세 어린이와 완전히 다른 그림을 그린다. 특히, 각각의 나이마다 만들어 낼 수 있는 변화와 변이의 유형과 시점에 뚜렷한 차이가 있었다. 중요한 것은, 더 어릴수록, 그림 그리기의 끝부분에 빼먹는 경우가 있지만, 그리는 절차적 순서가 중단되는 일은 전혀 없다는 점이다. 4-6세 어린이는 크기와 형태를 변화시켰지만, 서로 다른 개념적 범주의 물체나 특징을 도입하지는 않았다. 4-6세 어린이는 약간의 유연성을 보이기는 했지만, 그것은 유형이나 그리는 순서에 국한되었다. 반면에, 동일 과제를 수행하도록 요구받은 8-10세 어린이는 방향을 변화시켰고, 다양하고 서로 관련이 없는 개념적 범주에서 유래한 요소들을 추가했으며, 그림 그리는 순차(sequence)의 여러 지점에서 변화를 주었는데, 이것은 그리는 패턴을 4-6세 어린이보다 자유롭게 변화시킬 수 있다는 것을 의미한다. 8-10세 어린이는 그림을 그리는

---

17) Hermelin, O'Connor, and Treffer(1989), Hurley(2006), Phillips, Inall, and Lauder(1985), Shankweiler(출판 예정).

어느 순차를 따르지만, "그것을 엄격하게 준수하지는 않았다."
(Karmiloff-Smith 1990, 57, 72)

이러한 발견은, 8-10세 어린이의 더 큰 유연성에 대한 설명이 단순히 그리기에서 나타난 변화의 **수**(*number*)에 집중하는 문제가 아니라, 변화의 **종류**(*kinds*)를 고려하는 문제라는 것을 시사한다. 간단히 말해서, 어린이의 나이별 집단이 생산할 수 있는 변화 유형에 정성적 차이가 있다. 그렇지만 바로 이러한 대비는 지식을, 절차적/개념적 또는 유연함/유연하지 못함 등의 이분법적으로 구분하는 인지 모델에서는 포착할 수 없는 부분이다. 결국, 만약 4-6세 어린이의 지식을 이분법적으로, 암묵적/명시적, 절차적/개념적 등으로 표시하는 재원을 가진다면, 4-6세 어린이의 역량을 8-10세 어린이의 그것에 따라 분류해야 한다. 그렇지만 이 두 집단의 행동은 분명하고 체계적인 차이를 보였다. 그런 만큼, 이러한 차이는 인지 모델에 의해 파악되어야 하고, 이를 위해서는 인지발달의 중간 단계를 구분하는 것이 필요하다. 이 중간 단계에서, 변이와 유연성이 나타나지만, 절차적 및 개념적 발달 단계 모두의 유형과 종류에 제약이 있다.

3.4 표상 재기술(RR) 모델의 수정: 내적 표상을 기술로 교체

앞서 이야기했듯이, 나는, 표상 재기술(RR)의 중간 단계를, 근본적으로 내적 표상과 관련된 단계라는 이해로부터 근본적으로 외적 활동 및 능력의 정교화 및 조절과 관련된 단계라는 이해로 전환을 제안한다. 내 주장에 따르면, 표상 재기술(RR)의 중간 단계는 지향적 활동의 목표와 관련되지 않으며, 그런 활동의 탈맥락적 내적 표상과도 관련되지 않는다. 그보다 우리는 표상 재기술(RR)의 중간 단계를 활동 자체에 주의를 집중하는 단계로 고려해야 한다. 즉, 어린이가 자신의 능력을 구현하는 양식, 방법, 또는 방식을 조절하기 시작하는 단계이다.

실제로 모든 경험적 증거는, 인지발달의 중간 단계에서 어린이의 노력이 주로 자신의 활동에 맞춰진다는 견해와 일관성이 있어 보인다. 그런 만큼, 내적 표상은 표상 재기술(RR)의 중간 단계에서 일어나는 결합(conflation)의 결과라고 주장된다. 결합은 체화된 활동을 표상하는 심적 패턴으로서 절차와 구현된 활동 자체의 패턴으로서 절차 사이에 일어난다.

우리는 이러한 결합이 구조적으로 (의식 문헌에서 등장하는) 일상적 실수와 유사하다는 것에 주목할 필요가 있다. 그런 문헌에서, 사람들은 흔히 의식 상태의 내용과 내성적(자기성찰) 상태의 내용을 혼동한다.18) 그런 만큼, 사람들은, 마당에 나무가 있다는 믿음에 관한 의식적 상태의 내용이, "마당에 나무가 있다고 내가 믿는 것"이라고 주장할 것이다. 그러나 이것은 잘못이다. 왜냐하면 이것은 그 믿음에 관한 의식적 상태의 내용이지, 나무에 관한 의식적 상태의 내용이 아니기 때문이다. 나무에 관한 의식적 상태의 내용은 "마당에 나무가 있다는 것"이다. 마찬가지로 우리는 어느 활동의 표상에 관한 관심과 그 활동 자체에 관한 관심을 구별해야 한다.

실제로 그런 증거에 대한 훨씬 더 간결하고 정당한 해석은, 어린이가, 그 중간 단계의 발달에서, 자신의 활동 목표에 관한 관심으로부터 그 목표를 획득하는 방식에 관한 관심으로, 즉 목표로부터 수단으로 관심을 이동시킬 역량(capacity)을 발달시킨다고 이해하는 것이다. 중간 단계의 인지발달에서, 어린이는 목표를 성취하는 방식, 방법, 양식을 얻을 역량을 발달시킨다. 그런 만큼, 어린이는 능력,

---

18) 이런 종류의 실수에 대해 더 많은 것을 Rosenthal(1991, 1994, 2004)에서 보라.

즉 목표 달성의 수단을, 자신의 흥미와 관심의 대상으로 스스로 여기기 시작한다. 나의 수정 모델에 따르면, Ei/Eii 단계에서 어린이는, 외부 세계에 관한 관심으로부터 내적 표상에 관한 관심으로 이동한다기보다, 목표로부터 수단으로 관심을 바꾼다.

나는 이러한 수정 모델이 단순히 의미론적 구별만을 개선하는 것은 아니라는 점을 덧붙이고 싶다.[19] 다시 말해서, 비록 어린이가 다루는 기술이 사실상 내적 표상이더라도, 어린이는 그 기술을 표상**으로써** 다루는 것은 아니다. 즉, 어린이의 관점에서 보면, 어린이는 자신의 행위를 다루는 것이다. 프레게(Frege 1960)의 용어를 빌리자면, 의미/지시체 구분에서, 우리는 의미 편에 선다. 따라서 그 기술에 기초하는, 기능적, 표상적 본성은, 어린이가 자신의 전망에서, 표상 재기술(RR)의 중간 단계에 참여하고, 그것을 조작한다는 이해는 부적절하다. 그리고 이러한 발달 단계를 이해하기 위해 우리에게 필요한 것은 바로 어린이의 관점이다.

3.5 그것이 어떻게 작동하는가?

내 주장에 따르면, 어린이가 수단을 자체의 목적으로 삼는 역량을 발달시킬 때, 어린이는 또한, 표상 재기술(RR)의 첫째 수준에 고정된, 활동의 순차 또는 패턴에 변화를 일으킬 재원을 개발한다. 이런 방식으로, 아이는 제한된 정도이긴 하지만, 창조성, 유연성, 그리고 자신의 능력에 대한 조직적 조절을 표현하기 시작한다. 중간 단계의 표상 재기술(RR)에서, 아이는 자신의 목적을 달성하기 위해 사용하는 수단을 스스로 개선하는 데 흥미를 느끼기 시작하기 때문

---

19) 나는 이 주제에 관심을 가져준 오스틴 클라크(Austen Clark)에 감사한다.

에, 첫 단계의 표상 재기술(RR)에서 자신의 성공을 책임지던 고정된 절차를 분해하고, 뒤섞고, 재조직한다.

어린이가 자신의 능력을 개선하려는 시도의 결과로, 주재성, 유연성, 대상/행위의 개별화, 재조합 등과 같은 상호 강화되는 특징들이 인간의 인지 무대에 등장하게 된다. 지향적 활동 자체가 관심의 대상이 되기 때문에, 목적 지향적 구현이 재귀적이며 규칙적으로 순환되면서, 활동 패턴은 속박된 순차(bounded sequences)에서 벗어나기 시작한다. 활동은 유연성을 얻음으로써, 원초-조합(protocompositional)을 할 수 있고, 재조합할(recombinable) 수 있어서, 다양한 맥락에서 다중 역할로 등장한다.

중요한 것으로, 능력을 개선하려는 노력은 여러 활동 부분을 개별화하고, 이러한 개별화는 더욱 개선된 유연성, 재조합, 그리고 조절의 기초가 되며, 이런 능력들은 반대로 더 정교한 개별화를 유도하고, 재조합의 기회를 증가시키며, 그런 상호작용이 반복된다. 그러면 그렇게 개별화된 여러 활동 요소는 다중 상황에서 다중 역할을 할 수 있다. 다시 말해서, 개별화는 활동 요소가 자기 동일성과 그 동일성의 수정을 위한 기준을 제공하고, 이것은 그 동일 활동 요소가 다양한 환경에서 사용될 수 있도록 해준다. 이런 방식으로, 기술 학습은 [활동의] 절차를 분해하여, 그것이 유연하게 조합될 수 있도록 해준다. 또한, 기술의 정교화 과정은 자연스럽게 주재성의 의미(a sense of agency) 발달을 유도한다. 왜냐하면 지향적으로 수행하는 활동이 바로 유연성, 조작성(manipulability), 그리고 변형성(transferability) 등을 통해 발달하기 때문이다.

3.5.1 시도, 오류, 그리고 유연성

중간 단계의 표상 재기술(RR)에서, 어린이의 목표는 능력을 특정한 방식, 또는 방법, 또는 양식으로 구현하는 것이다. 이런 단계의 표상 재기술(RR)에서, 어린이는 자신의 활동 자체를 목적으로 참여하며, 더는 자신이 도달하려는 목표의 수단으로 여기지 않는다. 목표를 달성하는 것으로부터 목표 달성에 사용되는 수단 자체를 성취하는 것으로의 변화는 인지발달 과정에서 큰 진전이다. 이 단계에서 어린이는 원하는 목표를 달성하려는 방법 자체에 노력을 쏟는다. 구현하는 능력의 방법 또는 양식을 개선하려 시도하는 과정에서, 그러한 능력은 이제 어린이에게 문제 공간이 된다. 어린이는 그러한 능력을 특정한 방식으로 수행하는 방법을 찾아내기 위해, 자신의 행위를 조작하고 통제하는 데 관심을 갖는다. 그런 것을 하기 위해, 어린이는 노력과 주의집중을 쏟는다.

어린이가 특정한 방식으로 능력을 수행하는 데 흥미를 느끼게 되면, 어린이는 평소의 활동 순차(action sequence, 활동 연속동작)에 변화를 주는 방법을 찾아야만 한다. 이것은 너무도 명백하다. 왜냐하면, 변이의 가능성 없이 어떤 변화나 개선도 있을 수 없기 때문이다. 그래서 어린이는 그것을 어떻게 변화시킬지, 어떻게 조절할지, 그리고 어떻게 그것을 올바로 찾아낼지 등을 알아내기 위해서, 자신의 활동으로 실험해봐야만 한다. 이러한 실험은 일종의 실천적 시도와 오류를 통해서 이루어지며, 그런 시행착오가 자연스럽게 고정된 활동 패턴 또는 능력 순차에 유연성을 부여하는 첫 단추를 끼운다.

특정한 방식으로 능력을 수행하는 것을 배우려면, 어린이는 다양한 시도를 해보아야 한다. 몇 번의 시도는 성과가 있겠지만, 많은 경우 성과를 얻지 못할 것이다. 그런 만큼, 활동 패턴을 변형하여 유연성을 얻기도 하지만, 실패라는 대가를 지불하기도 한다. 중간 단계의 표상 재기술(RR)에서 나타나는 활동 패턴 분해의 첫 신호는, 어린이가 첫 단계의 표상 재기술(RR)에서 실천적 숙달을 획득한 후, 저지르기 시작하는 실수에서 관찰된다. 경험적으로도, 어린이는 특정 과제에 숙달한 후, 오히려 실수를 저지르기 시작한다는 분명한 증거가 있다.[20]

성공과 유연성 사이의 이러한 거래는 쉽게 이해된다. 자신이 어떤 과제를 수행하는 방식을 개선하려면, 그 과제가 수행되는 방식을 뒤섞고, 바꾸고, 조정하고, 변형시킬 필요가 있다. 고정된 그러나 성공적인 활동 순차가 시행착오를 통해 일단 비틀어지면, 그 결과, 그것을 구현하는 과정에서 어린이는 다양한 실수와 오류를 저지르기 시작한다.

그렇다면, 반직관적이지만, 어린이는 자신의 활동을 충분히 조절할 수 있기 전에, 이미 자신의 활동을 안내하던 자동 조절을 거부할 수 있어야 한다. 다시 말해서, 첫 단계의 표상 재기술(RR)에서 자신의 능력을 지배하던 자연적, 무의식적, 절차적 조절이, 자신의 특정 목표에 더 잘 응답하고 유연한 주체-지배적 조절(agent-directed control)로 대체되어야만 한다. 이 과정에서 장기적 전문성 및 개선은 단기적 희생을 요구한다. 따라서 시행착오는 자동적 성공을 대가로 유연성을 제공한다. 이러한 유연성은 활동 순차를 여러 구성 요소들로 분해하는 역할을 하며, 그 결과 더욱 정교한 조작성 및 조절을 허락하고, 그래서 높은 수준의 전문성을 위한 기초를 제공한다.

3.5.2 재조합과 개별화

기술 정교화(skill refinement)가 진행됨에 따라서, 두 가지 상호 강화 작용의 특징이 나타난다. 그 두 가지 특징이 바로 기술의 개선

---

20) Karmiloff-Smith(1986, 107).

182

및 정교화를 위한 역량을 지원하며, 또한 일반성 제약(GC)의 충족을 설명해준다. 그 두 가지 특징이 바로 개별화와 재조합이다.

(능력을 구성하는) 활동 순차는 시행착오의 대상이 됨에 따라서, 지금까지 고정된 패턴을 따랐던 활동 순차는 제한적이지만 다양한 방식으로 느슨해진다. 우선, 이러한 느슨함은 제한된 조합과 재조합이 나타나도록 해준다. 이것은, 시행착오가 활동 패턴 및 순차 실행에 변형을 허용한다는 것을 의미한다. 다음으로, 이러한 제한된 재조합은 활동 순차의 구성 부분들에 대해 일종의 조야한 개별화를 허용한다. 그 재조합된 부분들은 개별화 및 식별의 경계를 발달시키기 시작한다. 그러면, 그와 같은 개별화는, 더 많은 주의집중과 조절이 개별화된 부분들에 초점을 맞추도록 해준다. 그 결과, 더 나은 조합과 재조합이 발달하고, 이것은 다시 더 나은 개별화의 발달로 이어지고, 그런 상황이 계속 반복된다.

나의 제안에 따르면, 시행착오를 통해, 활동 순차(activity sequences)는 여러 활동 부분들로 분해된다. 어린이가 활동 순차의 다양한 부분들을 조작하고 조절하는 것을 배우게 되면, 그 아이는, 그 순차의 (전체로서뿐 아니라) 더 세밀하고 정교한 부분들까지 참여하고 조절할 역량을 발달시킨다. 어린이는 활동 순차를 전체로서 고려하기도 하지만, 그것을 시작 부분과 끝부분을 가진 것으로도 생각하기 시작한다. 다음에는, 시작 부분, 중간 부분, 끝부분 등을 가진 것으로, 그리고 더 나중에는, 시작 부분 1, 시작 부분 2, 시작 부분 3, 중간 부분, 그리고 끝부분 등을 가진 것으로 생각할 수도 있게 된다.

중요하게, 그러한 요소들이 개별화됨에 따라서, 그 요소들은 또한 순차의 다른 단계에서 또는 완전히 다른 순차에서 나타나는 역량을 얻는다. 이러한 요소들은 식별 경계를 더욱 발달시키며, 그러면 그 식별 가능한 요소들은 다른 순차, 상황, 그리고 시나리오에 삽입될 수 있다. 그 요소들은, 하나의 역할이 아니라, 다양한 역할을 할 수 있는 능력을 발달시킨다. 그 요소들은, 하나의 환경이나 일련의 상황에서만이 아니라, 다양한 여러 환경이나 상황에서도 나타날 수 있다. 그 동일 요소가 다양한 역할을 할 수 있는 역량을 획득한다. 체조에서 옆 돌기 전 발차기가 앞 돌기를 할 때도 나타날 수 있으며, 어떤 노래의 끝부분에 등장했던 음조가 다른 노래의 중간 부분에 등장할 수도 있다.

요약하면, 활동 요소들은 특정 환경에서 벗어나 다른 환경에서 등장할 수 있게 된다. 이것은 바로 일반성 제약(GC)의 충족을 위해 필요한 것이다. 즉, 어떤 요소가 다양한 새로운 환경에서, 이런 것일 수도 저런 것일 수도 있으며, 이런 활동에 적용될 수도 저런 활동에 적용될 수도 있으며, 이런 환경에 사용되기도 하고 다양한 새로운 환경에서 사용될 수도 있다. 나는, 개념 녹색(GREEN)을 가지기 위해, 카우치를 녹색으로 생각할 수 있고, 의자를 녹색이라고 생각할 수도 있어야만 한다. 만약 내가 존이 메리를 사랑한다고 생각할 수 있다면, 메리가 존을 사랑한다는 생각도 할 수 있어야만 한다. 내 주장에 따르면, 활동 영역에서 우리는 기술 정교화를 통해 일반성 제약(GC)을 충족시킬 수 있다. 예를 들어, 골프에서 스윙 s는 맥락 a에 등장할 수 있으며, 맥락 b에 등장할 수도 있다. 우리는 스윙 s 다음에 힙턴 t를 실행할 수도 있고, 힙턴 t 다음에 스윙 s를 실행할 수도 있다. 즉, 우리는 s에서 t로 향하는 관계를, 반대로 t에서 s로 뒤집을 수 있다. 우리는 활동에서 이 모든 것을 할 수 있다. 실제로 이것이 바로, 우리가 복잡한 기술을 어느 정도 전문적 수준으로 실행하기 위해서 배워야 하는 그것이다.

기술의 부분들(개별적 요소들)을 조작(조합, 재조합, 조절 등을)할 수 있는 역량이 없다면, 기술은 개선될 수 없다. 이것이, 기술이 수행되는 방식 또는 방법을 정교화하기 위한 실천적 필수조건이다.21) 그런 만큼, 기술 학습에서 일어나는 재조합과 개별화는 일반성 제약 (GC)의 충족을 보장해준다. 기술이 점점 개선되고 정교해짐에 따라서, 활동 순차의 세부 요소들에 대해 점점 더 많은 주의집중이 요구된다. 그리고 활동 요소들이 점점 더 정교해짐에 따라서, 그 요소들은 점점 더 추상화되고, 조절되고, 조작되며, 다양한 상황에서 전이될 수 있게 된다.22) 그런 만큼, 기술 학습은 유연성, 주재성, 조절, 개별화, 그리고 재조합 등을 창출하며 동시에 요구한다. 이것이 일반성 제약(GC)의 핵심이다.

3.6 사례

사례를 선택할 때, 나는 가능한 한 성-중립적(gender-neutral)이고 문화적으로 보편적인 것을 원한다. 그렇게 하기 어렵긴 하지만, 나의 최상의 사례는 이렇다. 어린이는, 남녀나 빈부와 상관없이, 거의 모든 문화권에서, 공차기를 배울 것 같다.23)

이 사례에 대한 서론으로, 나는 두 가지 논점을 지적하려 한다. (1) 만약 모든 어린이가 어떤 특정 기술을 배우지 않더라도, 그것이 내 이론에 대한 **반례가 아닐 듯싶다.** 만약 어린이가 실질적 생존에

---

21) 이것이 능력의 필수조건은 아니다. 왜냐하면 그 순차가 구성적이지 않기 때문이다. 그러나 주체의 통제하에 있는 기술을 발달시키기 위해 필요한 것은 바로 이런 종류의 개별화와 유연성이다. 왜냐하면 우리는 기술을 노력과 주의집중의 대상으로 고려해야 하기 때문이다. 활동 부분들이 충분히 정교화되지 않는다면, 그 부분들은, 고도의 전문적 기술을 위해 필요한, 그런 종류의 조절에 순응할 수 없을 것이다.

22) 원초적 표상 수준에서, 기술의 무전이-가능성(nontransferability)에 대해 더 많은 것을 Phillips et al.(1985)에서 보라.

23) 또는, 아주 드물긴 하지만, 공 대신 캔일 수도 있다.

필요한 수준 이상으로 기술을 연마하여 정교화하지 않는 문화가 있다면, 그것은 내 이론에 대한 **반례일 듯싶다.** 모든 어린이가 이런저런 기술을 배우는데, 그것이 직접적 성공을 위해 필수적인 것을 넘어서 다듬고 정교화하는 한, 즉 다른 목표를 위한 수단으로서뿐만 아니라, 그 기술 자체의 목적으로 배운다면, 내 이론은 좋은 그림이 된다. (2) 또한 주목할 것으로, 나는, 개념적 사고의 내용이 기술 학습을 통해 직접 도출된다고 주장하지는 않는다. 그보다, 기술 학습은 인지발달의 필수적 단계를 구성하며, 그 단계는 개념적 사고의 발달에 선행한다. 내 주장에 따르면, 기술 학습의 기능은 개념적 역량을 발달시킨다는 것이며, 개념적 역량에 내용을 제공한다는 것은 아니다.24)

다시 공차기로 돌아가서, 주목해야 할 것으로, 중간 단계의 개념 재기술(RR)에서 공차기는 단순한 성공(즉, 공을 움직여 공을 발에 접촉하는 것)에 맞춰져 있지 않다. 실제로, 인지발달의 중간 단계는 오직, 절차적 성공이 첫째 수준의 표상을 유지한 후에서야 진행된다. 그런 만큼 우리는, 공을 잘 찰 수 있지만, 특정한 방식으로 공을 차고 싶어 하는 아이를 상상해야만 한다.

공을 차는 아이를 샐리(Sally)라고 가정해보자. 샐리는 이미 공을 찰 수 있다. 그리고 그 아이가 공을 차면 그 공이 어디로 갈지를 최소한 조절할 수 있다고 가정해보자. 그렇지만 현재 샐리는 공을 특정한 방향으로 날아가도록 하고 싶을 뿐만 아니라, TV에 나오는 선수나 자기 언니처럼, 강하고 멋지게 차기를 원한다.25) 그렇게 하려

---

24) 일부 기술 학습은 의심의 여지없이 개념적 사고의 내용일 것이다. 내 논점은, 기술 학습에 포함되는 것이 개념으로 발전하는 데 반드시 필요하지는 않다는 것이다.

25) 기술 학습은 흔히 모방으로 진행된다는 것을 주목할 필요가 있다. 즉, 우

면, 샐리는 골대와 자신의 다리 위치를 고려해야만 한다. 샐리는 공을 강하게 차는 것과 부드럽게 차는 것의 차이를 구별하기 시작해야만 한다. 샐리는 자신의 다리를 얼마나 높이 들어 올려야 하는지, 얼마나 빨리 달릴 수 있는지, 그리고 공을 차기 전 몇 걸음을 걸어야 하는지 등에 주의를 집중해야 한다. 샐리는 공차기를 위해 필요한 힘의 강도와, 차려는 공의 정확한 위치에 집중해야만 한다.

또한, 샐리가 자기 발의 여러 부위로 공을 차는 실험을 시작했다고 상상해보자. 샐리는 발끝을 사용하고, 다음에는 발의 안쪽을 사용한다. 그 후, 오른발의 안쪽과 왼발의 안쪽으로 번갈아 가며 공차기를 배운다. 샐리는 공을 찰 때마다 발걸음 수를 변화시키는 것을 배운다. 다양한 방법으로 공차기를 배우면서, 샐리는 발 안쪽으로 공을 찰 때와 발끝으로 공을 찰 때 조절의 느낌이 다르고, 결과도 다르며, 필요한 힘의 강도도 다르다는 것을 알게 된다.

이런 모든 변수, 예를 들어, 달리기, 다리의 각도, 높이, 구부리는 정도, 오른발의 안쪽과 왼발의 안쪽, 발가락, 발걸음의 수, 긴장감, 노력, 고유감각(proprioceptive sensations, 자기-감각),26) 시각 및 청각 등 모두가 공차기 기술을 발달시키는 것에 관련된다. 이 모든 것들은 샐리가 유도하고 조절하려는 지향적 대상(intentional objects)이 된다. 결국, 샐리는 전문가처럼 공차기를 원한다면, 이러한 요소

리는 기술을 고립적으로 배우지 않으며, 다른 사람들이 하는 것을 흉내 낸다. 더구나, 다른 사람들은 흔히, 누군가 자신으로부터 배울 수 있도록, 자신들이 하는 방법을 시범으로 보여주기 위해 자신이 어떻게 하는지를 과장하곤 한다. 이런 종류의 사회적 기술 학습은 인간 상호작용의 특징이며, 비록 내가 여기에서 인간 학습의 이러한 측면을 개진하지는 않더라도, 나는 다른 곳에서는 이런 것 역시 발달시켜야 할 기술의 중요한 특징이라고 지적한다.

26) [역주] 자신이 힘을 주면서, 그 힘의 정도를 스스로 느끼는 감각.

모두에 관여하고 조절하는 방법을 배워야만 한다.

공차기의 여러 적절한 변형에 숙달하기 위해, 샐리는 하나의 전체로서 공차기 순차(연속동작)를 개별화된 부분으로 나누어 다루기 시작해야만 한다. 전문가 경지에 도달하기 위해, 샐리는 여러 활동 부분을 주의집중과 조절의 대상으로 다룰 수 있도록 배워야 한다. 발 안쪽으로 공을 차는 것과 발끝으로 공을 차는 것은 개별화되어야 하고, 패스를 위한 공차기와 득점을 위한 공차기, 달리며 공차기와 달리다 정지해서 공차기 등등을 서로 구분할 수 있어야 한다. 운동장에 공이 굴러가게 차는 것과 공중으로 공을 차는 것은 서로 다른 기술과 몸자세가 필요하다. 아이가 공을 차는 방법 또는 양식을 발달시키는 과정에서, 아이는 그것을 적절하고 완벽하게 실행하기 위해 여러 활동 부분을 분해해야만 한다. 그 부분들을 개별화함으로써, 아이는 그것들을 다양한 방식으로 재조합하고 정교화할 수 있어서, 달리며 공중으로 패스하기, 발끝으로 부드럽게 차기, 달리며 발끝으로 땅볼 패스하기 등등을 할 수 있다.

유연성과 재조합으로 어렵게 얻은 변형들 각각은 더 정교한 구별과 더 나은 재조합 및 개별화를 가능하게 해준다. 전체 공차기 순차는 여러 요소로 분해되고, 그 요소들은 개별화되어 더는 [처음의] 직접적 활동 환경에 매여 있을 필요가 없게 된다. 그 요소들은 특정 환경의 속박에서 벗어나지만, 그 요소들이 어느 맥락 또는 모든 맥락에서 벗어나 바로 추상화되지는 않는다. 그보다 우선 그 요소들은 다양한 맥락에 활용된다. 샐리는 동일 다리 각도를 운동장 멀리 패스하기 위해서, 또는 먼 거리에서 골을 넣기 위해서도 사용할 수 있다. 그리고 샐리는 그것을 발의 다른 부위를 사용하거나, 힘의 정도를 달리 할 수도 있다. 이러한 변형이 만들어질 때, 활동 순차의 각 부분은 조절, 재적용, 재조합 등에 적합한 요소가 된다. 내 주장에 따르면, 그 직접적 환경에서 나오는 첫 주체-주도 추상화는 바로 그와 같은 기술 정교화에서 발생한다. 이러한 "구속 벗어나기"는 재조합을 위해 필수적이다. 그리고 이것은 활동 요소들의 식별과 재식별에도 중요하지만, 더 중요하게, 그것은 그러한 개별화된 요소들을 다양한 활동 순차 및 상황에 적극적으로 적용하고 재적용하기 위해서도 필수적이다. 그리고 물론, 그것은 기술 학습과 기술 정교화를 위해서도 필수적이다.

4. 어렵게 얻은 몇 가지 추가적 이득

이 절에서 나는 기술 정교화의 두 가지 추가적 이득을 살펴볼 것이다. 중간 단계의 개념 재기술(RR)에서 만들어지는 이러한 인지적 산물은 유연성과 재조합과 협력적으로 작용하여, 셋째 단계의 개념 재기술(RR)의 발달을 촉진한다. 그렇지만, 간결한 설명을 위해, 나는 어떻게 이러한 인지적 특징들이 서로 연관되는지, 그리고 어떻게 그 특징들이 일반적으로 함께 기능하는지 등에 대해서는 설명하지 않겠다.

4.1 메타-표상

우리는, 정신 상태가 활동을 동반한다는 것뿐 아니라, 자신의 내적 정신 상태에 주의집중을 하는 것 또한, 기술 학습의 통합에 필수적임을 주목해야 한다.27) 기술 학습의 과정에서, 우리는, 외부 세계

---

27) 페줄로가 말했듯이, "시뮬레이션(simulation)은 가능한 활동의 효과에만 한정되지 않으며, [그것은] 또한 자신의 특유한 수행 및 자신의 정신적 상태도 알려준다."(Pezzulo 2011, 99)

사물들이 어떻게 정렬되어야 하는지에 관해서만 아니라, 자신의 내적인 것들이 어떻게 진행되어야만 하는지에 관해서도 배워야만 한다. 기술을 배우려면, 어느 과제의 특유한 내적 특징(idiosyncratic internal features)이 어느 활동을 적절히 수행하기 위한 표식(marker)으로 작용해야만 한다. 우리는, 예를 들어, 힘, 노력, 그리고 주의집중 등의 정확한 양이 무엇에 관한 느낌인지를 배워야만 한다. 우리는, 여러 활동 요소들이 다양한 사람들에 의해서도 수행될 수 있을 공적 순차로서는 물론, 자신만의 전망(first-person perspective)에서만 접근할 수 있는 고유감각적 순차(proprioceptive sequences)로서도 접근할 수 있어야만 한다.28) 그러므로 기술을 배우기 위해서, 우리는 기술의 외적 특징들뿐만 아니라, 내적 특징들에도 관여하고, 조절해야만 한다.

그런 만큼, 우리는, 내적 정신 상태가 어떻게 지향적 대상이 되는지를 설명해줄 우아한 방법을 가진다. 처음으로 주의집중이 자신의 내적 상태로 전환되는 시기가 바로 기술 학습이다. 반성(reflection)과 성찰(introspection)이 처음으로 확인되는 것도 바로 여기이다. 결국, 내적 상태가 필연적으로 활동을 동반하기 때문에, 내적 활동은 기술 학습 과정에서 노력, 주의집중, 그리고 조절의 대상이 되며, 그러한 내적 상태는 (미끄러지듯) 지향적 대상이 되어간다. 명확히 어느 활동을 단순히 외적 요소들에 대해 생각함으로써만 유도하거나 조절한다는 생각은 말이 안 된다. 우리는 제1인간(first person, 자기자신)으로서 기술을 정교화도록 학습하며, 그런 학습은 활동의 주관적 또는 정성적 측면에 대한 주의집중을 요구한다. 이러한 많은 요

---

28) [역주] 무거운 물건을 들면서, 오직 자신만이 느낄 수 있는 자기감응의 (proprioceptive) 고유한 느낌을 스스로 느끼지 못하면, 그 물건을 다루는 기술을 습득할 수 없다.

소에 대한 주의집중이 기술의 정교화를 위해 요구되므로, 외적 상태 뿐만 아니라 내적 상태가 사고와 노력의 지향적 대상에 이르는 것은 놀랄 일이 아니다.

그런 만큼, 자신의 정신 상태에 대해 반성하는 우리의 능력은, 기술 학습까지 거슬러 올라갈 수 있다. 이것은, 기술 학습이 기술 개선과 관련이 있는 특징들을 대상으로 간주할 것을 요구하기 때문이며, 그런 기술 학습에 관련된 측면들이 외적 및 내적이어야 하기 때문에, 우리가 이 둘 모두에 관여하게 되는 것은 이해가 된다. 여기에 큰 비약은 없다. 즉, 활동은 외부 세계에 대한 우리의 관점을 변화시키지만, 그것은 또한 우리의 내적 풍경도 바꿔놓는다. 공차기에 필요한 힘의 느낌에 주의집중하는 것이, 공차기를 위해 유지되어야 하는 발의 각도에 주의집중하거나, 겨냥해야 하는 공의 지점에 주의집중하기보다 더 어렵지는 않다. 이러한 서로 다른 특징들은 기술 학습에 똑같이 관련되며, 그런 만큼, 주의집중의 대상으로 마찬가지로 중요하다.

4.2 주재성

인지발달에 관한 이런 특별한 설명의 더 좋은 미덕은, 주재성의 느낌(a sense of agency)[29]과 개념적 사고 사이의 관계를 정립하고 설명하기 쉬워진다는 점이다. 우리가 주목해야 할 것으로, 자발성은 단지 인지의 사소한 또는 주변적 특징이 아니다. 앤디 클라크(Andy Clark, 2002)가 데닛의 견해를 기술했듯이, 주재성과 개성(person-hood)은 충분히 발달한 개념적 사고의 중요한 요소들이다.

---

29) [역주] 맥락적으로, "주재성의 느낌"이란 스스로 선택하고 결정한 행동이라는 느낌을 말한다.

의식, 개성, 도덕적 책임감, 자유의지, 그리고 심지어 실제 사고하기(예를 들어, Dennett 2006; 이 책 104쪽) 등은 모두 서로 엮여 있다. 인간 사고는 다른 동물의 인지 능력과 매우 다르다는 인식이 있다. 인간 사고는 문화적으로 배양된 심적 도구 덕분으로 아주 다르며, 그런 도구의 변형은 우리가 활발히 경험하고 책임지는 자아를 만드는 공간을 열었다.

만약 클라크(Clark 2002)의 데닛에 대한 견해가 옳다면, 그리고 만약 데닛의 주재성에 관한 견해가 옳다면, 인지에 관한 어떠한 설명도, 그것이 주재성과 자기 반성적인 개념적 사고 사이에 밀접한 연결을 설명할 수 있어야 충분할 것이다.

내가 설명하고 있는 인지발달에서는, 충분히 발달한 개념적 사고가 반드시 기술 학습 단계의 뒤를 따르기 때문에, 주재성과 개념적 사고 사이의 연결은 설명하기 쉬워진다. 결국, 기술 학습은 활동과 관련한 탁월한 노력, 조절, 주의집중, 그리고 의도적 조작 등을 요구한다. 그리고 기술 학습이 진전됨에 따라 주재성의 느낌(sense of agency)도 스스로 양육된다. 갈레세와 메칭거가 이야기했듯이, "목표에 도달하는 경로를 선택할 때, 유기체는 하나의 행위자(agent)로 발달하고, 행위자는 실제로 의도하는 행위 속에서 자아를 창조한다."(Gallese and Metzinger 2003, 373) 분명히, 수단을 선택하고 목표를 추구하는 과정에서, 어린이는 어떻게 자신의 의도가 행위를 명령하고 그것에 의해 세상이 변하는지를 느끼기 시작한다. 어린이는 자신이 단지 정보의 수동적인 소비자가 아니라, 그 정보를 변형하고 재조직하는 사람이라는 것을 느끼기 시작한다. 따라서 아이가 행위자가 되는 것은 바로 행위를 통해서이다. 그런 만큼, 행위자가 되는 것은 지향적 행위의 전제조건이 아니라, 오히려 섬세하고 지향적인 선택의 결과로 등장하게 되는 특징이다. 행위자가 되기 위해 선택하는 것이 아니라, 선택하고 활동하면서 우리는 행위자로서 자아의 의미를 발달시키지 않을 수 없다.

주장하건대, 지향적 행위자, 조작자, 조절자, 그리고 자신의 활동에 대한 변형자 등이 될 때, 주체는 행위자가 된다. 어린이가 점점 더 많은 것을 하면 할수록, 점점 더 많이 행위자로 느낄 것 같다. 그러므로 기술 정교화에서 여러 활동 요소를 연습하고, 조작하고, 옮기고, 바꾸고, 변형하며, 조합하는 것이 행위자의 느낌을 산출한다. 좋은 점은 이러한 느낌이 신체에 뿌리를 둔다는 점에 있다. 우리는 자신의 활동을 조작하려고 시도하면서, 진정 육체적이고 감지할 수 있는 변화를 만들어내는, 특정한 신체, 자기감응, 근육운동 등의 조절 느낌을 가진다. 예를 들어, 힘, 긴장, 균형, 그리고 노력 등에 관한 신체의 느낌은, 소유의 강건한 느낌뿐만 아니라, 강건한 주재성의 느낌을 위해서도 토대를 제공한다.30)

중요하게, 내가 내놓는 설명에 따르면, 주재성의 느낌은 목표 선택의 직접적 결과로서뿐만 아니라, 능력 구현 및 정교화 과정에서 자신의 활동을 지속적으로 섬세하게 조절하면서 생긴다.31) 주재성은, 지향적 활동만의 직접적 결과가 아니며, 지향적 행위에 더해, 전체 활동 순차를 구현하는 목적지향 및 의도적 조절에 의한 결과이기도 하다. 이러한 종류의 조절은 주재성을 정신적 의지(mental volition)로 설명할 뿐만 아니라, 주재성을 세계로 확장하기도 한다. 활동의 구현을 통한 유도는 주재성을 선택의 순간에서 활동 과정에까지 부여해준다. 이것은, 우리가, 정신 작용이 세계에 영향을 미칠 때, 잠시 깜박거리는 주재성을 느끼기보다, 우리 활동 과정 전체에

---

30) 이러한 것에 대해 더 많은 것을 Gallagher(2005)에서 보라.
31) 활동을 일으키는 의도와 활동을 통한 유도 및 조절 사이의 구분에 대해, Frankfurt(1978)를 보라.

퍼져 있는 강건하고 통시적인(diachronic) 주재성을 느끼는 이유를 설명해준다.

우리가 주목해야 할 것으로, 우리가 충분히 발달한 (반성적) 정신적 표상과 고차원적 추론에 관해 생각해볼 때, 행동(behavior)과 주재성의 연결은 미약하고 우연적인 것처럼 보인다. 결국, 우리 생각의 상당 부분이 오프라인으로 이루어지며, 그 일부는 우리의 행동에 어떠한 직접적 영향도 주지 않을 것이다. 물론, 이와 같은 전망은, 주재성과 개념적 사고가 왜 서로 밀접하게 연결되는지 의문하게 만든다. 이것은 더 나아간 의문, 즉 정상적(성숙한) 고차원적 인지 기능이 결코 주재성의 느낌으로 나타나지 않는 이유가 무엇인지 의문을 남긴다.[32] 이것은 내가 제시하는 설명의 경우에 해당되지 않는다. 내 설명에서, 개념적 표상 단계의 발달은 기술 학습과 능력 정교화를 위한 관련된 사전 경험이 필요하므로, 주재성이 충분히 발달한 인지 역량에서 왜 전제되는지의 이유를 우리는 쉽게 알아볼 수 있다. 기술 학습을 위해 요구되는 주의집중과 조절은, 우리에게 자신의 활동에 대한, 높은 수준의 지속적이며 능동적이고 활발한 기여와 책임의 역치(threshold, 급격한 변화)를 제공한다. 주체자(어린이)가 기술을 배우고 싶다면 행위자가 되어야 하며, 그러므로 진정한 사색가가 되려면 행위자가 되어야 한다. 주재성은 기술 학습 과정에서 등장하며, 기술 학습은 개념적 사고의 발달을 위한 필수적인 단계이다. 그런 만큼, 이러한 중간 단계의 지능 발달은, 주재성의 느낌이 표상 재기술(RR)의 나중 단계에서 나타난다는 것을 확신시켜준

---

32) 물론 주재성의 병리학은 여기에서 중요하게 고려할 만하다(그 예로, 사고 삽입). 사고 삽입(thought insertion), 주재성, 그리고 체화 결핍(embodiement deficts) 등에 관한 흥미로운 설명을 Campbell(1999)에서 보라. [역주] 사고 삽입이란 정신분열증(schizophrenia) 환자가 자신의 사고를 다른 사람의 것으로 경험하는 것을 말한다.

다. 그 연결은 이렇게 단순하다.

5. 결론(두 가지 반론)

이 글을 마치기 전에, 나는 위의 이론에 대한 몇 가지 잠재적 문제가 될 만한 부분을 언급하려 한다. 나는 이러한 반론에 어떻게 대응할지 자세히 해명하지는 않을 것이며, 다만 몇 가지 가능한 반응만을 제시하려 한다.

위의 주장에서 고려되는 하나의 관련된 반박은, 실제로 기술 정교화가 충분히 성숙한 개념적 사고의 발달을 위해서 필수적인가 여부이다.33) 다시 말해서, 일부 아이들, 예를 들어, 심각한 신체적 장애를 가져서 기술 정교화를 위한 정교한 신체 조절을 할 수 없음에도, 고차원 인지를 할 수 있는 아이들은 나의 이론에 반례가 될 것 같다.34) 내 생각에 이런 사례를 다루는 방법은 이런 어린이가 참여하는 기술 개발이 정확히 어떤 종류인지부터 살펴보는 것이다. 내 이론이 내놓을 예측에 따르면, 심각한 지체 장애가 있는 경우, 기술 정교화를 위해 중간 단계의 인지발달에서 역할을 담당하는 어떤 종류의 보상적 대안이 요구된다. 만약 이런 예측이 해소되지 않는다면, 나의 이론에 문제가 있는 것이다.

내 이론이 해명할 필요가 있는 또 다른 문제는, 많은 비인간 동물의 행동이, 식별과 재식별을 위한 역량 외에도, 다양한 정도의 유연

---

33) 이러한 반론을 제기한 데에 대해서 폴 데이비스(Paul Davis)에게 감사한다.

34) 앨리스(Alice)의 사례에 대해 내가 관심을 갖도록 만들어준 루스 밀리칸(Ruth Millikan)에게 감사한다. 그 소녀는 심한 뇌성마비(cerebral palsy)를 가지고 있음에도, 고차원 인지 능력을 발달시켰다.

성을 보여준다는 사실이다. 그런 만큼, 비인간 동물들이 기술 정교
화를 할 수는 없음에도 어느 정도 제한된 종류의 추상화와 재조합
을 할 수 있다면, 이 또한 나의 설명에서 해명되어야 할 부분이
다.35)

이런 반론에 대한 대응으로, 내 생각을 말하자면, 가장 합리적인
해명은, 동물들은 첫째 단계의 표상 재기술(RR)에서 다양한 유연성
및 제한된 재조합 역량을 발달시킬 수 있다. 나아가서, 이런 종류의
1차 유연성은, 동물이 다양한 환경에서 다양한 사물들을 사용할 수
있고, 서로 다른 맥락에서 발생하는 다양한 상황-기반 목표를 가진
다는 데에 근거할 수 있다. 그런 만큼, 동일 물체를 다른 시간 및 다
른 장소 그리고 다른 목적으로 마주치고 사용할 때 나타나는 식별
및 재식별 능력은 동물들에게 제한된 유연성을 부여하기에 충분하
다. 그렇지만 이런 정도의 유연성, 조작성, 그리고 재조합성 등은 기
술 정교화의 결과로 생기는 유연성과 같지 않다.

기술 정교화 없이도 제한된 종류의 원형-인지적(protocognitive)
행동을 발달시킬 수 있다는 사실은 내 이론에 문제 되지 않을 것 같
다. 그와 같은 가능성은 내 이론을 허약하게 만들지 않는다. 왜냐하
면 나는 모든 종류의 유연성이 기술 정교화에 의해 설명된다고 주
장하는 것이 아니기 때문이다. 동물들이 다른 수단을 통해 개념적
사고의 특징을 닮은 무언가를 발달시켰다고 하더라도, 이런 사실은,
중간 단계의 (인간) 인지발달에서 기술 정교화를 통해 발달하게 된
인지적 산물들이 독특한 특성을 가진다는 사실과 양립할 수 있다.
그런 독특한 특성은 더 나은 발달을 위한 중요한 다른 잠재적 [역량
을] 유도한다. 다시 말해서, 위의 동물 사례는, 인간이 기술 정교화

---

35) 이것을 하나의 쟁점으로 제기한 마크 보르너(Marc Borner), 카티 헤닉
(Kati Hennig), 마이클 토마셀로(Michael Tomasello)에게 감사한다.

196

라는 특정한 경로를 통해 일종의 유연성을 발달시켰다고 말하는 위
의 [내] 이론과 전체적으로 양립 가능하며, 그런 경로는, 비인간 동
물들이 제한된 유연성을 발달시킨 독특한 방식을 놓치는 것에도 특
정한 종류의 설명력을 부여해준다.

참고문헌

Barsalou, L. "Situated Simulation in the Human Conceptual Sys-
tem." *Language and Cognitive Processes* 18(2003): 513-62.

____. "Grounded Cognition." *Annual Review of Psychology* 59
(2008): 617-45.

Byrne, R. W., and A. Russon. "Learning by Imitation: A Hierar-
chical Approach." *Behavioral and Brain Sciences* 21(1998): 667-
721.

Byrne, R. W. "Emulation in Apes: Verdict 'Not Proven.' " *Develop-
mental Science* 5(2002): 21-22.

Call, J., M. Carpenter, and M. Tomasello. "Copying Results and
Copying Actions in the Process of Social Learning: Chimpanzees
(Pan troglodytes) and Human Children(Homo sapiens)." *Animal
Cognition* 8(2005): 151-63.

Campbell, J. "Schizophrenia, the Space of Reason and Thinking as
a Motor Process." *Monist* 82(1999): 609-25.

Clark, A. "That Special Something: Dennett on the Making of
Minds and Selves." In *Daniel Dennett*, edited by A. Brook and
D. Ross, 187-205. Cambridge: Cambridge University Press, 2002.

Clark, A., and A. Karmiloff-Smith. "The Cognizer's Innards." *Mind
& Language* 8(1993): 487-519.

Dennett, D. C. " 'Surprise, Surprise,' commentary on O'Regan and
Noë." *Behavioral and Brain Sciences* 24(2001): 982.

____. "From Typo to Thinko: When Evolution Graduated to Seman-
tic Norms." In *Evolution and Culture*, edited by S. C. Levinson
and P. Jaisson, 133-45. Cambridge, MA: MIT Press, 2006.

Dretske, F. *Naturalizing the Mind*. Cambridge, MA: MIT Press,
1997.

____. "Minimal Rationality." In *Rational Animals?* edited by S.
Hurley and M. Nudds, 107-16. Oxford: Oxford University Press,
2006.

Evans, G. *The Varieties of Reference*. Oxford: Oxford University
Press, 1982.

Fodor, J. *The Modularity of Mind*. Cambridge, MA: MIT Press,
1983.

____. *LOT 2: The Language of Thought Revisited*. Oxford: Oxford
University Press, 2008.

Frankfurt, H. "The Problem of Action." *American Philosophical
Quarterly* 15(1978): 157-62.

Frege, G. "On Sense and Reference." In *Translations from the
Philosophical Writings of Gottlob Frege*, edited by P. Geach and
M. Black. Oxford: Basil Blackwell, 1960.

Fridland, E. "Knowledge-How: Problems and Considerations." *Euro-
pean Journal of Philosophy*(forthcoming).

Gallagher, S. *How the Body Shapes the Mind*. New York: Oxford
University Press, 2005.

Gallese, V., and T. Metzinger. "Motor Ontology: The Representa-
tional Reality of Goals, Actions and Selves." *Philosophical
Psychology* 16(2003): 365-88.

Gergely, G., and G. Csibra. "The Social Construction of the Cultural Mind: Imitative Learning as a Mechanism of Human Pedagogy." *Interaction Studies* 6(2005): 463-81.

Hermelin, B., N. O'Connor, and D. Treffer. "Intelligence and Musical Improvisation." *Psychological Medicine* 19(1989): 447-57.

Hobson, R. P., and A. Lee. "Imitation and Identification in Autism." *Journal of Child Psychology and Psychiatry* 40(1999): 649-59.

Horner, V., and A. Whiten. "Causal Knowledge and Imitation/ Emulation Switching in Chimpanzees(Pan troglodytes) and Children (Homo sapiens)." *Animal Cognition* 8(2005): 164-81.

Hurley, S. "Making Sense of Animals." In *Rational Animals?* edited by S. Hurley and M. Nudds, 139-71. Oxford: Oxford University Press, 2006.

Karmiloff-Smith, A. "From Meta-processes to Conscious Access: Evidence from Children's Metalinguistic and Repair Data." *Cognition* 23(1986): 95-147.

____. "Constraints on Representational Changes: Evidence from Children's Drawing." *Cognition* 34(1990): 57-83.

____. *Beyond Modularity: A Developmental Perspective on Cognitive Science.* Cambridge, MA: MIT Press, 1992.

Karmiloff-Smith, A., and A. Clark. "What's Special about the Development of the Human Mind/Brain?" *Mind & Language* 8 (1993): 569-81.

Lyons, D., A. Young, and F. Keil. "The Hidden Structure of Overimitation." *Proceedings of the National Academy of Sciences* 104(2007): 19751-19756.

McDowell, J. *Mind and World.* Cambridge, MA: Harvard University Press, 1994.

McGuigan, N., A. Whiten, E. Flynn, and V. Horner. "Imitation of Causally Opaque versus Causally Transparent Tool Use by 3 & 5-Year-old Children." *Cognitive Development* 22(2007): 353-64.

Millikan, R. G. "Styles of Rationality." In *Rational Animals?* edited by S. Hurley and M. Nudds, 117-26. Oxford: Oxford University Press, 2006.

Pezzulo, G. "Grounding Procedural and Declarative Knowledge in Sensorimotor Anticipation." *Mind & Language* 26(2011): 78-114.

Phillips, W. A., M. Inall, and E. Lauder. "On the Discovery, Storage and Use of Graphic Descriptions." In *Visual Order: The Nature and Development of Pictorial Representation*, edited by N. H. Freeman and M. V. Cox, 122-34. London: Cambridge University Press, 1985.

Rosenthal, D. M. "Two Concepts of Consciousness." In *The Nature of Mind*, edited by D. M. Rosenthal, 462-77. New York: Oxford University Press, 1991.

____. "State Consciousness and Transitive Consciousness." *Consciousness and Cognition* 2(1994): 355-63.

____. "Being Conscious of Ourselves." *The Monist* 87(2004): 161-84.

Ryle, G. *The Concept of Mind*. Chicago: Chicago University Press, 1949.

Schwier, C., C. van Maanen, M. Carpenter, and M. Tomasello. "Rational Imitation in 12-month Old Infants." *Infancy* 10(2006): 303-11.

Shankweiler, D. "Reading and Phonological Processing." In *Encyclopedia of Human Behavior*, 2nd ed., edited by V. S. Ramachandran. San Diego: Elsevier, forthcoming.

Stanley, J. "Knowing (How)." *Nous* 45(2011a): 207-38.

____. *Know How*. Oxford: Oxford University Press, 2011b.

Stanley, J., and T. Williamson. "Knowing How." *Journal of Philosophy* 98(2001): 411-44.

Sun, R., E. Merrill, and T. Peterson. "From Implicit Skills to Explicit Knowledge: A Bottom-up Model of Skill Learning." *Cognitive Science* 25(2001): 203-44.

7. 유명론, 자연주의, 유물론
셀라스의 비판적 존재론

Nominalism, Naturalism, and Materialism
Sellars's Critical Ontology

레이 브라시어 Ray Brassier

유명론(nominalism)은 추상적 존재, 즉 보편자(universals), 형상 (forms), 생물종(species), 명제(propositions) 등의 존재를 부정한다. 전통적 유명론은 경험주의(empiricism) 인식론에서 비롯되었으며, 그 인식론은, 관념론이든 유물론이든 상관없이, 어떤 형이상학의 가 능성도 부정한다. 이런 의미에서, 경험주의에 대한 비판은 유명론에 대한 반박을 함의한다(entail), 즉 필연적으로 함축한다. 그러나 유명 론은 자연주의자들에게 아주 소중한 통찰을 제공한다. 즉, 실재는 명제 형식(propositional form)을 갖지 않는다는 통찰이다. 이것은 후기-다윈주의 자연주의자들(post-Darwinian naturalists)이 취하는 통찰이기도 하다. 그들은 추상적 존재를 주장하는 실재론에 문제가 많다고 생각한다. 왜냐하면 실재론이 개념적 질서와 실재적 질서 사 이에 성립하는 예정조화(preestablished harmony)라는 목적론적 가 정을 다시 내세우는 것처럼 보이기 때문이다. 그 문제는, 현대 자연 주의자들이 이러한 유명론의 통찰을 주장하면서도, 회의적 상대주의(skeptical relativism)에 얽히는 경험주의자 편견을 어떻게 제거할 수 있는가에 있다. 실재가 명제 형식과 무관하다는 주장이, 우리가 실재의 양상(aspects)을 명제 형식으로 포착할 수 있으며, 개념이 존재론적 함축을 가진다는 등의 주장을 반드시 부정하지는 않는다. 따라서 해결해야 할 과제는, 명제적으로 구조화된 사유가 어떻게 자연에 나타나는지, 그리고 명제 형식과 자연 질서가 서로 합치하지(congruence) 않음에도 불구하고, 그러한 사유가 자연적 과정을 어떻게 추적해왔는지를 설명하는 일이다.

이러한 도전에 대한 대답은, 윌프리드 셀라스(Wilfrid Sellars)의 시도, 즉 후기-다윈주의 자연주의자가 된다는 것이 무엇을 의미하는지를 이해하기 위한 핵심이다. 마음은 자연의 거울이라는 생각을 철저히 공격하면서, 셀라스의 입장은 휴 프라이스(Huw Price)가 "거울 없는 자연주의"[1]라 부른 것의 전형을 잘 보여준다. 그러나 셀라스는, 리처드 로티(Richard Rorty)의 계승자들과 다르게, 후기-갈릴레오 자연과학이 우리 인간종의 인지 혁명에 결정적으로 기여했다는 계몽주의 확신을 포기하지 않는다. 그는 미완의 계획을 수행하려는 이성적 자연주의(rationalistic naturalism)를 옹호한다. 소여의 신화(the myth of the given)에 대한 셀라스의 공격은 개념적 관념론(conceptual idealism)을 부정하고, 당당한 초월적 실재론(transcendental realism)의 전제조건(precondition)을 제시해준다. 소여에 대한 셀라스의 거절과 실재론에 대한 승인을 연결하는 핵심은 그의 메타언어적 유명론(metalinguistic nominalism)이다. 바로 이 맥락에서 그는 "명제 형식이 오직 언어적, 개념적 질서에 속한다"(NAO, 62)라고 주장한다.[2] 이 장의 내 목표는, 이러한 주장이 소여에 대한

---

1) Price(2011).
2) 셀라스의 철학적 작업에 대해 완벽한 참고문헌을 작성한 제프리 시차

셀라스의 거부로부터 왜 따라 나오는지, 그리고 그 주장이 표상에 관한 그의 설명에 어떻게 나타나는지 등을 설명하려는 데에 있다. 나의 우선적 목표가 해명에 있으므로, 나는 셀라스의 기본 주장에 대해 제기되는 다양한 반론을 다루지는 않겠다. 이미 다른 철학자들이 그런 작업을 했다.3) 나는, 내가 후기-칸트주의 비판적 존재론(critical ontology)의 문제라고 부르는 맥락에서, 셀라스의 자연주의 논제를 정리하는 것으로 논의를 시작하겠다. 그런 후, 소여에 대한 셀라스의 비판이 어떻게 유명론을 수용하는지를 요약하겠다. 이것은 셀라스가 주장하는 의미에 관한 기능주의 역할 이론을 요약하면서 따라 나온다. 마지막으로, 내가 "방법론적 유물론(methodological materialism)"이라 부르는 관점에서, 언어와 실재 사이의 관계에 관한 셀라스의 설명을 논의하고, 그것을 과정 형이상학(metaphysics of processes)에 관한 셀라스의 이해와 연관시키겠다.

1. 비판적 존재론의 문제

존재론은 "무엇이 있는가?"라는 질문에 대답하려는 시도이다. 그러나 이것은 여러 존재의 이름을 열거함으로써, 가령 "책상", "의자", "나무", "키프로스", "단테", (러시아 국영 항공사인) "아에로플로트" 등을 열거함으로써 대답될 수 없다. "책상", "의자", "나무" 등은 보통명사이다. 그것들은 대상 유형에 대한 이름이다. "단테"와 "아에로플로트"는 고유명사이다. 그것들은 개별 대상에 대한 이름

(Jeffrey Sicha)가 작성한 셀라스 책에 대한 약호를 사용한다.

3) 다음을 참조하라. deVries(2005), O'Shea(2007), Rosenberg(2007), Seibt (1990, 2000). 셀라스 사유에 대한 나의 이해는 이 네 사람에게 많이 빚졌다.

이다. 명사를 나열하는 것은, 그것이 사물 유형(types)의 이름이거나 개별자(particular)의 이름이거나 상관없이 우리에게 정보를 주지 않는다. 왜냐하면, 그것들 이름이 무엇인지, 그것들이 그 지시 대상과 어떻게 연결되는지를 설명하지 않은 채, 단지 이름만 제시하기 때문이다. 만약 존재론이, 칸트가 보여주었듯이, 독단적 형이상학에 대한 비판을 측정해주는 것이라면, 존재하는 것이 무엇인지에 관해 또 다른 어느 임의적 설명을 상상하는 것은 충분치 않다. 그것은 우리가 존재하는 것에 관해 어떻게 **아는지**(know)를 설명해주어야만 한다. 인식적 한계로 인해서, 우리는 사물들의 신성한 이름(divine names)을 모른다. 사물에 대한 인간의 이름은 그것들이 지칭하는 사물과 필연적으로 연결되지 않는다. 이름의 의미는 본질(essence)을 가리키지 않는다. 셀라스는 이러한 칸트의 비판을 수용한다. 그럼에도 불구하고, 셀라스는, 지시하기(nomination)가 언어 기능의 기초라는 주장에 여전히 의미 있다고 주장한다. 그렇지만 이러한 지시적 차원은 의미가 아니라 물질적 과정에 해당한다고 그는 주장한다. 언어적 표의(linguistic signification)가 그 궁극적 "관함(about-ness, 지향성)"을 찾아주는, 이름이 의미를 가리키지(signify) 않는다. 즉, 이름은 물질적 패턴(material pattern)이다. 따라서 지시 문제에 대한 셀라스의 해결책은 변증적이며 유물론적이다. 그 해결책은, 의미를 비의미적, 즉 물질적 패턴에 근거 지음으로써, 의미의 자율성을 보장한다.

비판적 존재론에 대한 세 가지 기본 요구 사항이 있다. 비판적 존재론은 다음 세 가지 물음에 대답해야만 한다.

- 이름이 무엇인가, 이름은 어떻게 그 의미 대상과 관계하는가?
- 이름과 사물은 왜 차이 나는가?

- 어떤 종류의 사물들이 있으며, 그것들은 어떤 종류인가?

"무엇이 존재하는가?"라는 질문에 대한 답변은, 또한 "범주 (category)가 무엇인가?"라는 질문에 대한 답변을 함축한다. 단순하게 말해서, 범주의 지위에 대한 논쟁은 (칸트의 지성의 순수 개념이나 하이데거의 실존 범주처럼) 하나 혹은 몇 개의 실체가 마음 독립적 속성을 갖는지, 아니면 마음 의존적 개념을 갖는지 물음이다. 셀라스의 제안에 따르면, 범주는 그 어느 쪽도 아니다. 범주는 메타언어적 기능이지만, 그럼에도 그 메타언어적 기능은 실재를 표상하는 하나의 방식이다. 범주적 지위는 개념적 장소에 따라 규정된다. 어떤 존재의 범주를 규정한다는 것은, 그 대상에 **대한**(*of*) 논리적-의미론적 특성을 결정하는 것이다. 그러나 표상(representation) 자체는 개념적 관계가 아니며, 개념과 대상 사이의 관계도 아니다. 이러한 표상의 비개념적 본성에 관한 설명은, 표상을 사유(thought)와 사물 (things)의 관계로 설명하는 전통적 견해와 셀라스를 구분지어준다. 또한, 그의 입장을, (내가 나중에 그 구분을 해명하겠지만) 형이상학적 의미라기보다, 방법론적 의미에서 유물론적이라고 간주하게 만든다.

범주가 세계의 특성을 표상하거나 지시하지 않기 때문에, 범주는 현상적으로 직관적이지 않다. 범주로부터 언어나 실재의 구조를 읽어낼 수는 없다. 그것을 읽어낼 수 있다는 생각은 바로 소여의 신화에 빠진 것이다.

2. 소여의 신화

이 신화는 두 가지 측면, 즉 인식적 측면과 범주적 측면을 갖는다.

인식적 소여의 신화는 사유(thinking)와 감각(sensing)을 혼동하는
데 뿌리 내리고 있다. 그것을 경험주의에서 발생한 아래의 "일관적
이지 않은 세" 전제로부터 요약해볼 수 있다.

A. X가 빨간 감각 내용을 S라고 감각하는(느끼는) 것은, X가 S가
   빨갛다는 것을 비추론적으로(추론 없이 직접) 안다는 것을 함
   의한다.
B. 감각 내용을 감각하는 능력은 습득된 것이 아니다.
C. x가 ø라는 형식의 사실(facts)을 아는 능력은 습득된 것이다.

A와 B는 C가 아니라는 것을 함의한다. B와 C는 A가 아니라는
것을 함의한다. 마찬가지로 A와 C는 B가 아니라는 것을 함의한
다.4)

셀라스의 논증은 복잡하지만, 아래와 같이 간략히 요약할 수 있
다. 지식은 사실에 관한, 즉 그러그러한 것이 그 경우라는 것이다.
사실은 명제 형식(x는 ø이다)을 갖는다. 문제는 우리가 사실을 감각
하는 능력을 가졌는지 여부에 있다. 명제 형식의 사실을 감각할 능
력은 습득된 것이거나, 또는 그렇지 않은 것이다. 우리가 그것을 가
지고 태어나지 않았다면, 즉 [후험적으로] 습득한 것이라면, 그것은
감각적 능력이 아니다. 왜냐하면, 감각 내용을 감각하는 능력은, 경
험주의 가설에 따르면, 나중에 습득된 것이 아니기 때문이다. 따라
서 사실을 감각하는 능력은 습득된 것이 아니다. 그러나 사실이 감
각될 수 있다면, 감각은 명제 형식을 가져야만 한다. 우리가 사실을
감각한다고 말하는 것은, 감각이, 명제 형식을 이미 부여하는, 실재

---

4) Sellars EPM, 20.

를 반영한다(mirrors)고 말하는 것이다. 그러나 명제 형식이란 지성적 질서에 해당한다. 그렇다면 우리는 감각적 질서와 지성적 질서 사이의 합치를 어떻게 설명할 수 있는가? 만약 사실을 감각하는 능력이 습득되지 않은 것이라면, 그것은 자연적으로, 즉 자연선택에 의한 진화 용어로 설명될 수 없다. 따라서 감각적 질서와 지성적 질서의 합치는 설명되지 않은 채 남아 있거나, 초자연적 요소를 끌어들여 설명되어야만 한다.

셀라스는 전제 A가 거짓이라고 주장한다. 빨간 감각 내용 S를 감각하는 것은 S가 빨갛다는 것을 비추론적으로 아는 것이 아니다.[5] 감각적 인지는 지식이 아니다. x가 Φ라는 비추론적 지식, 즉 피가 빨갛다는 것을 보는 것이나, 시계가 12시를 치고 있다는 것을 듣는 것은 이미 개념적으로 매개된 지각이다. 그것은 감각적 직관이 아니다. 그런 지식에 대한 지각적 즉시성은, 공적으로 관찰 가능한 시간과 공간 내에 서로 연관된, 대상들의 (다듬어진) 개념 체계(conceptual framework)에 의해 매개된다. 사유와 감각의 혼동, 혹은 칸트 표현으로, 개념과 직관의 혼동은 신화의 두 번째 측면인, 범주 소여의 신화로 곧바로 이끈다. 이 신화에 따르면, (이 신화가 주장하는) 실재의 범주 구조가, 어떤 봉인이 밀랍에 찍히듯이, 마음에 새겨진다.[6] 이것은 감각하기와 ~로서 감각하기를 혼동하는 것이다.[7] 그러나 감각적 앎은 ~로서 앎이 아니다. 어떤 항목이 범주적 지위 F

---

5) 물론 이것이 지각적 지식이 비추론적이라는 것을 부정하는 것이 아니다. 셀라스는 지각적 차원에서 비추론적 지식의 정당성을 옹호하려고 한다. 그런 지각적 지식은 추론적 지식을 배경으로서 전제한다. 배경이 되는 추론적 지식은 그 자체 지각적이거나 감각적인 것이 아니다.

6) Sellars FMPP, 12.

7) 여기에서 셀라스의 견해와 "범주적 직관"에 대한 후설의 견해를 비교하고 대조해보는 것이 흥미로울 것이다.

를 가진다고 아는 것은, 그것을 **F로서** 아는 것이 아니다. 어떤 것을 **F로서** 안다는 것은 개념 F를 적용하는 것이다. 이러한 적용은 규칙 지배적이다. 그러나 규칙에 따르는 것이 사유이며, 비록 사유가 이성적 존재에 한정된다고 해도, 그것은 감각으로 환원될 수 없는 활동이다. 사유는 실재를 직접 건드리지 못한다. 즉, 사유는 실재와 다른 질서에 있다. 그러나 우리가 살펴보겠지만, 이것이, 실재에 **관해**(*about*) 성공적으로 사유할 수 있다는 것을 우리가 부정하도록, 또는 사유가 필연적으로 실재에 내재화된다는 것을 우리가 부정하도록 강요하지는 않는다. 감각은 실재에 대해서(of the real)이지만, 실재에 관해서(about the real)는 아니다. 그러나 사유는 실재에 관해서이지만, 실재와 직접 접촉할 수 없다.

소여의 신화를 포기한 이후, 우리가 사유를 어떻게 이해해야 하는지를 말하기에 앞서, 소여의 신화에 대한 거부가 왜 회의론을 함의하지 않는지 설명해야 한다. 회의론은 인식적 소여의 신화에 기댄다는 것을 알아보는 것은 중요하다. 즉, 비록 현상의 구조와 실재의 구조 사이에 어떤 대응이 있을지 의심할지라도, 회의론은, 현상이 이미 확정된 개념적 특성으로 주어진다고 추정한다. 따라서 회의론은 현상과 실재의 연관성을 의심할지라도, 현상에 대한 지식을 무의식적으로 가정한다. 더구나 회의론은 현상이 왜 존재하는지를 설명하지 못한다. (왜냐하면, 무한 퇴행에 빠지지 않고서, 현상이 **단지** 현상일 뿐이라고 주장할 수 없기 때문이다.) 그러나 이미 확정적으로 구조화된 현상이 주어진다고 가정하는 것은 너무나 많은 것을 추정하는 것이다. 인식적 소여의 신화가 사라져버린다면, 감각은 시간과 공간의 체계 내에 존재하는 서로 연관된 대상들의 구조적 영역에 대한 지식을 이미 전제하는 것으로 인정할 수밖에 없다. 사유와 감각 모두 서로 연관되어 세계를 향해 있지만, 그럼에도 사유와 감각은 차원적으로 상호 구분된다. 즉, 셀라스 표현으로, 사유의 관함(지향성)(of-ness of thought)은 감각의 관함(지향성)(of-ness of sensation)이 아니다.[8]

마음이 사적인 내적 밀실이 아니라는 주장, 즉 마음이 세계에 외재화된다(externalized)는 주장, 그리고 이러한 외재화가 언어적 활동과 연결된 결과라는 주장을 다시 반복하는 것이 이제 진부하게 들릴 수 있다. 셀라스는, 마음에 대한 데카르트적 사유성을 거부하는 하이데거(M. Heidegger)나 비트겐슈타인(L. Wittgenstein)에 동의한다. 그러나 그들과 다르게, 셀라스는 이러한 통찰을 자연 속에 존재하는 마음에 대한 더 넓은 형이상학을 통해 탐구한다. 사유와 언어 사용이 본질적으로 활동이라는 것이 이러한 고찰의 핵심이다. 내적-사유 에피소드(inner-thought of episode)[9]라는 **개념**은 공적으로 관찰할 수 있는 언어적 행위(sayings-out-loud)에서 모델로 구현된다. 이것은 인식적 소여의 신화에 대한 거부로부터 도출되는 직접적 결과이다. 우리 자신의 심적 상태를 감지하는 능력은 본유적이지 않고, 습득된 것이다. 내성(introspection, 내적 관찰)은 외적 관찰의 파생물이다. 누군가 X를 사유하거나, Y를 느낀다고 내성하고 지각하는 능력은, 언어적 실천에 근거하는 개념적 능력을 전제한다. 그러나 이것이, 사유가 언어적 성향으로 환원될 수 있다고 주장하는 것은 아니다. **앎**(knowing)의 순서에서 말하기가 사유보다 선행한다는 주장은, 존재의 질서에서 사유가 말하기보다 선행한다는 주장과 양립한다. 전(pre-) 혹은 비(non-) 언어적 사유는 완벽히 실제적이다. 그러나 우리 자신의 사유를 감지하는 능력은 언어적으로 매개된다.

---

8) Sellars EPM, 55-56.

9) [역주] "에피소드"는 셀라스의 고유한 표현으로, 내적 에피소드란 현재 마음 활동을 의미한다.

셀라스는, 데카르트와 마찬가지로, 내적-사유 에피소드에 관한 실재론자이다. 셀라스는 단지, 데카르트주의에 대해, "내적" 실재에 대한 접근은 "외적" 실재에 대한 접근과 마찬가지로 매개된다는 주장을 덧붙일 뿐이다. 셀라스는, 사유가 반드시 공적이라고, 또는 본질적으로 공적이라고 주장하지 않는다. 즉, 그의 주장은, 사유가 무엇인지를 이해하는 우리의 능력이 공적으로 발생하고, 공적으로 공유하는 개념 자원에 의존한다는 것이다. 마찬가지로, 내적 사유 에피소드에 대한 셀라스의 실재론은, 내적 사유와 외적 언어의 관계가 마치 원인과 결과의 관계와 같다는 데카르트의 주장을 수용하지는 않는다. 사유가 본질적으로 언어 표현을 사용할 능력과 연관된다는 주장이, 사유와 언어적 행동을 동일시하는 것은 아니다. 오히려 그 주장은, 마치 분자가 가스를 구성한다는 주장과 마찬가지로, 언어가 사유를 구성한다는 것을 가정한다. 분자가 가스 "내에" 있는 것과 마찬가지로, 사유는 언어를 사용하는 동물 "내에" 있다.10) 그러나 마치 분자가 가스 부피의 원인이라고 구성하는 것처럼, 사유를 언어적 행동의 원인으로 구성하는 것은 실책이다. 그것들의 관계는 구성적이지, 인과적이진 않다. 따라서 비록 어떤 외적 언어 행위를 일으키지 않더라도, 사유-행위의 발생은 외적이며 공적 언어로 표현될 수 있다는 것이, 그 정의의 부분이다.

궁극적으로 경험주의와 데카르트주의가 소여의 신화의 유일한 희생양(tributaries)은 아니다. 의미가 의식의 일상적 "의미 부여" 행위에 근거한다는 주장은, 적어도 초월적 현상학을 그 신화의 직접적 추종자로 만들어준다. 소여에 대한 비판에서 얻는 덕목은, 단지 사유에 대한 우리 이해가 언어 이해에 모델이 되었다는 것이 아니다.

10) Sellars EPM, 104.

즉, 사유의 지향성이 공적 언어의 지향성에서 파생된다는 주장이다. 사유가, 언어로 전송되는 본래적 지향성(originary intentionality)의 핵심은 아니다. 지향성은 우선적으로 노골적인 공적 언어 행위의 속성이며, 그런 공적 언어를 통해 메타언어적 자원들이 발전되고 확립된다. 우리가 사용하는 언어에 대해 우리가 말할 수 있게 해주는 이런 메타언어적 자원 때문에 비로소 화자 공동체 혹은 언어 공동체가 가능해진다. 본래적 지향성이란 가정, 즉 후설(E. Husserl)이나 포더(J. Fodor) 등 서로 다른 경향의 철학자들이 공유해온 가정의 거절은 소여의 신화를 포기하는 또 다른 직접적 결과이다. 그러나 만약 지향성이 무엇보다 언어적 현상이라면, 이것은 우리 마음뿐 아니라, 자연에도 유지되는 우리의 의미에 대한 이해에 어떤 함축을 주는가?

3. "의미" 담론

셀라스는 유명론에 대한 메타언어적 견해를 옹호한다. " 'rouge' (프랑스어)는 **빨갛다**를 의미한다"라는 의미론적 진술은, "rouge"라는 기호 표현을 인용하여, 친숙하지 않은 언어에서 그 표현의 기능을 친숙한 언어의 기능과 연관시킨다. "의미하다", "지시하다", "지칭하다", "대표하다" 등의 의미론적 표현들은 친숙하지 않은 언어에서 어떤 표현이 담당하는 기능을 친숙한 언어의 그 기능과 연관시킨다. " 'rouge'는 **빨갛다**를 의미한다"라는 의미론적 진술에서 "의미하다"는 특수한 계사[혹은 "이다(is)"]이다. 그것은 분배적 단칭 용어(distributive singular term)와 메타언어적 종류 표현(meta-linguistic sortal, 이 전문 용어에 대해서 이후에 해명하겠다)의 연관성을 확립한다. 셀라스는 언어적 기능을 표현하기 위해 점-인용부호

(dot-quoting)를 사용한다. 따라서 "프랑스어에서 'rouge'가 영어에서 •red•이다"라는 문장은 언급된 기호-도안(sign-design)이 영어에서 "red"가 하는 것과 동일한 역할을 프랑스어에서 한다는 것을 말해준다. 여기에서 "red"는 언급된 것이 아니라, 특별한 방식으로 사용된 것이다. 그것은 일상적 영어에서 (빨간색을 의미하는 것처럼) 사용되는 방식이 아니라, 메타언어적 진술에서 그것이 종류 표현임을 보여주는 것이다. 점-인용부호 장치가 보여주는 것이 이 특별한 역할이다. " 'rouge'은 •빨강•이다"와 " 'triangulaire'(프랑스어)는 •삼각형•이다"에서 "rouge"와 "triangulaire"는 추상 명사가 아니라, 분배적 단칭용어로 작용한다. 즉, 그것들은 "사자가 황갈색이다(The lion is tawny)"라는 문장에서 "사자(the lion)"라는 표현이 하는 역할과 동일하다. "사자가 황갈색이다"라는 문장에서 황갈색이라는 속성은 추상적 존재인 **사자임**(*lionhood*)"을 서술해주지 않는다. 오히려 그것은 개별 사자들을 서술해준다.11) "사자(the lion)"라는 단칭용어가 시간 · 공간 속에 존재하는 개별 사자를 분배적으로 지칭한다. 마찬가지로, 메타언어적 수준에서 "rouge"이나 "triangulaire" 등의 기호-도안을 분배적 단칭용어로 간주하고, 그것을 메타언어적 종류 표현인 •빨강•이나 •삼각형• 등과 연관시킬 수 있다. 이렇게 함으로써, " 'rouge'가 •빨강•이다"나 " 'triangulaire'가 •삼각형•이다"라는 주장이 가능해진다. 그다음 단계는 " 'rouge'들이 •빨강•들이다"와 " 'triangulaire'들이 •삼각형•들이다"라고 쓰는 것이다. 여기서 중요한 것은 추상적 언어적 유형들(abstract linguistic types)이

---

11) 나는 "개체(individual)"라는 표현보다 "개별자(particular)"라는 표현을 사용하려고 한다. "개체"라는 표현은 애매하기 때문이다. 그것은 추상적 개체를 의미할 수도 있고, 구체적 개체를 의미할 수도 있다. 플라톤주의자들은 **사자임**을 추상적 개체로 간주한다. 따라서 비시간 비공간적 보편자에 대조되는 것은 시간 공간적 개별자(혹은 특수자)이다.

7. 유명론, 자연주의, 유물론 213

기호-도안과 연결되는 것이 아니라, 개별 언어적 **사례들**(particular linguistic *tokenings*)과 연결된다는 것이다. 단칭용어가 복수 표현으로 변화되는 것은, 분배적 단칭용어와 메타언어적 종류 표현이 추상적 유형의 이름이 아니라, 개별 사례들의 패턴임을 보여준다. 그렇지 않다면, 우리가 한 것이라곤 추상적 비언어적 존재(abstract extralinguistic entities)에 대한 지칭을 추상적 언어적 존재(abstract linguistic entities)에 대한 지칭으로 대체한 것에 지나지 않을 것이다. 유명론의 전략이 작동하기 위해서, 존재하는 것은 언어 유형들이 아니라, 오직 개별 언어 사례들이라고 주장하는 것이 필수적이다. 이것은 분배적 단칭용어들, 즉 "rouge's"과 "triangulaire's"을 메타언어적 종류 표현인 •빨강•들과 •삼각형•들과 연관시키는 것을 통해 나타난다.

이런 메타언어적 전략은 왜 추상적 단칭용어들이 추상적 존재를 지칭하는 것으로 간주되지 않아야 하는지를 설명하기 위해 활용될 수 있다. 가령 추상적 단칭용어 "빨감(redness)"을 고려해보자. 이것을 추상적 존재에 대한 이름으로 간주하는 것이 오류라고 셀라스는 주장한다. "빨감"이란 용어를 포함하는 진술의 의미는 술어 "빨강(red)"을 이용하여 손실 없이 다시 쓸 수 있다. 즉, "A가 빨감을 예화한다"는 것은 "A가 빨갛다"는 것과 동치이다. 그렇지 않다고 주장하는 것은, "~가 빨감을 예화한다"가 의미하는 맥락이 "~가 빨갛다"라는 표현이 의미하는 맥락과 다르다는 주장이다. 이렇게 주장하는 것은 "예화"가 추상적 존재의 이름이라고 주장하는 것이다. 즉, 대상 A가 빨감과 연결되도록 하는 "예화 **연쇄**(exemplification *nexus*)"가 있다고 주장하는 것이다. 일상언어에 이러한 형이상학적 부가물을 추가하는 것이 무한 후퇴에 빠진다는 것을 아는 것이 중요하다. 왜냐하면, 만약 우리가 관계적 표현의 의미를 지칭의 관점

에서 설명하려 든다면, 우리는 언제나 개별자, 보편자, 그리고 그것
들의 관계 사이의 관계를 설명하기 위해서 또 다른 추상적 관계 용
어를 요구해야 하기 때문이다. (이것이 바로 제삼 인간형 논증의 한
변형이다.)

4. 표상으로서 그리기

셀라스의 유명론은 그의 실재론의 한 부분이다. 그는 궁극적인
것은 대상이 아니라 과정이라고 주장하는 초월적 실재론을 인정한
다. 이 점에서 앞으로 설명해야 할 것이 메타언어적 종류 표현과 비
언어적 실재 사이의 관계이다. 이러한 연결에 대한 셀라스 설명의
핵심이 바로 그리기 이론(theory of picturing)이다. 기호-도안 사례
들(sign-design tokens)의 메타언어적 속성은 대상의 비언어적 속성
을 그리는 것이다. 그러나 그리기는 의미론적 관계가 아니다. 따라
서 그것은 개념적 질서(의미의 질서)에 있는 요소와 인과적 질서(셀
라스에게, 비의미적 질서)에 있는 대상 사이의 관계로 이해해서는
안 된다. 그것은 자연적이고 물리적인 질서에 존재하는 비개념적 대
응(nonconceptual correspondence)이다. 이러한 대응과 연결을 셀라
스는 표상(representation)이라 부른다. 표상은 개념과 대상 사이의
관계가 아니다. 그것은 한 대상과 다른 대상의 관계이다. 이런 대상
들이 시간 · 공간에 있는 개별자들이다. 메타언어적 기능은 기호-도
안 사례들의 질료적 혹은 물질적 특성에 구현된다. 따라서 •red•와
같은 종류 표현의 메타언어적 기능은 "실재의" 비언어적 물리적 속
성과 연관된다. 이러한 속성은 기호-도안 "red"에 의해 명명되는 것
이 아니다. 오히려 그 구문적 역할에 의해 그려지거나 표상된다. 따
라서 "a"로 명명된 대상 a에 "red"라는 속성이 서술되는 "red a"라

는 표현에서 하나의 사례(token) "red"는 빨감이라는 속성을 지시하거나 지칭하지 않는다. 오히려 그것은 이름 "a"와 연관되는 구문론적 배열(syntactical concatenation)이다. 그것이 궁극적으로 비언어적 속성과의 연결을 설명해준다.

일반적으로 유명론자들은 "빨강(red)"이 지시하는 것이 없다고 주장한다. 왜냐하면 그것은 **빨간 것들**을 나타내며, **빨간 것들**은 사물이 아니기 때문이다. "red"와 "a"의 연속 나열이 a가 빨갛다는 것을 말해준다는 것은 아주 당연하다. 그러나 이러한 사실이 "a"가 a와 관련되고, "red"가 **빨간 것들**과 관련 있다는 생각으로 해명되는가? 나는 아니라고 생각한다. 이것을 이해하기 위해, "red a"라는 (즉 "Ra"라는) 구문론적 형태에 대한 다른 시각이 필요하다. 정당하게 고찰하자면, 그것은 "a"와 "red"라는 두 지칭 표현의 배열이 아니다. 그것은 "red"라는 (어떤 추상적 존재에 대한 것이 아니라, 단지 언어 표현으로서) 기호-도안이 왼쪽에 배열되는 특성을 갖는 이름, "a"이다.
"red"의 오른쪽에 배열되어 있다.
이것을
red*로 축약해서 표현할 수 있다.
그렇다면, "red a"의 사례 t에 대해서 다음처럼 표층적으로 말할 수 있다.
t는 "red" ^ "a"이다.
즉, "red"라는 표현이 "a"라는 표현으로 배열된다. 그러나 그 진짜 형식, 그 심층 형식은
t가 하나의 red*이다. [즉 "a"]
(Sellars MEV, 333)

이런 셀라스의 주장은 메타언어적 속성이 기호-도안의 사례를 통

해 실재의 속성을 그린다는 주장이다.

더 일반적으로, 셀라스 주장에 따르면, 관계적 표현이나 경험적 술어들을 추상적 존재를 지시하는 것으로 간주하지 않은 채, 그러한 표현이나 술어들이 담당하는 기능을 재구성할 수 있다.12) 여기서 셀라스가 하려는 주장의 핵심은 『논리철학논고(*Tractatus*)』에서 전개되는 비트겐슈타인의 주장이다. 이름 "a"와 이름 "b"를 이항관계(dyadic relation)로 배열함으로써 aRb라고 (즉, a와 b는 R이라는 관계라고) 말할 수 있다.13) 이 이항관계는 어떤 표시 혹은 표현의 특성이다. 그것은 이름 "a"와 이름 "b" 사이의 관계를 표현하는 "R"이라는 기호를 삽입함으로써, a와 b가 관계를 맺는다는 것을 보여준다. 그러나 이런 관계 자체는 하나의 대상이 아니다. "a"와 "b" 사이의 관계의 한 사례인 "R"은 이름이 아니다. 따라서 "aRb"라는 진술에서 "R"은 기호를 사용하지 않고 나타낼 수 있다. 가령 "a가 b보다 크다"라는 진술을 고찰해보자. "a"와 "b"라는 표기(inscriptions)의 도해 속성(graphic properties)을 사용하는 장치를 도입해서 이 진술이 말하는 것을 표현할 수 있다. 즉, 그것을 다음과 같이 표현할 수 있다.

a

b

이러한 표기는 "보다 크다"라는 표기를 사용하지 않은 채 "a가 b보다 크다"라는 진술이 말하는 것을 진술하는 것이다. 그런데 이 표

---

12) 이런 방식으로 제거할 수 있다는 주장을 셀라스는 조심스레 경험적 술어에 한정시키고 있다(Sellars NAO, 51 참조).
13) 『논리철학논고』, 3.1432.

기에서 "보다 크다"라는 표현이 담당하는 역할을 보여주는 것이 전혀 없다는 것이 중요하다. 이 진술의 의미에서 본질적인 것은 "b"라는 표현이 "a" 표현 밑에 있다는 것이다. 그러나 이러한 도해의 특징은 "보다 크다"라는 표현이 담당하는 역할에 대응하지 않는다. 오히려 이러한 표기에서, "b"가 "a" 아래에 있다는 것이, 즉 "a" 그리고 "b"라고 보여주는 것만으로, 그것들 사이에 "더 크다"라는 것을 말해준다. 따라서 "더 크다"와 "a 아래에 있는 b" 모두 동일 표기로 기능한다. 즉, 그것들은 표현을 기호화한다기보다, 도해 **대상**(graphic *objects*)을 말하는 것이다.

마찬가지로, "x는 빨갛다"라는 진술, 즉 대상 x가 빨갛다는 속성을 가졌다는 것을 의미하는 진술을 그냥 x라고 쓸 수 있다. 이 경우에 이름 "x"는, 대상 x가 어떤 속성을 갖는지를 우리에게 말해주는 표기 방식이다. 표기 "x"는 두 가지 특성을 가진다. 대상 x를 가리키는 이름 "x"의 사례를 보여주며, 또 그것은 특정한 도해 특성을 가진다. 근본적으로, 셀라스의 주장에 따르면, 언어적 표현에서 술어가 독립적 역할을 하지 않는다. "술어적 표현을 제거할 수 있을 뿐 아니라, 술어가 하는 역할도 제거할 수 있다."(NAO, 51) 따라서 술어가 하는 역할을 술어가 나타나는 표현의 역할로부터 추상화하는 것은 잘못이다. 술어가 개념적 속성이나 형이상학적 속성을 지시한다는 잘못된 생각을 조장하는 것이 바로 이런 방식으로 그 역할을 추상하려 하기 때문이다. 술어적 역할을 구상화하여(reified), 문장적 맥락으로부터 독립하여 존재하는 "속성"이라 부르는, 추상적 존재로 변화시켜서는 안 된다. 술어에 의해 표현되는 개념적 속성을 구상화하여, 언어나 (일반적으로 개념적 속성들이 그렇다고 주장되는) 사유로부터 독립적으로 존재하는 존재론적 속성으로 간주해서는 안 된다. 셀라스가 주장하듯이, "비언어적 영역은 **사실**이 아니라,

대상으로 구성된다. 더 간단하게 말해서, 명제 형식은 언어적 및 개념적 질서에 속한다."(NAO, 62)

최종 분석에서, 개념적 기능은 기호-도안에 언어적으로 구체화되며, 그 기호-도안의 물질적 특성들(material characteristics)이 대상을 그려준다. 의미론적 기능은 이러한 구체화로부터 전혀 독립적이지 않다. 그러나 중요하게, 그리기(picturing) 자체가 의미론적 관계나 의미론적 기능은 아니다. 셀라스는 그것을 자연적 질서 내의 대상들 사이의 "이차적 동형화(second-order isomorphism)"라고 묘사한다. 따라서 한 콤팩트디스크(CD)는, 하나의 물리적 매체로부터 다른 매체로 정보를 복합적으로 부호 변환하여 음악을 그려준다. 셀라스가 주장하는 유명론의 핵심은, 개념적 의미화가 그리기에 뿌리내리고 있다는 생각이다.

5. 이름과 그림

소여의 신화에 대한 셀라스의 거부는, 언어적 관념론, 즉 실재는 언어적 구성물이라는 주장을 함축하지 않는다. 오히려 그것은 비판적 존재론의 초석이 된다. 그 존재론에서, 언어는, 명제 형식을 갖지 않는, 비언어적이고 지시적인 실재 내에 구현된다. 이런 맥락에서, 셀라스의 유명론은 그의 자연주의와 유물론(물론 이 둘은 동일하지 않다)이란 꾸러미의 한 부분이다. 셀라스는 자연주의자이다. 왜냐하면, 그는, 우리 사유가 뿌리내리고 있는, 언어적 실행이 자연적 과정의 변양(varieties)이라고 주장하기 때문이다. 자연과학은 이러한 과정을 탐구한다. 언어적 활동은 자연적 과정의 분명하고 독특한 변양이다. 그러나 언어적 활동이 갖는 특수성은 결코 생략될 수 없다. 이것이 셀라스가 갖는 칸트주의의 한 측면이다. 셀라스를 유물론자이며 자연주의자로 만드는 것은, 자연적 과정의 변양들이 유기체 영역 너머로 확장될 수 있다는 그의 주장이다. 유물론자가 된다는 것은 자연의 **유기체화**(*organicize* nature)를 거부하는 것이다. 즉, 실재 전체를 설명하는 패러다임으로 유기체를 이용하지 않으려는 것이다. 셀라스의 유물론을 비형이상학적으로 만드는 것은, 언어적 기능이 궁극적으로 유기체적 패턴뿐만 아니라 비유기체적 패턴에도 뿌리내리고 있지만, 이러한 물질적 패턴은 지각적이며, (그 의미가 아래에서 해명될 것인데) 이것이 "사실의 문제", 즉 소리, 흔적, 공간적 간격, 운동 등이라는 그의 주장에 있다. 이것들이 셀라스가 "자연적-언어적 대상들(natural-linguistic objects)"이라 부르는 것을 구성한다. 자연적-언어적 대상들은 실재의 부분을 묘사하는 이름이다. 이름은 자연적 질서의 한 부분이지만, 자연적 질서의 부분으로서 의미를 갖지는 않는다.

　지칭이 의미론적 관계가 아니듯이, 표상도 인식적 관계가 아니다. 표상은 자연적 기능이다. 표상 체계(representational system)의 일반 이론은, 표상적 기능의 감각적 변양과 비감각적 변양 사이를 구분한다. 이것은 다시 명제 형식과 개념 형식의 구분을 요구한다. 동물의 표상 체계는, 지시적 국면과 속성의 국면을 갖는, 명제 형식을 통해 작용한다.14) 결정적으로, 이 명제 형식은 비개념적이다. 따라서 대상 a가 빨갛다라는 표상은 "a"라는 기호 사례를 특징지어 표시함으로써 수행된다. 요소 명제들이 갖는 지칭의 국면과 속성의 국면은 구문론적으로 보호된다. 구문론적 형식은 감각적 유기체의 신경계 내에, 즉 신경생리학적 속성으로 구현된다. 이 점에서, 명제 형식은 선언어적(prelinguistic)이며, 논리적 혹은 개념적 형식보다 더 근본

————————

14) Sellars MEV, 336을 참조하라.

적이다. 논리적 형식은, 표상 체계가 표상들 사이의 연합, 양립, 비양립 등의 관계를 표상할 때, 비로소 나타난다. 메타표상(meta-representation)은 명제들 사이의 내적 관계를 확립한다. 완전한 개념 형식은, 메타표상이 (자연언어의 풍부한 술어적 자원을 갖는) 명제 구조를 공급한 다음에 비로소 이루어진다. 비록 이 자연언어가 표상 체계에 수반하지만, 표상 체계의 부호화 절차(coding procedures)로 환원되지는 않는다.

6. 패턴과 과정

셀라스에 의하면, 가장 기초 수준에서, 언어적 실행은 이름에 닻을 내리고 있다. 이름은 **어떻게든** 대상을 그려주고 표상한다. 이러한 어떻게든(대상과의 연관)은, 이름이 발화되거나 표시되는 방식에 의해서 말해주는 것이 아니라, **보일 뿐이다.** 물론, 발화나 표시 그 자체는 진술이 아니다. 그것은 (음성, 문자, 몸짓 등의) 물리적 패턴이다. 따라서 개념적 속성이 속성이나 존재의 방식을 지칭하지 않는다고 셀라스는 주장한다. 그럼에도 불구하고, 개념적 속성은 표상 행위에 뿌리내리고 있다. 표상 행위는 (개념적 질서 **내에서**) 어느 정도 적합하다고 말할 수 있는 방식으로 실재를 그려준다. 그림의 적합성(pictorial adequacy) 기준은 현존하는 우리의 개념적 범주에 의해 형식화된다. 그런 만큼, 그것은 우리 표의 도식(signifying scheme)에 내적이며, 가용한 술어적 자원에 의존한다. 그럼에도, 그것은 개념적 질서와 실재적 패턴의 사이의 연관성을 **추적하는 데** 사용될 수 있다.[15]

---

15) Seibt(2000) 참조.

비록, 개념적 범주가 자연적 기능을 표상하지 않는다고 할지라도, 개념적 범주는 자연적 기능에 구현되어 있고, 그것에 조건지어진다. 이것을 증명하는 것이 셀라스의 철학적 부담인데, 그 증명을 위해, 개념적 기능의 타당성을 (사유와 사물 사이에 성립하는) 형이상학적 대응성으로부터 구분할 필요가 있다. 의미는 관계가 아니다. 즉, 의미 진술(meaning statement)은, 단어와 사물 사이의 형이상학적 관계가 아니라, 단어와 다른 단어 사이의 메타언어적 상관관계를 확립시킨다. 언어의 기본적 수준은 자연적-언어적 대상과 물리적 대상 사이에 성립하는 패턴-지배적 연결로 구성된다. 단어는 의미에 의해 실재를 묘사하거나 표상하지 않는다. 오히려 단어는 화자에 의해 준수되는 의미론적 규칙성(semantic regularity)과, 의미론적 규칙성이 체화되는, 물리적 패턴 사이에 성립하는 물리적 연결이다.

"인간"이 인간을 지시한다는 사실에 기초하는 "실재 관계(real relation)"는, "인간"이란 단어와 인간 사이에 성립하는 실재 관계임에 틀림없다. 그러한 관계는 일반화의 관점에서 형식화되고, 반사실적 문장 형식으로 표현된다. 그것은 ("인간"이라는 단어를 포함하는 문장을 포함해서) 표현 사례들(expression-token)과 (인간을 포함하는) 비언어적 대상(extra-linguistic objects) 사이에 성립하는 균일성(uniformity)을 보여준다. (Sellars NAO, 61)

이러한 균일성은 행동 패턴뿐 아니라, 음성, 문자, 촉각 등의 패턴으로 실현된다. 그러한 균일성은 실행의 균일성으로 나타나는데, 그것은 패턴-지배적 언어 행동을 구성한다. 이러한 패턴은 언어 능력을 구성하는 원리를 반영한다.16) 궁극적으로 범주는 메타언어적 역

---

16) "옹호되는 원리는 실행의 균일성에서 반영된다"(Sellars TC, 216)고 셀라

할에 의해 설명된다. 그리고 메타언어적 역할은 올바른 표상의 관점에서 설명된다. 그 올바른 표상은 다시 **그리기**(*picturing*)의 관점에서 설명된다.

7. 결론

셀라스 철학이 비판적 존재론의 요구를 어느 정도 만족시킬 수 있는가? 이 질문은 이 글 처음에 던졌던 여러 질문에 대한 답변을 요구한다. 즉, 이름이란 무엇인가? 이름과 그 지시 대상은 어떻게 연관되는가? 어떤 종류의 것들이 존재하는가, 그리고 종류란 무엇인가?

첫 질문에 대해, 이름은 (음성 혹은 문자 등의) 경험적 특성을 가진 기호-도안(즉, 자연적-언어적 대상)이라고 답변할 수 있다. 그 기호-도안의 사례들은 셀라스가 "존재 당위(ought-to-be)" 규칙이라 부르는 규칙에 따라 대상의 패턴과 연관된다.

두 번째 질문에 대해, 이름은 그 지시 대상과 연관된다고 말할 수 있다. 그것은 이름이 서로 구분되지만, 그럼에도 긴밀히 연관되는 두 차원, 즉 의미론적 차원과 물질적 차원에서 작용하는 다층적 대상이기 때문이다. 이름은 규칙-지배 언어적 역할 때문에 의미를 나타낸다(signify). 그러나 이름은 동시에 감각적 특성을 통해 세계에 있는 다른 대상을 그려주고 지시하는 하나의 대상이기도 하다.

세 번째 질문, 즉 어떤 종류들이 있는가, 또 종류란 무엇인가에 대해, 후자부터 답변할 수 있다. 종류(kind)는 메타언어적 범주(sortal)이다. 이것은 규칙-지배 사례들의 패턴에 대응한다. "실재로

스는 표현하고 있다. 이것은 제임스 오셔(James O'Shea)가 "규범/자연의 메타원리"(O'Shea 2007, 62)라고 부른 것이다.

(real)" 존재하는 종류들이 무엇인가라는 질문에 대해, "실재" 종류의 궁극적 목록은 경험적 탐구의 규제적 이상(regulative ideal)인 세계에 대한 절대적 그림에 의해 확정된다고 말할 수 있다. 물론, 이것이 셀라스의 초월적 실재론의 가장 논란이 많은 부분이다. 소위 셀라스 좌파들은[17] 셀라스의 이러한 주장을 거부한다. 그럼에도 불구하고, 우리가 그리기에 대한 적합성 혹은 충족성의 규준을 가진다는 셀라스의 주장은, 비판자들이 주장하듯이, 해명되지 않은 채 남아 있는 치명적인 것이 아니다. 우리는 현재 우리의 그림을 그 이상적 그림에 어느 정도 근접하는지 측정할 수 있다. 로젠버그(Jay Rosenberg)에 의하면, 그것은, "후속 이론에 의해 결정되는 값에 도달하기 위해, 선행 법칙에 엄밀하게 대응하는 대응 부분을 적용하여 도입되는, 수정 요인의 절대적 수적 양을 측정함으로써 가능하다." (Rosenberg 2007, 69)[18]

더구나, 우리는 이러한 이상을 향해 우리 현재 그림을 위치시킬 수 있다. 대응되는 속성을 가진 유비 모형을 구성하여, 후속 이론에 범주들을 투사함으로써, 그렇게 할 수 있다.[19] 여기에서 제기되는

---

17) 리처드 로티가 만든 용어로서, 소여에 대한 셀라스의 비판을 수용하지만, 과학적 실재론에 대한 셀라스의 입장을 거부하는 철학자들이다.

18) 다음과 같은 자이프트(Johanna Seibt)의 주장을 참조할 수 있다. 비록 우리가 외재적 관점의 틀을 얻을 수 없다고 할지라도, 우리의 현재 관점에서 선행 체계가 어떤 작은 부분에서 임의적으로 빗나가고 있는지 판단할 수 있는 최종 체계를 식별할 수 없다고 할지라도, 우리는 수렴성에 대한 코시(Cauchy) 규준에 의해 일련의 체계(framework)의 수렴성에 대해서 확증할 수 있다. 즉, 일련의 체계 중 어느 것들이 서로 얼마나 임의적으로 밀접한지 보여줄 수 있다. 이런 방식으로 최종적 체계에 대해 서술할 수 없다고 할지라도, 로젠버그가 주장하였듯이 우리는 일련의 체계의 수정 요인을 비교할 수 있고, 현재의 내재적 관점에서 최종적 체계가 있다는 것을 확증할 수 있다(Seibt 2000, 264)

19) 특별히 Seibt(2000)을 참조하라. 셀라스의 "투사적 형이상학(projective

중요한 문제는, 모든 언어 기능이 궁극적으로 근거하는 자연적-언어적 대상의 물질적 속성으로 어떻게 정확하게 술어적 역할을 나타낼 수 있는가이다. "통찰력이 있는 유명론자에게 지도 작성 혹은 그리기의 변양들은 단순한 **사실의 문제적**(*matter-of-factual*) 성질 및 관계만큼이나 다양하다"(NAO, 60)고 셀라스는 말한다.

셀라스의 "방법론적 유물론"의 핵심은, 그리기의 차원이 사실적 성질들의 다양성처럼 다양하다는 것이다. 물질적 영역에 대한 대응 체계를 제공하는 것이 바로 사실적 성질들이기 때문이다. 따라서 셀라스의 주장은, "물질성(materiality)"을 서술하기 위해 그 어떠한 개념적 속성을 사용하더라도, 그것은 임시적이며 조정 가능하고, 나아가서 근본적으로 수정될 수 있다는 것을 함축한다. 철학적 존재론이 가지는 이러한 가류주의적(fallibilistic) 차원[20]은 그리기 이론에 이미 암시되어 있다. 또, 그것은 직설적인 형이상학적 혹은 독단적 실재론과 셀라스의 비판적 입장을 구분짓게 해준다. 셀라스에 의하면, 경험적 이론은 "자기 수정 작업"이다. 더 실증주의적 자연주의자들(positivistic naturalists)이 경험적 증거를 이론 수정의 유일한 결정 요소로 주장하는 데 반해, 셀라스의 합리주의 자연주의(rationalistic naturalism)는 철학에 더욱 결정적 역할을 허용한다. 철학의 과제는 현시적 영상과 과학적 영상에 고유한 범주적 구조를 해부하는 것뿐 아니라, 자연적 질서 안에서 개념적 합리성의 지위를 설명할 수 있는 새로운 범주들을 마련해야만 한다. 따라서 철학은 단지 경험과학의 하위 작업이 아니다. 철학은 범주적 수정을 판정하는 자율적 기능을 갖는다. 개념적 범주와 물질적 패턴의 관계를 설명하기 위해 "순수 과정(pure process)"이라는 범주를 셀라스가 주장하는 것은,

---

metaphysics)"이 지닌 중요성에 대해서 매우 시사적인 고찰을 하고 있다.
20) [역주] 틀릴 수 있고, 따라서 수정 가능하다는 차원.

철학이 갖는 이러한 정당화의 과제에 부합한다.21) 개념적 범주 작업을 구성하는 규칙 준수 활동과 이러한 범주가 구현되는 패턴-지배적 활동은 서로 구분되지만, 자연적 과정에서 서로 연결된다. 개념적 변형은 물질적 패턴을 반영하지 않은 채 물질적 패턴을 추적한다. 순수 과정은 표상의 패턴과 표상된 대상의 패턴 사이에 성립하는 공변성(covariation)을 설명하기 위해 메타범주적 차원에서 도입된다. 그러나 이러한 도입은 방법론적 자연주의를 주장하는 셀라스의 입장과 완벽하게 일치한다. 그러한 도입은 미래 경험과학에 의해서 그 사용 과정에서 필연적으로 변형될 수밖에 없는 모형으로 작용한다. 이 점에서 셀라스의 자연주의는 독단적이라기보다 비판적이다. 왜냐하면 그것은 여전히 선험적(*a priori*) 철학 이론 작업을 유지하기 때문이다. 그러나 철학자에 의해 도입되고 목록화되는 존재론적 범주들은 경험적 탐구와 관련된 설명적 역할에 의해 제약되고, 따라서 필연적으로 미래에 경험적으로 조정될 수밖에 없다.

참고문헌

나는 셀라스 텍스트를 인용하는 표준적 관례를 따른다. 즉, 제프리 시차(Jeffrey Sicha)가 작성한, 셀라스 저술에 대해 완벽한 참고문헌인, 「윌프리드 셀라스의 철학적 저술(The Philosophical Works of Wilfrid Sellars)」에서 사용했던 약어를 따른다. 이 글은 시차가 편집한 카시러(Cassirer)에 대한 셀라스의 강의 노트인, 『칸트의 초월적 형이상학(*Kant's Transcendental Metaphysics*)』(Atascadero, CA: Ridgeview, 2002, 485-92)에 실려 있다.

---

21) 다음을 참조하라. Sellars FMPP.

시차의 참고문헌은 앤드류 크러키(Andrew Chrucky)가 한 수정 내용을 반영하고 있다. 크러키의 인터넷 사이트인 "윌프리드 셀라스의 문제(http://www.ditext.com/sellars/bib-s.html)"에 완벽한 참고문헌 목록이 있다.

셀라스의 저작

Sellars, Wilfrid. *Empiricism and the Philosophy of Mind*[EPM]. Cambridge, MA: Harvard University Press, 1997.

____. "Foundations for a Metaphysics of Pure Process"[FMPP]. *The Monist* 64(1981): 3-90.

____. "Mental Events"[MEV]. *Philosophical Studies* 39(1981): 325-345.

____. *Naturalism and Ontology*[NAO]. Atascadero, CA: Ridgeview, 1996.

____. "Truth and 'Correspondence' "[TC], *Science, Perception and Reality*. Atascadero, CA: Ridgeview, 1991, 197-224.

셀라스에 대한 저작

deVries, Willem. *Wilfrid Sellars*. Chesham: Acumen, 2005.

O'Shea, James. *Wilfrid Sellars: Naturalism with a Normative Turn*. Cambridge: Polity Press, 2007.

Price, Huw. *Naturalism Without Mirrors*. Oxford: Oxford University Press, 2011.

Rosenberg, Jay. "The Elusiveness of Categories, the Archimedian Dilemma and the Nature of Man: A Study in Sellarsian Metaphysics." *Wilfrid Sellars: Fusing the Images*. Oxford: Oxford University Press, 2007, 47-77.

Seibt, Johanna. *Properties as Processes: A Synoptic Study of Wilfrid*

Sellars' Nominalism. Atascadero, CA: Ridgeview, 1990.

Seibt, Johanna. "Pure Processes and Projective Metaphysics." *Philosophical Studies* 101(2000): 253-89.

8. 자연화하는 종 [1]

Naturalizing Kinds

무하마드 알리 칼리디 Muhammad Ali Khalidi

자연종(natural kinds)에 관한 자연주의(naturalism) 관점에 따르면, 과학으로 발견 가능한 종 이상은 전혀 존재하지 않는다. 이 논문은 자연종에 대한 현재 유력한 관점인 본질주의(essentialism)와 긴장 관계에 있다. 본질주의에 따르면, 자연종은 과학적 범주(categories)의 작은 하부 집합을 구성한다. 즉, 자연종은 (본유적인) 미시물리학적 속성으로 정의 가능하며, 그 속성은 그 담지자에 (우연적이라기보다) 필연적으로 귀속된다. 비록, 본질주의가 자연주의와 양립 가능한 듯 보이고, 정말로 이따금 "과학적"이란 별칭으로 불릴 만하긴 하지만, (최근 과학이 인정하는) 단지 소수의 범주만이 그러한 조건을 만족한다는 것이 점차 명확히 드러나고 있다. 만약

1) 이 장은 곧 출간될 *Natural Categories and Human Kinds*(Cambridge University Press)에 기반한다. 이 책 내용의 사용을 허락해준 출판사에 감사한다. 이 책이 시작된 학술대회에 참석하도록 초대해준 편집자에게도 깊은 감사를 드린다. 그 학술대회에서 받은 피드백에도 깊이 감사한다.

우리가 스스로 물리학과 화학에 한정하지만 않는다면, 생물학과 다른 특별한 과학에서 발견되는 범주들은 본질주의자가 자연종에 부여하는 하나 또는 여러 조건을 종종 위반한다. 내 주장에 따르면, 사실 스스로 기초 과학에 한정하더라도, 본질주의가 내세우는 위의 [자연종의 정의] 제약은 그 모든 범주에 적용되지 않는다. 그렇지만 이 논문에서 나는 본질주의에 직접 반대하지는 않겠다. 그보다, 나는, 대안적인, 자연종의 자연주의 개념을 명확히 주장하려 한다. 나의 개념에 따르면, 자연종이란 표식은 과학으로, (단지 기초 과학에 의해서만이 아니라) 특정 과학으로, 그리고 심지어 사회과학에 의해서도 발견될 수 있다. 나는 존 스튜어트 밀(John Stuart Mill)의 저작에서 자연주의자 개념의 기원을 찾아보고, 그런 후 콰인(W. V. Quine), 존 뒤프레(John Dupré), 리처드 보이드(Richard Boyd) 등의 저작을 통해 그 개념을 추적해보려 한다. 각각의 경우마다 나는 이 쟁점을 각기 다른 측면에서 조명하면서, 이러한 철학자들의 여러 관점의 여러 측면을 방어해보려 한다. 우선, 자연종에 대한 자연주의자 설명을 예비적으로 방어해보려 한다. 이런 방어는 유력한 본질주의자 개념과 대조된다.

1. 과학에 의한 발견 가능성

자연종에 대해, 본질주의자든 비본질주의자든, 일반적으로 언급하는 조건은, 자연종이 과학에 의해 발견될 수 있어야 하며, 과학적 탐구로 드러나는 중요한 특징은, 그것이 자연종으로 드러날 경우, 과학에 의해 밝혀진 범주가 교정 가능하다는 점이다. 만약 과학적 범주가 자연의 실제 구분과 대응(correspond, 일치)하지 않는다는 것이 드러난다면, 그것들은 서로 일치할 때까지 계속 수정되고 정교화된다. 수정과 정교화 방법의 이러한 특징은, 우리의 범주가 (속성을 공유하는) 사물 집합을 한정해줄 수 있어야 할 뿐만 아니라, 중요한 속성들을 공유해야 한다. 여기서 중요한 속성이란, 무엇보다, 투사 가능하고, 새로운 일반화가 되고, 설명적으로 풍부하며, 새로운 예측을 낳는 등의 속성이다.

척추동물(*vertebrate*) 같은, 생물학적 유기체에 적용되는 범주를 고려해보자. 이 범주는 처음에 모든 그리고 오직 척추(spinal column)를 가진 생물에만 적용되는 것으로 도입되었다. 왜냐하면 그 속성은 그것들을 다른 유기체들로부터 구분해줄 중요한 방법으로 고려되었기 때문이다. 세월이 지나, 생물학자들이 그러한 생명체에 대해 더 많은 것들을 발견함에 따라, 그리고 진화 이론이 넓게 확고해짐에 따라, 생물학자들은, 그러한 유기체를 구별하게 만드는 것이 주요하게 공통의 조상으로부터 계승된 역사라고 믿게 되었다. 결국, 현재 하나의 아문(subphylum)으로 고려되는, 이 생물학적 분류군(taxon)은 척주 또는 등뼈(vertebrae)를 **갖지 않는** 몇몇 유기체들을 포함하는 것으로 고려된다. 그럼에도 불구하고, 과학자들은 척추동물 아문(subphylum vertebrate)을 중요한 집단(group, 군)으로 생각하며, 그것에 속하는 유기체가 중요한 특징을 공통으로 가진다고 생각한다. 초기의 분류가, [현재의] 그 분류군의 모든 구성원이 갖지 않는다고 생각되었던 특징(바로 그 용어로 붙여진 특징이 그 범주를 분류하기 위해 사용된 특징)에 기반하더라도, 그 종과 연관된 속성은 세계에 관한 유력한 과학이론과 확립된 발견에 조화를 이루는 방식으로 수정되었다. 그러므로 과학적 범주의 중요한 측면은, 그 범주가, 탐구 중인 과학적 관점에서 중요하거나 실질적인 속성들과 연관되는 방식으로, 증거에 비추어 수정될 수 있다는 점이다. 우리가 범주를 이러한 방식으로 기꺼이 수정하는 것은, 그 범주가 자연에 대응하도록 변경되는 중이라는 중요한 지표이다. 다시 말해서, 범주는, 그저 발명된다기보다 발견되는 것이다. 우리는, 우리가 원하는 방식으로 우리 단어(our words)의 사용을 결정할 수 있지만, 과학적 개념에 대해서는 그렇게 하지 말아야 한다. 우리는 어떤 개념을 특정 정의에 어긋나지 않게 연결할 수 있다(예를 들어, "척추동물"을 등뼈를 가진 속성을 가진다고). 그러나 만약 우리가 경험적 증거를 진지하게 고려한다면, 실제 종(real kind)에 대응하는 다른 개념을 도입할 필요가 있고, 그것이 과학 작업이 하는 일이다.2)

어쩌면 과학적 범주가 항상 자연에서 분할(division)을 추적하고, 세계에서 발견되는 진정으로 현존하는 종을 알아낸다는 것을 매우 확신하기 어려울 수도 있다. 과학자들이 피상적 구분에 안주할 때 [나타날 수 있는] 이러한 구분은 앞으로의 탐구 과정에서 제거될 수 있다. 그렇지만 만약 과학자들이 규정적 또는 임의적 범주들을 끌어들이면 어떻게 될까? 더 나쁘게, 그 범주들이 증거와 거의 무관하거나, 외부적인 동기의 작용으로, 특정한 편향이나 선입견에 물든다면 어떻게 될까? 과학적 범주의 수정 가능성은, 그 자체 또는 스스로, 그런 범주들이 발명된다기보다 발견된다는 점을 입증해주지 않는다. 왜냐하면 범주들은 자연 자체보다 편견과 선입견에 따라 변경될 수 있기 때문이다. 그렇지만 실제 과학적 범주에 반하는 특정한 주장이 없다면, 우리는, 과학이 실제로 현존하는 사물의 종을 발견하는 것을 (다른 것들과 함께) 목표로 정할 수 있으며, 과학적 범주를 임의적 혹은 편향된 것으로 여길 특별한 이유가 없는 한, 과학적 범

---

2) 척추동물을 포함하는, 척색동물 문(phylum Chordata)은 척추동물 아문(subphylum Vertebrata)보다 더 중요한 종류로 등장했는데, 이는 과학이 언제나, 도입하는 범주를 수정할 뿐만 아니라, 현존하는 범주 외에 또는 대신에 새로운 범주를 도입한다는 것을 보여준다.

주가 자연종에 대응할 것으로 결론 내릴 수 있다.

과학적 범주가 자연종에 대응한다고 말하는 것은, 과학적 범주가, 과학적 연구의 현 단계에서 그렇다는 것을 말하는 것이 아니라, 자연종에 대한 과학적 범주가 일단 그리고 모든 것들에 대해 안정되었을 때, 그러할 것이라고 말하는 것이다. 그렇다고 하더라도, 우리가 자연 세계에 대해 더 많이 발견함에 따라서, (어떤 과학혁명이 우리 앞에 다가올지 알 수 없지만) 우리의 현재 과학적 범주가 **모두** 새로운 범주로 대체될 것 같지는 않다. 과거 과학이론에 변화가 있었고, 이런저런 새로운 범주들이 등장했음에도, 많은 과학적 범주가 손상되지 않은 채 남아 있기 때문이다. 현재 과학적 범주의 상당 부분을 우리가 폐기하는 격변이 있을 수 있지만, 그것들 모두가 연구 과정에서 버려질 가능성은 거의 없다.3)

2. 실제 종: 밀

과학이 자연종의 발견을 목표로 한다거나, 일반적으로 과학적 범주가 자연종에 대응한다는 생각은, 적어도 전통적인 자연종 개념에서 나왔다. 그런 전통의 자연종 개념은 적어도 밀의 『논리학 체계(*A System of Logic*)』([1843]1973)까지 거슬러 올라가는 오랜 철학적 주장이다. 실제로 밀이 강조한 주요 주장 중 두 가지는 앞 절에서 언급되었다. (a) 자연종은 과학으로 발견될 수 있고, (b) 종의 목록과 그것과 관련된 속성은 일반적으로 과학 탐구 과정에서 수정된다. 밀은 "자연적" 분류와 "인공적" 분류를 구별하며([1843]1973, IV

---

3) 나는 여기서 이 주장을 정당화하려 하지 않겠다. 그렇지만 여러 성공적 개념 도식들 사이의 (널리 알려진) 공약 불가능성(incommensurability)에 반대하는 논쟁을 Khalidi(1998b)에서 보라.

vii §2), 자연적 분류(natural classifications)는 사물을 집단으로, 즉 그 구성원이 공통으로 많은 속성을 갖는 집단으로 나눈다. 이와 대조적으로, 인공적 분류(artificial classifications)는, 모든 구성원이 많은 속성을 공유하는 범주로 사물을 묶지 않는다. 인공적 분류의 한 예로, 밀은 린네(Linnaeus)의 식물 분류를 언급하는데, 이것은 꽃 속의 수술(stamens)과 암술(pistils)의 수에 기초했다. 그에 따르면, 그러한 분류 체계의 문제는, 일정 수의 수술과 암술을 가진 식물이 일반적으로 분류를 유용하게 만들어줄 정도로 충분한 다른 속성을 갖지 않는다는 점이다. 밀이 말했듯이, "그런 식으로 생각하는 것은 별로 유용하지 않다. 왜냐하면 우리는 주어진 수의 수술과 암술을 가진 식물의 공통점을 확인할 수 없기 때문이다."([1843]1973, IV vii §2) 따라서 자연적 분류 체계에 필요한 조건은, 그 집단의 구성원이 많은 수의 속성을 공유해야 한다는 것이다. 비록 린네의 체계가 하나의 과학적 가설로 제시되었다고 하더라도, 그 가설은 발전된 이후의 연구에 비추어 거부되었으며, 그 가설이 기초하는 범주는 자연적 분할에 더 가깝게 일치하도록 수정되었다. 이것은, 과학적 범주가 자연종을 찾기 위해 수정되고 정교화된다는 또 다른 사례이다.

밀에게, 자연적 또는 과학적 분류 체계란 자연의 "실제 종(real kinds)"을 식별하는 체계이다. 그러나 비록 모든 실제 종 또는 자연적 집단이 자연적 분류 체계에 속하더라도, 자연적 분류 체계의 모든 집단이 실제 종은 아니다. 실제 종으로 인정되려면, 그러한 집단은 많은 속성을 공유하는 것 외에, 더 많은 조건을 충족해야 한다. 그중 가장 중요한 것은, 어느 종과 관련된 속성이 무수하다(inexhaustible)는 것이다.[4] 밀이 말했듯이, "참된 종(true Kind)의 공통된

---

4) 실제 종에 대한 또 다른 조건은 (실제 종들 사이에 "불가능한 장벽 (impassable barrier)"이 분명히 존재하지만) 이 장에서 논의하지 않겠다.

특성, 그리고 결론적으로, 존중받게 될, 혹은 우리 지식의 확장에 따라 앞으로 존중될 것이 확실한, 일반적인 주장(general assertions)은 무한하고 무수하다."([1843]1973, I vii §4)5) 그러나 "무수한" 속성들 집합을 구성하는 것이 무엇인지 말하기 어려우므로, 나는 밀이 자연종에 대해 놓았던 조건에 두 가지 조건을 더하는 것이 필요하다고 주장한다. 첫째, 발견된 속성이, 우리가 이미 그 종과 연관된 속성으로부터, 논리적으로(as a matter of logic), 추론되지 않는다는 자격이다. 밀이 앞서 인용한 구절에 말했듯이, 문제의 속성들은 "확실한 법칙에 의해 이전 [속성]으로부터 추론할 수 없어야 한다." ([1843]1973, I vii §4) 둘째는, 이러한 속성이 어떤 의미에서 **중요하여** 더 상세히 묘사되어야 한다는 것이다. 과학 분류 체계에 비추어, 밀은 "그 과학적 성격에 대한 시험은, 집단에 포함된 모든 대상에 대해 공통으로 주장될 수 있는, 속성의 수와 중요성"이라고 말한다([1843]1973, IV vii §2). 따라서 나는 이렇게 주장한다. 만약 그 종과 연관된 속성들이 정말로 과학적으로 중요하고 논리적으로 서로 독립적이라면, 비록 그 속성들이 무수하지 않더라도, 그것이 자연종이 되기에 부적격하지는 않다.

밀은 "중요성(importance)" 문제에 상당한 관심을 기울인다. 그리고 비록 그가 그 생각을 명확히 묘사하지 않았지만, 그의 논의는

---

5) Hacking(1991, 119)에 따르면, 퍼스(Peirce)가 이 요구 조건에 반대하는 이유는 이렇다. 하나의 관점에서, 과학적 탐구란, 법칙의 문제로서(as a matter of law), 특정 속성을 다른 속성들로부터 도출하는 것이다. 그렇지만, 이러한 밀의 주장은 이러한 (다른) 속성들이, 논리만으로, 또는 다른 속성들로부터 직접적이거나 사소한 방식으로, 따라 나오지 않아야 한다고 말한 것으로 관대하게 해석될 수 있다. 밀은 이렇게 말했다. "따라서 사물들을 분류해주는 속성들은, 가능한 한, 다른 많은 속성의 원인인 속성이어야 한다."(Mill [1843]1973, IV vii §2)

[여기 논의를 위한] 좋은 출발점이다. 그는 이러한 맥락에서 중요성에 대해 두 가지를 강조한다. 첫째는, 중요성이 문제의 분류를 통해 성취하려는 목적에 상대적이며, 특정 분야의 체제(framework) 또는 어떤 과학 영역의 체계적 탐구와 무관하게 결정되지 않는다는 점이다. 밀에 따르면, "지질학자는, 화석을 살아 있는 생물에 대응하는 족(families)으로 나누는 동물학자와는 달리, 고생대, 중생대, 제3기 화석, 석탄기 후기 및 석탄기 전기 등으로 나눈다."([1843]1973, IV vii §2) "중요성"이란 특정 과학에 따라 다를 수 있고, 한 연구의 관점에서 중요한 것이 다른 연구의 관점에서 그렇지 않을 수도 있다는 것을 인정하는 것은 유익한 제안이다. 그러나 밀은, 한 가지 연구나 다른 연구의 관점에서 중요하게 하는 것이 무엇인지 충분히 설명하지 않는다. 설상가상으로 그는 분류와 같은 것이 (특정한 실천적 목표 및 목적에 상관없이) 있을 수 있다고 말하기도 한다. 따라서 그의 두 번째 논점은, 중요성이 특정 맥락 밖에서도 판단될 수 있다는 것이다.

우리가, 어떤 특별한 실천적 목표를 위해서가 아니라도, 사물들의 속성 및 관계 전체에 대한 우리의 지식을 확장하기 위해서, 사물을 연구할 때, 우리는, 그 자체로나 그 효과로 인해, 서로 비슷한 것과 다른 것과 비슷하지 않은 것을 구별짓도록 가장 많이 기여해주는 것을, 가장 중요하다고 고려해야 한다. 그것은 그 자체로 구성되는 집단에 가장 두드러진 개별성을 부여한다. 그 속성은 근본적으로 자체의 존재에서 가장 큰 여백을 채우며, 모든 그것의 속성을 알면서도 특별히 관심 두지 않는 관찰자에게 가장 주목받는 인상을 준다. 이러한 원리로 형성된 부류(classes)는, 다른 어느 것보다 더 명확한 방식으로, 자연적 집단이라 불릴 수 있다. ([1843]1973, IV vii §2)

어느 부류에 "가장 두드러진 개별성" 부여란, 중요한 속성이 무관심한 관찰자에게 가장 "인상적인 주의를 끌도록" 해준다는 생각만큼, 모호한 관념(notion)이다.6) 내가 보기에, 밀은 여기에서 방향을 잘못 잡았으며, "중요성"이란 관념을, 과학이 문제 되는 종(kind)을 부여하려는 목적이라고 제안하는 것이 더 나았을 것이다. 우리는 과학이 어떤 범주를 중요하게 생각하는지 알고 있으며, 그러한 범주가 마땅히 가져야 할 특징에 대한 광범위한 합의가 있다. 그런 범주는 투사 가능해야만 하고, 경험적으로 일반화시킬 수 있어야 하고, 설명에서 풍부한 데이터, 즉 여러 특징을 응축시키며, 타당한 예측을 제공해야 한다.

밀의 개념을 출발점으로 삼아, 우리는 자연종의 특별한 특징에 대해 진전을 이루어낸다. 각각의 자연종은 과학으로 발견될 수 있는 많은 속성과 연관된다. 과학은 자연에 존재하는 종에 대한 발견을 목표로 할 뿐만 아니라, 현상에 대한 진정한 종과 대응하지 않는 범주를 제거하는 방식으로, 범주를 수정한다. 자연종은, 다만 단일 속성과 관련되지 않아야 한다. 그렇지 않으면, 그와 연관된 속성 위에 하나의 종을 지정할 필요가 전혀 없다. 그러므로 자연종은, 하나의 속성으로부터 연역 가능한(deducible) 하나를 제외한 모든 속성과 연결되어서도 안 된다. 따라서 자연종과 연관된 속성들은, 자연법칙에 따라 서로 잘 연결되더라도, 사소한 방식이든 논리적으로든 단일 속성으로부터 추론되지 않아야 한다. 더구나 그러한 속성들은 중요한 것이어야 하며, 그 중요성은 우리가 과학적 범주에서 언제나 추구하는 특징들로 이해되어야 한다. 즉, 투사 가능성, 설명 효용성, 예측적 가치 등으로 이해되어야 한다. 우리는 또한, 밀과 같이, 과학적

---

6) [역주] 필자는 이 논문에서 "concept(개념)", "term(용어)", "notion(관념)" 등을 구분하여 사용한다. 따라서 그 번역어를 구분하였다.

중요성의 기준 자체가 특정 하위 분야 또는 탐구 영역의 관심과 목표에 따라서 과학 내의 분야마다 변화하는 방식을 허락해야만 한다.

3. 탐구의 목적: 콰인

자연종이 과학으로 제시되는 범주와 대응한다는 요구가 편협한 과학적 요구는 아니지만, 단지 자연종을 (체계적 탐구 결과로 가정되는) 범주와 일치시킨다. 그리고 그런 범주는, 우리가 실재의 어느 국면에 대한 인과적 또는 눈앞의 대면식(passing acquaintance)의 결과로 인지할 만한 범주와 상반된다. 자연종에 대한 콰인의 태도는, 내가 지금까지 채택한 접근법과 다소 다른 것 같다. 자연종은 과학이 탐구 끝에 밝혀지는 범주라고 하기보다, 우리가 과학 탐구의 이전 또는 초기 단계에서 시작하는 대략적이며 예비적인(rough-and-ready) 범주이다. 콰인이 보기에, 자연종은 통속적 분류에 기초한다. 즉, 자연종은 어떤 면에서 모두 **비슷한**(*similar*) 것들의 집합이다. 그에 따르면, **종**(*kind*)과 **유사성**(*similarity*)이란 관념은 다소 모호하며, 다양한 방식으로 상호 규정해주긴 하지만, 정확한 정의를 허용하지는 않는다. 우리가 비슷하다고 느끼는 사물들이, 우리가 자연종이라고 생각하는 집합에 속한다.[7] 이러한 유사성은 처음에는 "본유

---

7) 콰인의 설명이 다른 철학적 설명과 상충하는 주목할 만한 한 가지는, 그가 자연종을 내포적 존재(intensional entities)라기보다 외연적 존재(extentional entities)로 간주한다는 점이다. 그는 이렇게 말한다. "종(kinds)이, 그 구성원에 의해 결정되는, 집합(sets)처럼 보일 수 있다. [그러나] 분명히 모든 집합이 종은 아니다."(Quine 1969, 118) 나는 여기서 나오는 복잡한 논란을 무시하겠다. 왜냐하면, 나는, 두 개의 (실제) 공시적 집합(coextensive sets)이 두 개의 진정으로 다른 종에 대응한다는 것을 비교적 논란의 여지가 없다고 생각하기 때문이다.

적 유사성 표준(innate similarity standards)", 즉 인간종의 구성원에게 공통적인 질적 공간(quality spacing)에 근거한다. 그러나 우리가 세계에 대해 더 많이 발견할수록, 이러한 많은 유사성은 가짜로 또는 상관없는 것으로 드러나며, 따라서 우리는 그것들을 우주의 참인 본성에 어울리는 더 많은 유사성으로 대체한다. 콰인은 이렇게 말한다. "색깔은 우리의 본유적 질적 공간에서 왕이다. 그러나 우주적 범위에서는 드러나지 않는다. 우주적으로, 색깔은 종으로서 자격을 갖지 못한다."(1969, 127) 과학은 색 유사성에 기반한 자연종을 다른 유사성을 기반으로 한 종으로 대체하며, 이러한 유사성 관계는 과학의 다른 분야에서 다르게 정의된다. 콰인의 생각에 따르면, 각각의 과학이 성숙함에 따라, 그런 과학은 특정 주제에 주로 적용되는 엄밀한 유사성 관계를 정의해줄 것이다. 화학은 표본 물체의 유사성을 그 구성 분자를 일치시킴으로써 정의해줄 것이다(1969, 135). 한편, 생물학은 유기체나 종의 유사성을 공통 조상의 근접성 및 빈도 면에서 정의해줄 것이며, 더 좋게는, 공통 유전자에 의해서 정의해줄 것이다(1969, 137). 따라서 콰인의 효율적 생각에 따르면, 이러한 각각의 경우 유사성의 관념은 동일성(identity)에 근거한 어떤 복잡한 관계로 환원될 것이다(예를 들어, 우리는 유기체 a를, 만약 a와 b가 a와 c보다 더 동일한 대립유전자를 가질 경우, 그리고 오직 그 경우에만(if and only if, 필요충분조건으로), 유기체 c보다 유기체 b와 유전적으로 더 유사하다고 정의할 수 있다).[8] 이런 생각에서 유사성은, 과학 내의 총칭적 개념(generic concept)으로서, 탈

---

8) 이러한 콰인의 예측은 유전학자들이 개발한 다양한 유전적 거리 측정에 의해 뒷받침되었다. 유전적 거리의 가장 간단한 측정 중 하나는 모든 유전적 위치에서 합산된 공유 대립 유전자의 비율에 기초한다. 이 측정은 인구나 분류군뿐만 아니라 개인에게도 사용될 수 있다.

락될 수 있다. 즉, 분자, 유전자 또는 유사한 구성 존재의 동일성으로 정의되는, 특정한 유사성 관념으로 대체될 것이다.

유사성에 대한 콰인의 예감이 입증되든 안 되든, 그런 과정에서 고안된 범주가 자연종으로 간주되는 것을 막을 수 있는 것은 없어 보인다. 콰인의 생각에 따르면, 우리는 그런 범주에 속하는 구성원들이 유사하다고 말하기보다, 그 범주들이 일정 비율의 동일 구성원을 가진다고 말할 수 있어야 한다. 그러나 만약, 그렇게 식별되는 범주가 투사 가능하고, 설명적 가치를 가지며, 그렇지 않으면 관련 과학의 관점에서 중요하다면, 그 범주들은 앞 절에서 논의된 자연종의 관념에 적합할 것 같다. 이것은 다음의 경우에 매우 그럴 것 같다. 만약 우리가 자연종의 구성원들 사이의 개략적 유사성에 대한 논의를 피하고, 그 대신 동일 구성요소를 가진, 더 일반적으로 말해서, 속성을 공유하는 구성원들에 대해서만 말한다면 말이다. 그러므로 콰인의 억측, 즉 우리가 만약 충분한 시간을 가지면 자연종을 모두 버릴 수 있을 것이라는 추측은, 유사성 관계가 마침내 과학의 각 분야에서 정확해지고 상대화될 것이라는 그의 억측으로, 우리가 강요될 결말은 아니다. 적어도 우리가 만약 자연종을, 내가 제안하는 노선에서 이해하는 한, 그렇지 않다.

콰인의 생각에 따르면, 자연종은 자연어로 인식되는 상식적 범주에서 유래되어, 결국엔 성숙한 과학적 세계관의 출현으로 사라질 것이다. 비록, 자연종의 관념과 밀접히 관련된 유사성이란 관념이 미성숙한 과학에 자리를 잡을 수 있기는 하지만, 이러한 관념들은, 과학이 결실을 얻음에 따라서, 점차 사라질 것이다(1969, 138). 그렇지만 그는 또한 이렇게 말한다. 자연종이 미성숙한 과학에서 계속 어떤 역할을 하는 한, 그런 자연종이 상식적 종과 함께 공존할 수 있다. 그는 이렇게 주장한다. "본유적 유사성 관념"은 "과학적으로

240

정교해진 관념"과 공존할 수 있으며, 과학적 종은 우리가 처음 채택한 자연종을 "완전히 대신하지 않는다."(1969, 129) 콰인은, 우리의 상식적 종이 결국 과학적 범주에 의해 완전히 대체되거나, (만약 특정 인간이 관심 가진다면) 연구가 끝난 후에도, 어떤 "직관적" 자연종은 세계에 관한 우리의 이론 속에 계속 자리를 잡을 것인지 등에 자신이 어떻게 생각하는지를 분명히 밝히지 않는다. 그는 이따금, 우리의 상식적 관심에 내재된 자연종은, "비이성에서 과학으로"의 우리 진화에 관한 인용구에서처럼, 완전히 버려질 것임을 암시한다. 그러나 다른 곳에서, 그는, 인간이 항상 과학적 분류와 상충하는, (사물을 분류하려는) 어떤 평범한 관심사와 이유를 가질 것임을 인식하는 것 같다(1969, 128).

비록, 유사성이 존재에 대한 보다 정확한 개념으로 축소될 것이라는 콰인의 생각이 옳다고 하더라도, 자연종 모두를 포기할 이유는 없다고 나는 주장한다. 자연종은 여전히 과학적 범주에 대응한다고 고려될 수 있으며, 과학적 종은 이제, 유사한 개별자들이 아니라, 특정 정확한 동일성 관계를 만족시키거나, 특정 속성을 공유하는, 개별자들을 함께 묶을 것이다. 그러나 적어도 현재 연구 단계에서 과학적 범주와 함께 계속 번창하는, 비과학적인 범주에 대해 우리는 뭐라고 말해야 할까? 그런 범주들이 자연종의 후보가 될 수 있을까? 나는 과학의 발견 가능성을 종에 대한 내 설명의 발판으로 삼기 때문에, 이것은 그 경우가 아닐 수 있을 것 같다. 그러나 콰인과 다른 사람들이 인식하듯이, 많은 과학적 범주는 통속적 범주에서 시작되었다. 더구나, 적어도 일부 통속적 범주의 우선적 목적은, 자연에 실제로 존재하는 것들을 구별하려는 데에 있다. 이렇다는 것은, 우리가 그러한 통속적 범주를 모두 폐기할 수 없을 것임을 암시한다. 이 쟁점은 다음 절에서 더 자세히 탐구될 것이다.

4. 통속적 범주: 뒤프레

통속적 범주와 과학적 범주는 어떤 관계일까? 다른 곳에서, 나는, 통속적 범주가 과학적 범주와 도입된 목적이 거의 같다면, 과학적 범주로 대체될 것으로 기대될 수 있다고 제안하였다. 그렇지 않은 경우라면, 우리는 통속적 범주가 그렇게 대체될 것으로 기대하지 말아야 한다(Khalidi 1998a). 만약 통속적 의학이 인간 질병의 진짜 원인을 규명하는 것을 우선적 목표로 하고, 민중들이 나름의 인과적 속성에 근거하여 질병의 종류를 구별하는 데 초점을 맞춘다면, 우리는, 통속적 범주가 과학적 범주와 일치한다거나, 그렇지 않으면 과학적 범주로 대체될 것이라고 기대해야 한다. 어떤 경우에, 특정한 원인이 있다고 생각되는 통속적 질병은 아주 다른 원인을 가지는 질병으로 대체된다. 질병 **쇠약증**(*consumption*)과 관련된 이론은 결핵균(tuberculosis bacteria)이 발견되자 크게 수정되었으며, 우리는 그 질병의 이름을 바꾸었고, 그 원인에 대한 많은 믿음(흡혈귀에 의한 것이라는 믿음)을 수정하게 되었다. 한편, **히스테리**(*hysteria*)라는 개념의 종은, 주로 여성에게 영향을 미치며, 자궁 내 교란을 수반하는 질병을 나타내는 것으로 생각되었지만, 결국 자연종의 질병을 알아낼 수 없는 것으로 판명되어, 과학적 개념에서 탈락하였다. 그렇지만 일부 통속적 범주는, 비록 그 범주가 실제 질병을 보여주지 않는다고 생각할 좋은 근거를 우리가 알았음에도 불구하고, 질병을 치료하기에 효과적이며, 환자를 치료하고 기분 좋게 해주는 목표를 진전시키는 데 도움이 될 수 있다. 그것이 전혀 전례 없는 상황은 아닐 것이다. 플라시보 효과가 의학에서 꽤 흔하기 때문이다. 이것은, **일반적인 감기**(*common cold*)와 그 관련 병인(추운 날씨에 유행하고, 가볍게 옷을 입고 야외로 나가면 걸릴 수 있다)과 같은 질병 개념의 상황과 거의 같다. 감기라는 개념이 단일 유형의 질병을 밝혀주지 않지만(이 이름으로 통하는 병은 다양하게 상관없는 바이러스9)에 의해 야기될 수 있으므로), 그 개념은 추운 날씨, 즉 사람들이 실내에서 가깝게 모이려 하여 바이러스를 전염시키기 쉬운 시기를 주의하도록 만드는 유용성이 있어서, 여전히 제한된 범위로 유지될 수 있다. 이런 경우에, 비록 통속적 범주가 지속해서 사용되더라도, 그 범주를 자연종의 후보자로 고려하지 말아야 한다. 만약 우리의 목표가 단지 환자의 삶을 더 좋게 만드는 것이라면, 우리는 임상 환경과 환자와의 의사소통에서 이러한 범주를 계속 사용할 것이다. 그렇지만 연구 목적을 위해서라면, 우리는, 이러한 범주가 실제 종에 적합하지 않으며, 우리가 어느 꽤 좁은 목표를 달성할 수 있게 해주는 단지 유용한 목발이라는 것을 인식하게 된다. 일반적으로 말해서, 우리가 원하는 목표를 달성할 수 있게 해주지만, 자연에 존재하는 종에 대응하지 않는 범주를 도입할 가능성이 꽤 있다. 그러한 경우, 통속적 범주와 과학적 범주 사이에 어떤 직접적 경쟁도 없으므로, 통속적 범주가 과학적 범주에 의해 쫓겨날 것을 기대할 어떤 이유도 없다. 그러나 그러한 통속적 범주가 자연종에 대응할 것으로 기대하지 말아야 한다.

이 시점에서, 통속적 범주와 과학적 분류법 사이의 관계에 대한 내 견해와 뒤프레 견해를 비교하는 것은 유용하다. 콰인과 달리, 뒤프레는 통속적 범주가 일반적으로 과학적 범주로 대체될 것으로 생각하지 않으며, "통속적 분류법이 과학적 분류법만큼 정당하고, 실재적으로 해석된다"고 주장한다(Dupré 1999, 461). 실제로 한 관점

---

9) "비록 이 용어가 질병의 단일 원인임을 암시하는 경향이 있지만, 일반적인 감기는 실제로 여러 다른 종류에 속하는 수많은 바이러스에 의해 야기되는 이질적인 질병 집단이다."(Heikkinen and Järvinen 2003, 51)

에서 뒤프레(Dupré 1995, 24)는, 고래를 물고기로 분류하는 것이 정당하지 못한 것이 아니라, 오히려 특정한 통속생물학의 맥락에서 정당하다고 제안했다. 그렇지만 최근 연구에서 그는 이런 판단을 수정하여, 이 경우에 적어도, 과학적 분류 방식이 통속적 분류 도식보다 더 우세하다는 것을 인정한다. 그래서 이 과학적 세계관이 널리 퍼져, 일반인들(folks)은 이후로 고래를 물고기로 여기지 않게 되었다. 그러므로 뒤프레는 이렇게 결론 내린다. "유감스럽게도, 나는 고래가 물고기가 아니라는 사실을 인정해야 했다. 우리 문화권의 거의 모든 사람이 … 그렇게 부르지 않기로 동의한, 바로 그 충분한 이유에서이다."(1999, 474) 그러나 이 판단에서 빠뜨린 것은, 고래가 이후 일반적으로 물고기로 분류되지 않는다고 소문난 사실(purported fact)에 대해서도 가능한 이유(possible reasons)를 고려해보는 것이다. 뒤프레는, 이 경우 일반인들이 생물학적 관행에 따르는 것을, 맹목적 사실(brute fact)로 받아들이는 것 같다. 정말로 그는 고래를 물고기 범주에서 제외해야 할 "어떤 좋은 이유도 없다"고 주장한다. 따라서 그는 합당한(de jure) 근거보다, 사실(de facto)에서 패배를 인정한다. 실제로, 일반인들이 이런 경우에 과학자들을 따르지만, 그렇게 해야 할 필요는 없으며, 만약 그러지 않는다면 고래가 특정한 통속적 맥락에서 물고기라고 판단하는 것이 꽤 적절했을 수도 있다.10)

---

10) 마찬가지로, 통속적 분류와 과학적 분류학의 관계를 논하는 라포르테(LaPorte 2004)는 존중할 만한 이유를 충분히 조사하지 못하고, 결국 이 문제에 대해 혼란스러워하는 것으로 마무리한다. 그는 사람들이 통상적으로 과학자들에게 결정을 맡기지 않을 뿐만 아니라(LaPorte 2004, 31), 일반적인 용법이 종종 지속되며, 과학 명명법과 함께 쓰인다고 말한다(68-69). 그는, 항상은 아니지만, 일반적 용법이 종종 과학에 적합하도록 조정된다고 말하지만(87-88), 그럼에도 불구하고, 그러한 수정이 규칙적이어야 한다고 주장한다(89-90).

만약 내 제안이 옳다면, 우리는 각각의 개별적 사례에서 존중 (deference)과 존중의 결여 이유를 찾아야만 한다. 만약 일반 사람들의 목적이 과학 공동체와 일치한다면, 과학적 분류를 따르는 것이 합리적이겠지만, 그들의 목적이 다를 경우에는 그렇지 않다. 만약 일반 사람들이 고래를 **물고기** 범주에서 거의 보편적으로 제외하게 된 경우에(아래에서 질문할 가정에서), 아마도 유기체를 분류하는 데에 그들이 과학자의 목표나 목적을 공유하기 때문일 것이다. 그리고 이러한 목표나 목적은 통속적 분류보다 과학적으로 가장 잘 제공된다. 생물학의 과학적 분류는 종종 혈통에 기초하기 때문에, 이제 일반인들도 이러한 관심을 공유하고, 적어도 부분적으로는 그러한 이유에서 과학자들을 따르는 것처럼 보일 수 있다. 더구나, 다른 많은 생물학적 사례에서와 마찬가지로, 혈통에 의한 분류는 그 관련 유기체의 중요한 표현형 특징(phenotypic features)을 추적하기 위해서도 일어난다. 고래는, 우리가 물고기라고 이름 붙인 다른 생물 대부분과 혈연관계가 없을 뿐만 아니라, 아가미도 없고, 새끼를 낳으며, 물고기에 일반적으로 없는 다른 포유류 성질을 가지고 있다. 최초의(original) 분류는 아마도 총체적 표현형 특징과 광범위하게 공유된 서식지에 기초한 것으로 추정된다. 일단 이러한 속성이 (2절에서 소개한 의미에서) "중요하지 않다"고 밝혀지면, 우리는 그 속성에 근거한 분류를 중단하고 대신 다른 속성을 찾는다.

지금까지 나는 뒤프레의 주장, 대체로 일반인들은 과학자들을 따른다는 주장을 받아들였다. 그것이 그러한지 아닌지는, 그 관련 용어가 일반인들 사이에서 그리고 과학계 내에서 사용되는 방식을 살펴보는 세부적 사회언어학적 탐구에 의해서만 오직 확인될 수 있다. 비록 내가 그것을 조사하지는 않았지만, 이것은 적어도, 일상의 사용법을 요약해주는 사전 편찬에서, 완전히 그렇지 않다는 증거가 있다. 많은 표준 사전은 오늘날 "물고기(fish)"라는 용어에 대한 두 개 이상의 항목을 포함하며, 그중 적어도 하나는 생물학적 분류 범주가 아니라, "수생 생물(aquatic creature)"이란 속성을 가리킨다(아마도 그 앞 괄호 안에 "개략적" 또는 "구어적"으로 시작된다).11) 이것은 "물고기"가, 현대 영어에서 사용되듯이, 모호하다고 생각하는 어떤 이유를 제공하며, 왜 그런 일이 일어나는지 알아보기 어렵지 않다. 밀이 지적했듯이, "고래는, 우리가 고려하는 목적에 따라, 물고기일 수도, 아닐 수도 있다."(Mill [1843]1973, IV vii §2) 그러므로 그것은, **물고기**에 대한 두 가지 개념이 쓰일 여지가 있는 것처럼 보일 수 있다. 우리가 이러한 개념을 사용하려는 목적에 따라서, 한편으로는 고래는 물고기이며, 다른 한편으로는 물고기가 아니다. 그렇지만 이것에 대해 나는, 모든 목적이 동등하게 탄생하지 않았다는 말을 덧붙이고 싶다. 비록 일반인이 과학적 분류에 적합하지 않은 방식으로 "물고기"라는 용어를 사용하는 경우가 있을 수 있더라도, 이러한 사용은 투사 가능성 그리고 진정한 설명으로 보이지는 않는다. 그 범주 **물고기**가, 고래와 돌고래처럼, 해파리, 불가사리, 연체동물, 갑각류 등과 같은 수생 동물을 포함하지만, 그것은 투사 가능한 범

---

11) "fish"의 느슨한 사용을 위한 별도의 항목(또는 하위 항목)을 가진 사전으로, *American Heritage Dictionary of the English Language*, *Merriam-Webster's Online Dictionary*(11th edition), *Webster's New World College Dictionary*(4th edition), *Infoplease Dictionary*, *Dictionary.com* 등이 있다. 옥스퍼드 사전(*Oxford Dictionary*)은 이 두 항목을 말하지 않지만, 그 용어의 두 가지 의미를 명확히 구별한다. "보통의 언어로는 물 속에만 사는 어떤 동물로서 주로 지느러미와 팔다리가 없는 척추동물을 나타내지만, 다양한 고래류, 갑각류, 연체동물 등을 포함하도록 확장되었다. 현대 과학 언어에서는 (현재 보통의 용법이 대략적으로 사용되는) 아가미로 생명을 유지하고, 냉혈인 척추동물의 종류로 제한되며, 사지는 있더라도 지느러미로 변형되고 짝이 없는 중앙 지느러미가 더해진다."

주로서의 가치를 갖지 못한다. 유엔 식량농업기구가 발행한 어업 용어 사전에 따르면, 집합적 용어로 사용되는 "물고기"는 연체동물, 갑각류, 그리고 (앞으로 발견될) 어느 수생 동물도 포함한다.12) 그러나 이런 포괄적 의미에서, 우리가 물고기에 관해 더 알아야 할 것은 전혀 없다. 발견된 존재(존재 가능한)의 속성은 그 안에 처음부터 내재하는 속성이다. 이것이 "중요한" 속성을 선정한다는 생각은 (2절의 의미에서) 반박된다. 왜냐하면 발견된 무엇이 수요와 공급의 법칙에 따른다는 단순한 이유 때문이다. 그러나 그런 속성은 더욱 넓은 범위의 사물(일용품)과 공유되며, 심지어 느슨하게라도, (넓은 의미에서) 모든 그리고 오직 물고기에만 해당하지는 않는다. 그러므로 **물고기** 범주는, 이렇게 해석될 경우, 인식적으로 쓸모없다.

이렇게 포괄적인 "물고기"라는 용어의 사용을 과학적 용어와 대조하는 것은 유익하다. 비록 그 용어의 표준 과학적 사용 자체가 혼란에서 벗어나지 못하더라도, 그 범주는 명확하게 투사 가능하며, 설명적으로 효과적이다. 과학자들이 물고기라고 부르는 종은 3만 종이 넘지만, 그것들이 단일 계통 분류군(monophyletic taxon, 공통 조상의 모든 자손과 유일한 자손만을 포함하는 분류군)에 속하지는 않는다. 혈통에 따라 **엄격히** 분류되는, 분기학 분류법(cladistic taxonomy)의 관점에서, 물고기 범주에 정확히 대응하는 분류군은 없다. 그럼에도 불구하고, 다른 생물학적 분류학자에 따르면, 이러한 종들 사이에 그것들 모두 공유하는 속성은 없지만(이것들은 또한 구성원들에 의해서도 공유되지 않지만), 그것들을 단일 범주로 분류하는 것을 보증해줄 충분한 공통점은 있다. **물고기**로 분류되는 대부분 생물은 물속에서 살고, 아가미로 숨을 쉬며, 냉혈동물(변온성)이고, 지

---

12) http://www.fao.org/fi/glossary/default.asp

느러미를 사용하여 수영하며, 알을 낳고(난생), 비늘을 가진다. 이러한 일반화에 예외가 없는 것은 아니다. 예를 들어, 짱뚱어(mud-skpper)는 부분적으로 육지에 살며, 폐어(lugfish)는 폐를 통해 공기를 마시고, 참다랑어(bluefin tuna)는 온열성(endothermic)이며, 상어는 비늘이 없다. 그렇지만, 그러한 일반화가 다양한 물고기 종에 걸쳐 충분히 널리 퍼져 있으며, 그 예외라도 물고기 범주에 자신들을 포함하도록 해줄 이러한 속성들을 가진 종들과, 다른 속성들(계통발생적 후손을 포함하여)을 충분히 공유한다. 공유하는 속성들 덕분에, **물고기** 범주는 필요충분조건으로 정의될 수 있는 단일(mono-thetic) 종이라기보다 하나의 집단(cluster) 또는 다의적(polythetic) 종이지만, 그럼에도 불구하고, 그것은 자연종이다. 진화적 관점에서 단일 분류군이 아니라는 사실에도 불구하고, 범주 **물고기**는 인식적 종으로서 논쟁의 여지가 없는 가치를 지닌다. 이 범주를 사용하여 자연 현상을 설명하고 예측하는 많은 과학 분야가 있다. 예를 들어 어류학(ichthyology) 및 해양 생물학이 그렇다.

자연종에 대한 나의 견해는 명백히 다원주의적(pluralist)이지만, 뒤프레가 "난잡한 실재론(promiscuous realism)"이라 부르는 그의 견해보다는 덜 다원주의적이다. 내가 그에게 동의하는 생각으로, 서로 다른 분류 체계는 서로 다른 관심사를 반영하며, "어떤 특정한 목적으로부터 독립적인, 모든 목적을 위한 (혹은 동일한 것이 되기 위한) 특별한 최상의 분류 체계"는 전혀 존재하지 않는다(1999, 473). 그러나 뒤프레와는 달리, 나는 다른 목적에 비해 인식적 목적을 특별히 여기며, 따라서 그러한 목적을 위해 주로 도입되는 분류에 특별한 지위를 부여한다. 반면에, 뒤프레는 이렇게 주장한다. "과학적 분류는 … 특정한 (비록 인식적으로 순수하더라도) 목적에서 유도되며, 그러한 목적이 통속적 분류의 저변에 있는 평범한 근본 원리

(rationales)와 근본적으로 구별되지 않는다."(1999, 462) 그러나 주장하건대, 내가 인식적 목적을 다른 목적과 구별하는 것은, 우리의 최고 인식적 실천이 자연에 존재하는 구분을 밝혀내는 것을 목표로 삼기 때문이다. 이러한 구분을 규명하려는 시도는 다름 아닌 자연종에 대한 탐구이므로, 인식적 목적에 충실한 분류 도식(schemes)은, 범주들이 자연종임을 결정하는 데, 다른 목적들에 비해서 특권적이어야 한다. 순전히 심미적 목적을 따르는 범주는 자연종과 일치할 것으로 기대될 수 없다. 범주 **수족관 물고기**(*aquarium fish*)를 생각해보자. 그 범주는 대부분 자신의 심미적 품격을 위해, 인간이 수족관에서 유지하려는, 모든 그리고 오직 물고기에만 적용된다. 라이언피시(lionfish)는 물고기 애호가들에게 바람직하다고 생각되지만 대구(codfish)는 그렇지 않고, 그래서 전자는 **수족관 물고기**로 올바르게 분류될 수 있지만 후자는 그렇지 않다는 등의 사실은, 인간의 심미적 선호에 관한 것이다. 이런 사실은 두 종류의 물고기 사이의 구분을 나타내지 않으며, 그렇게 하려는 의도도 없었다. 그런 범주에는 수족관 물고기에 대한 (그 물고기들이 인간에 의하여 수족관에 보관되는 모든 유일한 물고기라는 사실 외에) 어떤 일반화도 없을 것 같다. 따라서 그 범주에 대한 어떤 인식적 가치도 없다. 이런 평가는, 모든 수생 동물을 (개략적으로) 골라내려는 정확한 과학적 의미보다 느슨하게 사용될 때, 범주 **물고기**에도 마찬가지로 적용된다.

만약 자연종이 인식적 목적으로 도입된 분류라면, 통속적 범주는, 인식적 목적으로 사용되는 경우에만, 자연종에 대응한다고 기대할 수 있다. 이러한 경우에, 통속적 범주는 과학의 한 분야 또는 다른 분야에서 발견되는 범주와 일치하거나, 또는 그 범주가 그러한 탐구 과정에서 그렇게 일치할 것이다. 통속적 범주가 인식적 역할을 하지 않는다면, 우리는 그것이 자연종에 대응하기를 기대하지 말아야 하며, 일반인이 전문가를 따르는 것으로 기대하지 말아야 한다. 콰인과 달리, 나는, 통속적 범주가 항상 (과학적 범주를 선호하여) 거부될 것으로 생각하지 않으며(비록 그렇지 않더라도, 인식적이지 않은 이유에서 유지될 것이며), 뒤프레와 달리, 통속적 범주는 **일반적으로** 과학적 범주만큼 합법적이라고도 생각하지도 않는다. 어떤 경우에 통속적 범주는 과학적 범주(**폐병**과 **결핵**)와 일치하도록 개정되거나 변경되고, 다른 경우에 통속적 범주가 완전히 탈락하고(**히스테리**), 또 다른 경우에는 비인식적 목적을 충족하여 유지될 것이며(**일반적인 감기**, 수생 동물이란 의미에서 **물고기**), 그러면 과학적 범주는 통속적 범주와 함께 도입된다.13) 우리의 통속적 범주가 인식적 역할을 하는 범주와 일치하기 때문에, 자연종에 대응한다고 우리가 기대할 수 있는 경우는 첫째 유형뿐이다.

5. 항상적 속성 군집(homeostatic property cluster): 보이드

나는, 자연종이 과학적으로 중요한 일련의 속성과 연관되어야 한다는 것을 강조해왔고, 이러한 속성들이, 자연종 **물고기**의 경우처럼 종의 구성원이 될 (필요충분조건이라기보다는) 느슨하게 군집하기(cluster) 위한 것이며, 이 속성들이 어떻게 서로 연결되는지를 명확히 설명하지 않았다는 것을 인정한다. 그 관련된 속성들이 투사적으

---

13) 인용된 사례들에 의하여 잘 나타나는, 결과의 세 가지 분류는 더 복잡해진다. 과학에서 채택되는 통속적 개념의 경우, 때때로 동일 용어가 유지되지만, ("폐병(consumption)"과 "결핵(tuberculosis)"의 경우처럼) 다른 경우에는 다른 용어가 도입된다. 한편 통속적 개념이 비정통적 목적을 위해 과학적 개념과 함께 유지되는 경우, 때로는 다른 용어를 사용하지만, 다른 경우에는 동일 용어를 사용하면("물고기"의 경우처럼), 모호해진다.

로 군집을 이룬다는 사실은, 귀납적으로 특권을 가진다는 것을 나타내며, 이는 그것들 사이에 인과적 관계가 있음을 함축한다. 그래서 우연히 일치하는 속성들 군집은 이러한 설명에서 배제된다. 어느 종과 관련된 속성들 사이의 인과적 연결은, 자연종에 대한 가장 두드러진 현대적 설명, 즉 보이드(Boyd, 1989, 1991, 1999a, 1999b)가 주창한 자연종에 대한 "항상적 속성 군집(homeostatic property cluster, HPC)" 설명에서 강조되었다. 표면적으로는, 자연종에 대한 HPC 설명은, 종이 필요충분조건의 속성들 집합과 연관된다는 본질주의 관점에 적대적이다(비록 이 절의 후반부에서 그것을 본질주의와 조화시키려는 몇 가지 시도에 대해 언급하긴 하겠지만). HPC는 본질주의에 대한 표준적 이해에 반대하여, 군집이나 다중 종(polythetic kinds)의 존재를 허용한다. 더구나, 보이드에 따르면, 자연종과 관련된 (느슨한) 속성들 군집이 있다는 것만으로 충분하지 않다. 그러한 속성들은 어떤 이유에서 그렇게 연관되어야 한다. 즉, 그 속성들은 인과적 메커니즘에 의해 평형 상태로 유지된다. 자연종에 대한 보이드의 HPC 설명에 따르면, 모든 종이 일련의 속성과 연관되는 것은, 우연에 의해서가 아니라, 그 모든 속성을 발생시키는 "기초 메커니즘"이 있기 때문이거나, 또는 그 속성 중 일부의 존재가 다른 속성의 존재를 선호하기 때문이다. 어느 종 K와 연관된 속성 P_1, …, P_n은 자연에서 "우연히 군집화되며", 이것은 우주의 우연적 사건이 아니라, 그보다 이러한 속성들이 균형을 유지한 결과로서, "항상성" 과정의 결과이다. 또한, 보이드의 인식에 따르면, 어느 종과 연관된 속성들은, 그 종의 모든 구성원에 의해 공유될 필요가 없다. 그는 이것을 "불완전한 항상성(imperfect homeostasis)"이라고 부른다. 그러한 경우, 오직 그러한 항상성 메커니즘의 일부만이 그러한 속성을 함께 유지하는 것으로 나타날 수 있다. 더구나, 어느 종과 관련된 속성들은 시간이 지남에 따라 달라질 수 있는데, 그것은 그 종의 구성원으로서 필수적인 어떤 단일 속성(또는 속성들 하위 집합)도 없기 때문이다(Boyd 1989, 16-17; cf. Boyd 1991, 143-44).

생물종은 자연종의 HPC 설명에 잘 맞는 것으로 널리 알려져 있다. HPC 설명은, 대부분 생물학자와 생물철학자들이 현재 믿고 있는 것처럼, 어느 종에 속하기에 필요충분한, 어떤 유전형 또는 표현형 속성 집합도 없다는 사실을 분명히 수용한다. 이 설명은 또한, 각각의 자연종에 연관된 속성들이, 인과적 메커니즘 또는 메커니즘 집합의 결과로, 함께 유지된다고 주장한다. 보이드에 따르면, 생물종의 경우, 주요 메커니즘은 **교배**(*interbreeding*)이고, 이것은 (구성원이 갖는) 속성이 개체군 내에서 순환하는 것을 보장한다. 다른 이들은, 그 종의 구성원들 사이에 교배하는 것 외에, 항상성에서 생물학적 종을 유지하는 다중적 원인이 있다는 것에 기반하여, **유전적 혈통**(*genetic descent*)과 **환경적 압력**(*environmental pressures*)의 메커니즘을 추가했다(Wilson, Barker, and Brigandt 2009). 끝으로, HPC 설명은 또한 종의 진화를 위한 여지를 만들어, 평형 상태에서 그 종을 유지하는 메커니즘이 있는 한, 종과 관련된 속성들이 변화될 수 있음을 허용한다.

자연종의 HPC 설명은 어느 자연종에 대한 어느 설명이라도 가정해야 하는 무언가를, 즉 종과 관련된 속성들을 하나로 묶어주는 **인과적 메커니즘**(*causal mechanism*)의 존재를 가정하는 것 같다. 윌슨, 바커, 브리간트(Wilson, Barker, and Brigandt 2009, 199)가 가정했듯이, 그 메커니즘은, 이러한 속성들이 단순한 **집합**(*set*)이 아니라 **군집**(*cluster*)을 형성하도록 해준다. 더구나, 그들이 설명하듯이, 일단 군집 내의 속성들 존재가 특정 인과적 메커니즘에서 비롯된다고 이해되기만 하면, 이것은 우리에게, 그 속성이 인공적 이유에서 서로 연관되지 않았으며, 단지 어떤 속성을 함께 묶기 위한 우리의 선호의 결과라는 것을 확신시켜준다(Wilson, Barker, and Brigandt 2009, 198). HPC 설명에는 또한, 단지 생물학적 종뿐 아니라, 다른 군집 종에도 광범위하게 적용되는, 몇 가지 추가적 장점이 있다. 군집 종의 측면에서, 이 설명은, 왜 일부 개체가 이 종의 구성원으로 고려되어야 하며 다른 것들은 아닌지에 대한 원리적 설명을 제공한다. HPC 종의 경우, 그러한 메커니즘 또는, 그러한 속성을 제자리에 유지하는 메커니즘은 설명에서 중요하며, 어느 개체가 어느 종에 속하는지를 결정하도록 도와준다. 개별 유기체들은, 어느 생물학적 종에 연관된 속성들 일부를 갖지 못하면서도, 그 종에 속할 수 있다. 왜냐하면, 그 유기체들은, 교배, 유전적 혈통, 환경적 압력을 포함하여, 그 종의 다른 구성원에게서 그러한 속성을 발현하게 만든 바로 그 메커니즘에 종속되기 때문이다. 그러나 그 설명 자체는, 어떤 후보 개체가 어떤 메커니즘에 따라야 하는지, 또는 그 종의 구성원으로 고려되기 위한 메커니즘에 의해서 인과적으로 어떻게 영향을 받는지, 그리고 우리가 그러한 만병통치약을 찾아야 하는지 등을 말해 줄 수 없다. 그것은, 문제의 사건을 연구하는 과학 분야에 의해 당면한 사건의 세부 사항을 살펴봐야만 결정될 수 있다. (철학자가 아닌) 과학자들은, 설명적 관심사를 바탕으로, 어느 개체가 어떤 종에 속하는지를 결정한다.

종에 대한 HPC 설명에 여러 장점이 있는 것은, 그 설명이 자연종으로서 군집 종의 생존 가능성에 더 큰 신뢰를 주기 때문만은 아니다. 그러나 이 설명 또한 몇 가지 단점이 있다. 이것은, 자연종에 대한 HPC 설명이 자연종에 결코 적용되지 않는다는 말은 아니다. 이는 종종 자연종에 적용된다. 그렇지만, 주장하건대, 모든 자연종이

HPC 종이라고 결론짓는 것은 잘못이다. 전형적으로, 이런 견해의 지지자들은, 그 설명이 물리학이나 화학보다는 주로 생물학에 관련된다고 주장하며, 그런 점에서 자연종에 대한 완전한 설명은 아니다. 그러나 비록 생물학에서도, HPC 설명이 자연종으로서 자격을 얻기 위해 어느 범주에 적용될 필요는 없다. 비록 그 설명이, 어느 종들이 왜 자연종인지 이해하는 데 유용한 틀이며, 자연종의 인과적 차원을 쉽게 상기시켜주기는 하지만, 많은 분명한 자연종에 적합하다고 보이지는 않는다.

자연종에 대한 HPC 설명을 생물학적 종에 적용하려는 것은, 일부 생물철학자들에 의해 도전을 받아왔는데, 그들은 그것이, 공통조상으로부터의 혈통보다, 종 구성원의 기준으로서 종의 구성원들 사이의 유사성을 우선시한다는 것에 주목한다. 비록 HPC 이론가들이 (종에 관해서 언급한) 여러 항상성 메커니즘 중 하나는 계보학적 혈통임에도 불구하고, 에레셰프스키(Ereshefsky, 2010)는 이렇게 생각한다. HPC 설명은, 어느 생물종(species)을 종(kind)으로 만드는 것이, 혈통이나 기원의 공통성에 반대되는, 구성원들 사이의 유사성임을 함축한다. 반면에 대부분 생물학적 체계론자들은 전자를 강조한다.14) 혈통과 유사성으로 나뉠 때, 에레셰프스키에 따르면, 생물학적 체계는 혈통을 선택하는 반면, HPC 설명은 유사성을 선택

---

14) 에레셰프스키와 마텐(Ereshefsky and Matthen 2005) 역시 이런 논점에서 HPC를 비판한다. 그들에 따르면, 한 종의 구성원들 사이에 광범위한 차이가 있으며, 그 차이는 생물학적 종의 설명에서 단지 부수적이라기보다 핵심적이다. 실제로, 문제의 일부 인과적 메커니즘은, 자체의 역할이 그 집단에 변이를 유지하는 것이라는 의미에서, 이질적이다(예를 들어, 이형성(dimorphism) 또는 다형성(polymorphism)). 윌슨, 바커, 브리간트 (Wilson, Barker, and Brigandt 2009)는 그들의 일부 논점에 대해 설득력 있게 대답한다.

한다.

문제의 근원은, HPC 이론이, 모든 과학적 분류는 유사성 군집을 획득해야 한다고 가정한다는 것이다. 그렇지만 이것이 생물 분류학의 목표는 아니다. 그 목표는 역사를 포착하는 데 있다(Ereshefsky 2010, 676). HPC의 옹호자들은, 이것이 주로 분류에 대한 분기학적 접근에서 참이며, 분류에 대한 다른 접근 역시, 생물학적 종을 분류할 때, 다른 속성을 고려한다고 말하면서 대응할 것이다. 분기학자들(cladists)은, 계통발생 나무(phylogenetic tree, 분기 진화(lado-genesis))에서 분지(branching)가 있었던 경우 그리고 오직 그 경우에만, 종형성(speciation)이 일어난다고 생각하는 반면, 일부 다른 체계주의자들은 점진적 형질의 분기(divergence of traits, 항상 진화(anagenesis))에 근거하여 종형성을 평가한다. 후자의 견해에 따르면, 종형성은, 충분한 유전적 변이를 제공하는 분지 없이도 발생할 수 있다. 이러한 경우에, 일부 비분기주의 체계론자에 따르면, 유전적 속성의 군집은 진화적 분지 메커니즘보다 더 두드러진 것으로 고려된다. 따라서 적어도 분류학에 대한 엄격한 분기주의자가 아니라면, HPC 설명을 생물학적 종에 적용하려는 시도에 대한 반대가 치명적일 것처럼 보이지 않는다. 그렇기는 하더라도, 세대, 가족, 계급 등등과 같은 더 높은 생물학적 분류군에서는 HPC 설명에 문제가 있다. 여기서 메커니즘의 유일하고 심각한 후보는 계보적 혈통(genealogical descent)이다(왜냐하면 교배는 문제가 되지 않으며, 상위 분류군의 구성원들은 일반적으로 동일 환경 압력에 지배되지 않기 때문이다). 그러나 만약 그것이 바로 그 경우라면, HPC을 위해 할 일이 전혀 남아 있지 않은 것처럼 보일 수 있다. 대신에, 그 종은 계통발생 나무의 특정 혈통(lineage)과 동일시되며, 만약 구성원 사이에 존재하는 공유된 특성이 있다면, 그것은 공통 진화 역사의 부산물에 불과하다.

이 시점에서, HPC 설명 자체의 자연적 수정이 그 자체를, 즉 어느 종이 항상성을 유지하는 메커니즘과 일치한다는 것을 시사할 수도 있다. 내가 이미 언급하였듯이, HPC 설명의 몇몇 지지자들은, **유전적 혈통, 교배, 환경적 압력** 등을 생물학적 종의 항상성을 담당하는 인과적 메커니즘으로 본다. 보이드의 지적에 따르면, 그 메커니즘이 생물학적 종으로 나타날 때, "종의 보존에 중요한 항상성 메커니즘은 종마다 다르다."(Boyd 1999a, 170) 그 메커니즘은, 구성원이 가지는 속성을 불러일으키는 역할을 한다고 가정되므로, 아마도 그 인과적 메커니즘은 다른 모든 속성을 생성하는 "더 깊은" 또는 "근본적인" 속성에 대응한다. 이것은, HPC 설명이 생물학적 종에 적용되는 만큼, 그 설명에 대한 일부 비판을 피할 수 있게 해준다. 실제로, 자연종에 대한 HPC 설명의 흥미로운 점은, 그것의 일부 옹호자들이 그 설명이 본질주의와 양립 가능하다고, 정말로 본질주의 한 형태라고 생각하는 반면, 다른 사람들은 그것을 본질주의의 대안으로 여기기도 한다. 그리피스는 이렇게 썼다. "어느 종의 본질은 그 인과적 항상성 메커니즘, 즉 그것이 무엇이든 그것은 그 범주의 투사 가능성을 설명해주는 것이다."(Griffiths 1999, 212) 그는 본질을 "인과적 항상성 메커니즘"과 동일시하면서, 자신이 보이드(Boyd 1991, 1999a)를 따른다고 말한다. 그러나 보이드 스스로는 이러한 메커니즘이 본질주의를 표준적으로 규정해준다고 생각하지 않는다.[15] 보이드는 이렇게 말한다. "자연종이, 내재적 필요충분조건으

---

15) 특히, 그리피스는 생물학에서 "통속적 본질주의"를 아래와 같이 격찬했다. "통속적 본질주의는 생물종을, 어느 한 종의 모든 구성원이 공유하는 근본적 '본성들(natures)'을 명확히 설명해주는 것으로 이해한다. 왜냐하면, 통속적 본질주의는 거짓이며, 다원주의 관점에 근본적으로 일치하지 않기 때문에, 거부되어야 한다."(Griffiths 2002, 72) 그러나 그리피스가

로 불변의 정의를 내리는 경우는 … 자연종의 비전형적 소수 종뿐이다(어쩌면 그 소수조차 없을 수도 있다)."(Boyd 1999a, 169)

만약 HPC 설명이, 그 속성의 군집보다 메커니즘이 문제의 종으로 구분되는 방식으로 수정된다면, 우리는 다른 문제에 부딪히게 된다. 즉, 많은 자연종의 경우에, 그 종과 연관된 속성들을 생성하기에 인과적으로 충분한 어떤 단일 메커니즘도 없다(cf. Craver 2009). HPC 설명은, 그 메커니즘을 원인으로, 그리고 속성의 군집을 그 효과로 고려한다. 그러나 많은 경우에, 메커니즘과 속성 사이의 관계는 그다지 명료하지 않다. 항상성 메커니즘이 중요해 보이고, 근본적으로, 그 종 전체를 유지하는 생물학적인 종들이 있다. 그러나 다른 종들도 있다. 즉, 결코 어떤 잘 정의된 메커니즘도 없는, 또는 그 종과 관련된 일부 속성들이 다른 속성을 유발하는, 또는 발전의 한 단계에 존재하는 속성이 다른 발전 단계에서 속성을 발생시키고, 다시 다음 세대로부터 이전 속성들을 발생시키는, 자기-유지 과정을 지닌, 다른 종들 말이다. 이런 마지막 관계의 유형은, 형이상학적으로 의심스러운 자기-인과(self-causation) 유형, 즉 단지 연속적 생의 주기를 통해 작동하는 익숙한 효율적 인과를 포함할 필요가 없다. 종 **유충**(*larva*)과 연관된 속성들을 유지하는 과정을 생각해보자. 먹이를 찾는 유충의 능숙함은 성숙한 성충의 출현을 (부분적으로) 유발하며, 그것의 번식 성공은 다음 세대의 유충을 발생시키고, 다시 그 유충은 먹이 자원의 위치를 찾도록 고안된 형질을 가진다. 여기서 우리는 다수의 속성을 담당하는 핵심적 인과 메커니즘을 가진다고 하기보다, 자기-유지 인과적 속성 집합을 가질 것 같다. 그런 인과적 속성 집합은 귀납적 일반화와 설명을 위해 과학적으로 중요하다.

반대하는 것은, 본질주의 자체가 아니라, 그것의 특정한 낙인이다.

심지어 항상성이 어느 종의 존재를 위해 엄밀히 필요하다는 것도 분명치 않다. 대부분 종은 진화하며, 그것과 연관된 속성들은 엄격한 평형 상태를 유지하지 못한다. 변이(mutation)와 자연선택의 결과로, 어느 종의 구성원이 가지는 일부 속성은 사라지고 다른 속성이 획득되므로, 어느 종과 연관된 속성들이 변경되는 지속적 과정이 있다(cf. Ereshefsky and Matthen 2005). 때로는 이 과정이 종 형성과 새로운 종의 출현으로 이어지기도 하지만, 상당한 분기에도 불구하고 종종 동일 종들이 지속되기도 하며, 이론적으로 어느 한 종의 구성원들이 조상의 형태에서 분기하는 범위에 어떤 상한선도 존재하지 않는다. 종의 항상성 설명의 문제는, 인과적 과정에 의해 유지되는 어느 이상적 또는 정상적 상태가 있다고 가정하는 것처럼 보인다는 점이다. 그러나 현대 생물학은 우리에게 종의 "자연 상태 모델(natural state model)"이란 관념을 깨우쳐주었는데, 그 개념에 따르면 "자연 내의 변동성은 … 자연이 무엇이라는 것과의 일탈로 설명된다."(Sober 1980, 360) 시대 지난 유형학적 사고에서, 모든 표본(specimens)이 수렴되는 경향이 있는 자연 유형이 있으며, 이 유형에 부합하지 않는 모든 표본은 표준에서 벗어난 편차이다. 이 모델은, 종의 구성원 중 변이성(variability)을, 표준에서 멀어진 것이라기보다, 표준 자체로 여기는 사람에 의해 불필요하게 여겨진다. 평형 속에 속성을 유지하는 경향의 각각의 종들에게 항상성을 가정하는 것은 종을 생각하는 이상한 방식이다. 그러므로 종, 즉 모범적 생물종이 되는 경우조차, HPC 설명이 잘 맞지 않는다고 생각하는 강한 근거가 있다.

그렇다면 항상성 메커니즘이 자연종에 핵심적으로 중요하다는 생각을 포기하는 것은 어떨까? 내가 옹호하는 설명은, 비록 인과성을 여전히 강조하긴 하지만, 자연종과 연관된 속성들 뒤에 있는 항상성 메커니즘을 반드시 요구하지는 않는다. 크레이버(Craver)도 아래와 같이 생각한다.

[항상성 메커니즘을] 거부하고, 자연종의 **단순 인과적 이론**(*simple causal theory*)을 유지하는 것이 가능하다. 이 관점에 따르면, 자연종은, 어느 메커니즘이 그 종의 규정적 속성 군집화를 설명하는지 아닌지와 무관하게, 세계의 인과적 구조를 올바로 묘사하는, 일반화에서 나타나는 종이다. (Craver 2009, 579; 강조는 원문).

과학에서 귀납적 일반화는 궁극적으로 인과적 관계로 인해 지지받으므로, 자연종의 자연주의자 설명은 이미 HPC의 인과 요소를 포함한다. 보이드 자신도 이 점을 잘 지적한다.

귀납이나 설명에 유용한 종은 항상, 이러한 의미에서, "그 접점에서 세계를 분할"해야만 한다. 성공적인 귀납과 설명은 항상 우리가 우리의 범주를 세계의 인과적 구조에 수용시킬 것을 요구한다. (Boyd 1991, 139)

그러나 인과적 관계는 HPC 설명이 허용하는 것보다 더 다채롭고 더 다양할 것이다. 어떤 경우에는, 그 메커니즘이 종과 연관된 속성들로부터 분리되기도 하며, 그 속성들의 공통 원인이기도 하다. 다른 경우에는, 그 관련 메커니즘이 속성들 집합에 섞여 들기도 한다. 그러나 또 다른 경우에는 "메커니즘"이라 부를 만한 것이 전혀 없을 수도 있다. 적어도 그의 일부 설명 형식화에서, 보이드는, 메커니즘이 어떤 자연종이 될 경우, 어떤 속성의 등장이 다른 속성의 등장을 선호하게 되어, 모든 경우에 항상성 인과 메커니즘의 필요성을 어기는 것처럼 보이기도 한다.16) 그러나 만약 그렇다면, 항상성 메커니즘의 존재가 우발적이며, 그 설명의 지침 원리가 되어서는 안 된다. 이런 맥락에서, 나는, 메커니즘이 전혀 관여될 필요가 없으며, 메커니즘이 관여한다면, 그 종에 연관된 모든 속성의 원인일 필요는 없다고 주장한다. 또한, 모든 자연종에 적용할 수 있는, 종과 연관된 속성들 사이의 관계에 대한 단일의 설명은 없어 보인다.

HPC 설명은 당연히, 자연종과 관련된 일부 속성과 다른 속성 사이에 인과적 관계가 있다는 사실에 우리의 주목을 집중하게 해준다. 만약 자연종이 귀납적 추론에 어떤 역할을 하고, 과학의 목적을 위해 도움을 준다면, 자연종이 인과적 과정에 뒤섞일 것이다. 종 K가 단순히 일부 속성 집합 P_1, $\cdots$, P_n 과 연관되는 어떤 모델 대신, 우리는, 종 K의 투사 가능성이 특정 인과적 관계에 자리 잡고 있다는 것을 명시적으로 설명할 필요가 있다. 그렇지만 그것이, 전체 군집에 있는 속성들을 가지는 어떤 인과 메커니즘이 언제나 있을 것이라거나, 그러한 속성들이 항상성 상태에서 함께 유지된다는 것을 의미하지는 않는다.

6. 결론

나는, 밀처럼, 자연종은 비인공의 과학적 분류법(nonartificial scientific taxanomy)에서 투사 가능한 범주라고 주장한다. 자연종은, 밀이 가정했듯이, (무한은 아닐지라도) 무수한 다른 속성들을 추론

---

16) "[어느 속성의 가족] F 내에 일부 속성의 현존이 (적절한 조건에서) 다른 속성의 현존을 선호하는 경향이 있거나, 아니면 F 내의 속성들의 등장을 유지하는 기초 메커니즘이 있거나, 또는 속성이 있거나, 또는 둘 모두이거나이다."(Boyd 1989, 16)

하기 위해서 이용될 수 있다. 더구나 콰인의 말, 즉 유사성의 개념이 속성의 동일성에 의존하므로, 개별자들을 과학적 범주로 분류하는 과정에서 폐기될 수 있다는 주장은 옳다. 그러나 나는, 과학적 범주들이 참인 자연종이라고 말하는 콰인에 반대한다. 콰인은, 통속적 범주들은 시간이 충분히 흐르고 나면 거부될 것이라는 생각에서, 통속적 범주에 반대한다. 뒤프레가 주장하듯이, 비록 통속적 분류법이 언젠가 자연종이라고 드러난다고 하더라도, 그것은 과학적 탐구에서 받아들여지고 있다. 통속적 분류법이 인식적 목적에 기여하지 않더라도, 그것들은 과학으로 흡수되지 않으며, 우리가 그 범주들을 자연종으로 고려하지도 않을 것이다. 끝으로, 보이드가, 인과성이 자연종과 연관된 속성들을 함께 유지하는 것이므로, 자연종에 대한 인과적 관계의 중요성을 강조하는 것은 옳다. 그러나 나는, 평형 상태에서 모든 이러한 속성들을 유지하는, 단일 인과적 메커니즘이 있다는 (그런 인과적 이야기가 많은 자연종에 대해 더 복잡해지므로) 보이드의 생각에는 반대한다.

[지금은] 자연주의자 그림이 부상하는 중이다. 그 그림에 따르면, 자연종은 우리의 최고 과학적 이론으로 지지받는 범주에 대응한다. 일부 철학자들은 이런 제안에 반대하여, 그것은 마치 형이상학의 말 앞에 인식론의 마차를 세우는 것과 같다고 말할지도 모른다. 그러나 만약 우리가 과학을 향한 실재론자 입장에 서기만 한다면, 자연을 이해하기 위해 과학이 고안해낸 범주들은, 우리가 실재 존재하는 종들에 대해 최고의 통찰을 얻도록 해준다는 것을 수락하게 된다. 우리가 과학적 기획을 통해 도달한 종은, 실재의 본성을 분별할 수 있게 해준다. 인식론이 형이상학을 주도한다기보다는, 과학의 인식적 기획이 자연의 분할을 반영하며, 그러한 분할은 자연종들 사이의 경계를 표시해준다. 더구나, 자연종의 투사 가능성, 귀납적 추론에서

자연종의 역할, 그리고 자연종의 설명 및 예측적 가치 등은, 그것들이 관여하는 인과적 관계를 반영한다. 그러나 자연종의 모든 사례에 적합하다거나, 모든 자연종을 그것에 연관된 속성들에 관련시키는, 단일의 인과적 주형이 있을 것 같지는 않다.

참고문헌

Boyd, Richard. "What Realism Implies and What It Does Not." *Dialectica* 43(1989): 5-29.

____. "Realism, Anti-Foundationalism, and the Enthusiasm for Natural Kinds." *Philosophical Studies* 61(1991): 127-48.

____. "Homeostasis, Species, and Higher Taxa." In *Species: New Interdisciplinary Essays*, edited by Robert A. Wilson, 141-86. Cambridge, MA: MIT Press, 1999a.

____. "Kinds, Complexity and Multiple Realization." *Philosophical Studies* 95(1999b): 67-98.

Craver, Carl. "Mechanisms and Natural Kinds." *Philosophical Psychology* 22(2009): 575-94.

Dupré, John. *The Disorder of Things: Metaphysical Foundations of the Disunity of Science.* Cambridge, MA: Harvard University Press, 1995.

____. "Are Whales Fish?" In *Folkbiology*, edited by Douglas Medin and Scott Atran, 461-76. Cambridge, MA: MIT Press, 1999.

Ereshefsky, Marc. "What's Wrong with the New Biological Essentialism?" *Philosophy of Science* 77(2010): 674-85.

Ereshefsky, Marc, and Mohan Matthen. "Taxonomy, Polymorphism, and History: An Introduction to Population Structure Theory."

Philosophy of Science 72(2005): 1-21.

Griffiths, Paul. "Squaring the Circle: Natural Kinds with Historical Essences." In *Species: New Interdisciplinary Essays*, edited by Robert A. Wilson, 209-28. Cambridge, MA: MIT Press, 1999.

____. "What Is Innateness?" *The Monist* 85(2002): 70-85.

Hacking, Ian. "A Tradition of Natural Kinds." *Philosophical Studies* 61(1991): 109-26.

Heikkinen, T., and A. Järvinen. "The Common Cold." *The Lancet* 361(2003): 51-59.

Khalidi, Muhammad Ali. "Natural Kinds and Crosscutting Categories." *Journal of Philosophy* 95(1998a): 33-50.

____. "Incommensurability in Cognitive Guise." *Philosophical Psychology* 11(1998b): 29-43.

LaPorte, Joseph. *Natural Kinds and Conceptual Change*. Cambridge: Cambridge University Press, 2004.

Mill, John Stuart. *The Collected Works of John Stuart Mill*. Vol. 7 of *A System of Logic Ratiocinative and Inductive, Being a Connected View of the Principles of Evidence and the Methods of Scientific Investigation*, edited by John M. Robson. Toronto: University of Toronto Press, 1973.

Quine, Willard Van Orman. "Natural Kinds." In *Ontological Relativity and Other Essays*, 114-38. New York: Columbia University Press, 1969.

Sober, Elliott. "Evolution, Population Thinking, and Essentialism." *Philosophy of Science* 47(1980): 350-83.

Wilson, Robert A., Matthew J. Barker, and Ingo Brigandt. "When Traditional Essentialism Fails: Biological Natural Kinds." *Philosophical Topics* 35(2009): 189-215.

4부
자연화된 인간 마음

9. 인간의 고유성과 지식의 추구
자연주의적 설명 [1]

Human Uniqueness and the Pursuit of Knowledge
A Naturalistic Account

팀 크레인 Tim Crane

1. 인간의 고유성

인간 과학의 많은 분야에서 자연주의가 널리 받아들여지고 있음에도 불구하고, 인류가 얼마나 "고유한지(unique)"에 관한 토론은 여전히 철학자와 과학자들 사이에서 흔히 벌어진다. 인지동물행동학자(cognitive ethologists)와 비교심리학자(comparative psychologists)는 대체로, 다윈이 자신의 저서 『인간의 유래(The Descent of Man)』에서 했던 유명한 주장, "정신적 재능(mental faculties) 면에

1) 이 논문의 일부 견해는 처음에 2010년 케임브리지의 취임 강연에서 제시되었으며, 2012년 케임브리지에서 열린 Darwin and Human Nature Conference, 2011년 요크 대학교(University of York), 콜레기움 부다페스트(Collegium Budapest), 그리고 베이루트의 Metaphysics of Evolutionary Naturalism Conference에서 발표된 것이다. 토론에 참여해서 친절하게 기여해준 모든 참여자에게 감사한다. 특히 멋지고 유익한 토론을 수없이 함께 한 댄 데닛(Dan Dennett)에게 특별한 감사를 표한다.

서 인간과 고등 포유류 사이에 근본적인 차이는 없다", 그리고 모든
차이는 "정도(degree)의 차이이지, 종(kind)의 차이는 아니다"(Darwin
[1871]2009, 35)라는 문제에 대해 표준적인 해석을 옹호한다.

  다윈의 주장은 때로는 자연선택에 의한 진화론의 단순한 결과로
받아들여진다. 실제로, 데이비드 프리맥(David Premack)은 "다윈의
견해는 진화론과 매우 밀접히 연관되어 있어서 진화론을 지지하면
서 이 견해에 이의를 제기하기란 사실상 불가능하다"라고 말했다
(Premack 2010, 22). 물론, 이것이 옳은지 아닌지는 모두 "근본적",
"정도", "종" 등이 무엇을 의미하는지에 따라 달라진다. 만약 근본
적인 차이라는 것이, 예를 들어, 데카르트가 인간과 동물 사이의 차
이라고 생각했던 종이라면, 당연히 다윈이 옳고, 다윈에 반대하는
것은 당연히 진화론을 부정하는 것이 된다. 그러나 만약 근본적인
차이라는 것이 그저 **중요한** 차이, 혹은 **상당한** 차이, 혹은 과학적으
로나 철학적으로 **흥미로운** 차이라면, 다윈의 주장은 당연히 참이 아
니다.

  다음과 같은 단호한 주장은 인간과 다른 동물 사이의 분명하고
근본적인 차이를 강조한다.

  (다른 동물이 아닌) 인간이란 동물은 불과 바퀴를 만들고, 서로의
  병을 진단하고, 상징을 이용해서 소통하고, 지도로 항해하고, 이상을
  위해 목숨을 걸고, 타인과 협력하며, 세계를 가설적 원인으로 설명하
  고, 규칙을 어기는 이방인을 벌하고, 불가능한 시나리오를 상상하고,
  지금 언급한 이 모든 것을 하는 방법을 서로에게 가르칠 수 있다.
  (Penn, Holyoak, and Povinelli 2008, 109)

인간과 다른 동물 사이의 이런 차이는 "종"의 차이인가, 아니면

"정도"의 차이인가? 이 문제는 불명확하다. 물론, 위에 말한 복잡한 역량들이, 어느 단순한 역량으로부터 자연선택이란 메커니즘에 의해 진화되어온, 각 단계를 우리가 분명하게 파악할 수 있다면, 이런 차이는 정도의 차이라고 말할 수 있는 어떤 지점이 있을 것이다. 하지만 나는, 우리가 이렇게 할 수 있는 위치에 있지 않다고 생각한다. 그리고 분명히 이 분야에서 어떤 것이 "종의 차이"로 여겨질 수 있다면, 그것은 인간의 소통 형식과 꿀벌의 춤(bee dance)의 차이를 예로 들 수 있을 것이다. 이 원고가 만들어지는 계기가 된 컨퍼런스에서 대니얼 데닛(Daniel Dennett)이 한 말을 인용하자면, 만일 꿀벌의 춤과 인간 의사소통 사이의 차이가 정도의 차이라면, 그 정도의 차이는 종의 차이 못지않은 아주 커다란 것이다. 이런 차이를 종의 차이라고 말하는 것도, 만일 이것이 어떤 깊은 존재론적 차이(예로써, 데카르트의 차이)를 뜻하는 것이라면, 맞지 않는 것 같다. 많은, 아니, 대부분 자연주의자는 이런 구분을 거부할 것이다. 자연주의자에게 좀 더 나은 접근법은 "종의 차이"와 "정도의 차이" 사이의 뚜렷한 구분을 앞으로 언급하지 않는 것이다.

　이 장에서, 나는 인간의 인식적 노력이란 독특한 특성에 초점을 맞추어, 조금 다른 시각으로 인간의 고유함(uniqueness)에 관한 질문에 접근하려 한다. 첫째, 나는, 인류가 지식 그 자체를 위해서 지식을 추구하는 능력을 지니고, 다른 동물들은 이런 능력을 지닌 것처럼 보이지 않는다고 주장할 것이다. 둘째, 나는 인간에게 고유하다고 주장될 수 있는 이 능력의 기반을 이해하는 데 도움이 되는 인간과 동물의 학습, 의사소통, 생각 등에 관한 경험적 연구 결과의 패턴을 파악하겠다. 그런 독특함이 인간과 다른 동물 사이의 존재론적 간격을 주장하도록 우리를 이끌어서는 안 되지만, 그 증거는 이것이 "그저" 정도의 문제라는 생각도 거의 지지해주지 않는다. 진리나 지식에 대한 "순수한" 또는 "사심 없는" 추구가 인류의 특징이라는 생각은 새로운 것은 아니다. 그러나 경험적 증거를 이용해서 이를 지지하려는 시도는 새로운 것일 수 있다.

2. 앎 자체를 위한 지식

아리스토텔레스는 저서 『형이상학(*Metaphysics*)』을 이런 유명한 문장으로 시작한다, "모든 사람은 본성상 알고 싶어 한다." 그는 더 나아가 이렇게 말한다, "이러한 징후는 우리가 감각에서 가지는 즐거움이며, 비록 그 유용성과 거리가 먼 경우에도 감각은 그 자체로 사랑받기 때문이다." 그는, 다른 동물이 "겉모습과 기억"으로 살아가는 반면, "인류는 기술(art)과 추론(reasoning)"으로 살아간다며, 직접 대비하기도 했다. 지식과 이해는 "경험보다는 기술(skill)에 속하는데," 왜냐하면 경험과 달리 기술은 우리에게 사물의 "왜(why)"를 가르치기 때문이다(여기서 "art"는 그리스어 *techne*이다. 그러므로 "기술"이 더 정확한 표현이다). 조나단 리어(Jonathan Lear 1988, 1-3)의 주장에 따르면, 아리스토텔레스가 우리는 본성적으로 알고 싶어 한다고 말했을 때, 그는 그 자체를 위해 알고 싶은 욕구를 말한 것이다. "아리스토텔레스에 따르면 … 우리의 자연적 기질(natural makeup), 즉 알려는 욕구와 세상의 수수께끼를 찾으려는 것이 우리 본성의 일부이기 때문에, 우리는 설명 자체를 위한 설명을 추구하도록 이끌린다."(5)

이런 이야기는 두 가지 의문을 제기하게 만든다. 첫째, 우리가 지식 자체를 위한 지식에 대한 욕구를 가진다는 것이 참인가? 그리고 둘째, 이런 설명을 추구하는 것이 우리의 "자연적 기질"의 일부라는 말은 무슨 뜻인가? 나는 이 절에서 첫째 질문에 답하고, 둘째 질문에 대한 답은 다음 절에서 하겠다.

누군가 무엇을 하기 "위함(sake)"에 관해 말하는 것은, 그 활동의 결과나 목적을 규정하는 것과 같다. 행동의 결과는, 행위자가 가치를 두는 무엇이며, 이것은 도구적 가치일 수 있다. 즉, 그것이 유익한 것은, 그것이 더 높은 목적을 위한 수단이기 때문일 수 있거나, 혹은 그 자체로 가치 있기 때문일 수도 있다. 도구적 가치(instrumental values)와 본유적 가치(intrinsic values)의 구분이 타당한지는 역시 도덕철학과 가치론에서 격하게 토론되는 주제이다. 그렇지만, 여기서 나는 이 구분을 그냥 받아들이고 지식의 경우에 이것이 어떻게 적용되는지에 집중하려고 한다.

인류와 다른 동물들은 세계에 관한 정보를 적극적으로 찾는다, 그리고 우리는 이런 정보를 가진 상태를 "지식(knowledge)"이라 부른다. 왜 우리가 **지식**을 **참인 믿음**(*true belief*)이나 **의견**(*opinion*, **속견**)과 구별하는가는 좋은 질문이다.[2] 나는 우리가 오류를 피하려는 전략을 찾기 때문에, 단지 참인 믿음(혹은 올바른 표상)이 아닌, 지식을 추구한다는 말에 동의한다(Williams 1978; Papineau 1992를 참조하라). 그러나 이것을 받아들인다고 해도, 우리는 다양한 다른 목적을 위해 지식을 추구한다. 지식 한 조각은, 그것이 제공하는 더 큰 목적이나 이득이 있기에, 혹은 그 자체에 목적이 있기에, 가치 있을 수 있다.

그래서 우리는, 누가 별에 대해 (바다 항해에 도움이 되도록) 순

---

2) [역주] "지식"을 "믿음"이나 "의견"으로부터 구분하는 것은 처음 플라톤에서 시작되었다. 그는 기하학을 공부하면서, 기하학 지식이 진리라고 생각했다. 그에 따르면, 기하학 지식은 감각으로 보이는 그려진 도형 자체에 대한 앎이 아니다. 그것은 오직 이성적으로만, 추상적으로만 알 수 있는 것이다. 반면에 그려진 도형은 완전하지 않으며, 따라서 그런 앎은 지식과 구분되어야 했다.

전히 도구적인 관심을 가지는 경우와, 그 자체를 위해 관심을 가지는 경우를 구별할 수 있다. 별에 대한 도구적 관심은, 그저 오리온자리(the constellation of Orion)에 대해 알고 싶은 사람의 관심, 특정 별이 얼마나 멀리 있는지, 어떤 별이 더 밝은지 등을 알고 싶은 사람의 관심과 다르다. 겉으로 보기에, 이런 종류의 지식은 어떤 실용적 과제에도 이용될 필요가 없고, 단순히 그 자체를 추구하기 위한 것으로 생각된다.

나는 이것이 독자들에게 매우 분명하게 파악되기를 바란다. 그러나 어떤 철학자들은 내가 방금 언급한 도구적 지식과 그 자체를 위한 지식의 구분을 거부할 것이다. 그들은 누가 하늘을 단순히 바라보고 싶어 하는 경우, 그 지식이 행위자의 욕구(별을 보고 싶은 욕구)를 만족시키는 역할을 하므로 도구적이라고 말할 것이다. 어떤 것을 알고 싶어 하는 어떤 행위자도 욕구(이런 것들을 알고 싶은 욕구)를 가지고, 그런 욕구는 지식을 얻음으로써 만족된다. 지식의 추구는 항상 욕구에 지배되므로, 모든 지식 추구가 아마도 그럴 텐데, 아리스토텔레스가 "생각 그 자체는 아무것도 움직이게 하지 못한다"라고 한 말이 맞는다면, 지식에 대한 욕구를 만족시키는 역할을 한다는 의미에서, 이 지식은 역시 도구적이다.

모든 지식이 이런 온건한 의미에서 도구적이라는 것은 아마 모두가 인정할 것이다. 그러나 우리가, 모든 지식이 도구적이라는 말을 완고하게 고집한다면, 우리는 중요한 구분을 놓치게 된다. 이 구분은, 어떤 주제에 대해 알고 싶은 욕구로 추구되는 지식과, 알고 싶은 욕구와 **구분되는**(distinct) 어떤 목적이나 목표에 도움이 되기 때문에 추구되는 지식 사이의 구분이다.

생각에 대한 어떤 철학적 및 심리학적 설명은, 이런 단순한 것이 아닌 더 중요한 의미에서 모든 생각을 도구적이라고 보는데, 진화심리학의 어떤 버전이 그렇다. 일반적으로 진화심리학은 인간의 인지 능력을 적응(adaptation)이라고 설명하는데, 즉 세대를 거쳐 이런 특질이 개체의 적합도(fitness)를 높여주기 때문에 발달한 것으로 본다 (Barkow, Cosmides, and Tooby 1992). 이런 관점의 더 구체적인 버전에 따르면, 세계를 표상하려는 목표를 가진 인지 능력은 적응으로 인한 것이고, 이런 의미에서 인지 능력의 산물은 적합도라는 "목적"을 지닌다. 그래서 세계의 표상이 "위하는" 것은, 단순히 적합도를 증진하기 위함이고, 이것이 세계의 표상이 "추구되는 이유"이다. 즉, 그 자체를 위해 추구되는 표상은 없다.

나의 구분을 옹호하기 위해서, (모든 혹은 어느) 심리 능력이 적응이라고 말하는 진화심리학의 중심 논제를 거부할 필요는 없다. 또한, 지식에 대한 능력(또는 올바른 표상)은 적응이라는 주장을 거부할 필요도 없다. 그것은 적응일 수도 있다. 그러나 요점은, 그렇다고 해서 어떤 사람이 이런 목표를 추구하는 이유가 그 후손의 적합도를 높이기 위해서라는 것을 함축하지는 않는다는 데에 있다. 그 능력이 처음에 거기에 있게 된 진화적 이유와 각 개체가 이 능력을 사용하는 이유 사이에는 차이가 있다.

생각(thought)에 대한 또 다른 설명은, 모든 생각이 욕구의 만족에 기반을 둔다는 것이다. 램지(F. P. Ramsey)는 유명한 논문에서 자신이 "프래그머티즘(pragmatism)"이라 부른 관점을 이렇게 서술한다. 믿음은, 그것이 행위에 미친 효과로 규정될 수 있다. 이 견해 (나중에 "기능주의(functionalism)"라 불리게 되는 것과 유사한)는, 우리가 하는 행동은 부분적으로라도 우리가 믿는 것과 원하는 것에 의해 고정되므로, 우리는 믿음과 원함을 특정 방식으로 행동하려는 경향으로 이해해야 한다는 관점이다. 램지는 더 나아가서, 저것이 아닌 이것을 믿는다는 것을, 그들이 특정 상황에서 일으키는 활동으

로 정의하려고 시도하였다. 그는 닭을 예로 들어 이를 간단히 설명
하였다. "우리가 닭이 어떤 종류의 애벌레는 독이 있다고 믿는다고
말할 때, 이는 그저 그 닭이 그런 애벌레와 연관된 불쾌한 경험에
비추어 이것들을 먹지 않는다는 것을 의미할 뿐이다." 그는 이를 일
반화하여 믿음을 그것이 일으킨 활동으로 정의하고, 믿음의 "내
용"(p로 이름 붙인)은 그 효용성(utility)으로 정의하였다. "그 효용
성 p가 필요충분조건인 어떤 활동 모두는 p라는 믿음으로 불릴 수
있고, 그러므로 만일 p라면, 즉 그들이 유용하다면, 참일 것이다."
(Ramsey [1927]1990, 40)

믿음이 그 효용으로 이해되어야 한다는 램지의 관점은, 모든 생
각은 도구적이라는 견해의 또 하나의 버전이다. 와이트(J. T. Whyte
1990)는 이 견해를 "**성공** 의미론(*success* semantics)"이라 칭하였고,
많은 철학자들이 이를 옹호하기도 하였다(이 토론에 대해서는
Blackburn 2005; Mellor 2012를 보라). 믿음은, 그 "진리 조건", 즉
그 내용이 진리가 되는 조건에 의해 규정된다고 한다. 그래서 예를
들어, 태양이 빛난다는 나의 믿음은, 태양이 빛나는 조건에서만 그
믿음이 참이기 때문에 믿음이다. 성공 의미론은, 어떤 믿음의 **진리**
조건은 그것의 **성공** 조건, 즉 그 믿음에 기반을 둔 활동이 성공하는
조건, 성공이 욕구나 원하는 것의 만족으로 이해되는 조건이라 말한
다. 그래서 만약 내가 원하는 것이 강변을 산책하는 것인데, 태양이
빛날 때만 산책하고 싶다면, 내 욕구와 내 믿음은 나에게 이를 시도
하고 달성하게 하는 원인으로 작동한다. 그 믿음이 참인 조건은, 그
것에 기반을 둔 활동이 성공하는 조건이다. 따라서 믿음(그리고 내
의미로는, 생각)은 가능한 활동의 성공이라고 도구적으로 정의되어
야 한다.

나는 믿음, 욕구, 그리고 활동 사이의 이런 관계가 많은 활동과

274

정신 상태(닭에서 본 것뿐 아니라, 인간에게서도 마찬가지로)를 좌우한다는 것을 부정하고 싶지는 않다. 우리 활동의 성공(우리 목적이나 목표의 달성)과 우리 믿음의 진리 사이의 관계는 이 전체 이야기에서 본질적 부분인 것은 틀림없다. 그러나 믿음의 진리 조건을 욕구의 성공 조건으로 규정한 다음에는, 욕구의 만족 조건(satisfaction conditions)을 설명해야 하는 과제가 우리에게 남는다. 욕구의 만족은 단순히 욕구의 사라짐이 아니다. 러셀(B. Russel)이 한때 생각했듯이, 욕구는 만족되지 않아도 없어질 수 있으므로. 오히려 욕구의 만족이란, 와이트(Whyte 1990)가 말한 욕구의 **충족**(*fulfillment*), 즉 특정 조건을 불러들이는 것이어야 한다. 그러나 만약 이런 조건을 불러들인다는 것이 (명제의 진리에 의한 것을 제외하고) 이해될 수 없다면, 이제 이것이 우리가 설명하려 노력해야 할 부분이다. 이 문제는, 욕구가 지식 그 자체를 위해 무언가를 발견하려는 욕구와 관련될 때 특히 예리하다. 이런 경우에는 욕구 자체의 만족이 바로 참된 믿음의 획득이기 때문이다. 우리는 아주 작은 쳇바퀴를 빙빙 돌고 있다.

진화심리학적 접근법이나 "성공" 접근법은 모두 중요한 통찰을 담고 있지만, 그 자체를 위해 지식을 추구하는 현상의 실재를 설명하지는 못한다. 우리의 인지 능력이 적응이란 것이 참이더라도, 그 능력의 활용 하나하나가 꼭 그 능력이 비롯된 이유를 위해 쓰인다는 것을 함축하지 않는다. 그리고 "성공" 접근법은, 믿음 내용에 대한 설명에서 독립적인 욕구의 충족을 설명하지 않고서 작동할 수는 없다.

그 자체를 위해 지식을 추구하는 이 현상에 대하여, 우리는 무엇을 더 말할 수 있을까? 첫째, 어떤 것을 그 자체를 위해 알려는 것은, **그것이 참이기 때문에** 그것을 원하는 것이 아니라는 것을 강조하고 싶다. 즉 "그것이 참이기 때문에"가 "왜 당신은 그것을 알기를 원하나요?"에 대한 적절한 답은 아니다. 제인 힐(Jane Heal)은 "진실에 대한 사심 없는 추구"가 그 자체로 가치 있을 수 있다는 견해를 논하면서 이런 요점을 잘 파악하였다.

> 누군가 어떤 주제에 대한 정보가 좋은 것이라고 주장할 때, 우리는 항상 "당신은 왜 그것에 대해 알고 싶어 하나요?"라고 물을 수 있다. 적절한 답은 그 특정한 주제에 관해 어떤 것을 말해주는 것이어야 한다. 이는 단순히 문제의 그 항목이 참된 믿음의 실제 사례라고 말하는 것일 수는 없다. (Heal 1988, 107)

그러나 힐은 또한, 단지 "참"이라는 것이 그 질문에 대한 적절한 답이 될 수 없다고 해서, 적절한 답이 항상 어떤 실용적 기획을 특정해야만 하는 것은 아니라고 말한다.

> "당신은 왜 그것에 대해 알고 싶어 하나요?"라는 질문에 대한 답이 있어야 한다는 주장이, 그 답의 형태가 숙고 중인 어떤 실용적 기획을 꼭 참조해야 한다고 주장하는 것은 아니다. (107)

힐은 여기서, 누군가 그것이 단지 참이라는 이유만으로 진리 "그 자체"를 추구한다는, 착시적 생각과, 우리의 믿음과 욕구가 흔히 우리의 실용적 요구를 만족시킨다는, 지극히 올바른 생각을, 단순히 대조하는 잘못을 지적한다. 그녀가 제시한 대로 제삼의 선택지가 있다. 즉, 특정 주제에 대한 진리 그 자체에 흥미를 느낀다고 내가 묘사하는 선택지 말이다.

누군가 어떤 주제 그 자체를 연구할 때, 그 사람은 "단지 그것이 참이어서" 진리를 추구하는 것이 아니다. 그렇지만 그렇더라도, 그는 자신이 **옳은 것을 얻으려는** 규범이나 표준에 의해 지배되고 있다는 것을 스스로 인식해야만 한다. 아마추어 천문가는 별에 대한 흥미 때문에 별의 위치 변화를 수년간 관찰하지만, 무슨 목표로 이것을 하느냐는 질문을 받으면, 그는 고민하다가 아마도 저 위에서 일어나고 있는 일을 알고 싶어서, 즉 발견하고 싶어서라고 답할 것이다. 만약 우리가 위에서 언급한 지식과 참인 믿음을 구별하는 이유를 받아들인다면, 우리는 쉽게 틀리지는 않는 방법, 즉 오류를 피하는 방법을 원하므로, 지식의 탐구에 오류를 피하려는 시도가 반드시 포함되어야 한다. 그러나 당신이 오류를 피하려는 명백한 시도를 하려면, 당신은 오류의 개념을 가져야만 한다.

이 단계에서, 내가 이제껏 발전시킨 일련의 생각은, 사람의 생각과 동물의 생각 사이의 명백한 차이를 무시했다는 주장을 반박할 수 있다. 물론 우리의 생각은 언어로 표현되므로 동물과 다르다는 것은 사실이고, 이는 물론 명백한 차이이다. (여기서 "대부분 일시적이고, 체계적인 디테일이 부족하고, 과다 해석되는 면이 있지만" (Gómez 2008, 590) 소위 언어적 유인원이 있다는 연구들은 무시하자.) 우리가 정상 개체 발생 과정에서 언어를 발달시키는 고유한 생물종(species)이라는 것은 논란의 여지가 없다. 그러나 생각에 대한 우리의 이해를 위해, 이런 차이가 뭐가 그렇게 중요할까? 언어는 단순히 더 복잡한 생각을 가능케 하는 것일까, 아니면 언어가 제공하는 **종**(kind)의 차이가 있는 것일까?

데카르트는, 동물이 말을 하지 못한다는 것을 중요한 이유 중 하나로 들면서, 동물에게 생각이 없다고 주장한 것으로 유명하다. 20세기 도널드 데이빗슨(Donald Davidson)은 (원래 데카르트주의자가 아닌데) 여기에 동의한다. 데이빗슨의 견해에 따르면, 생각한다는 것은 다른 사람의 생각을 해석한다는 것인데, 여기에는 필수적으로 언어가 결부된다(Davidson 1982). 그러므로 비언어적 동물은 생각할 수 없다. 그는 왜 이런 생각을 했을까?

데이빗슨의 논증은 **믿음**을 가진다는 것이 무엇인지에 초점을 맞춘다. 그 논증은 다음 두 전제에 기반한다. 첫째, 믿음을 가지려면 믿음의 개념을 가져야만 한다. 둘째, 믿음의 개념을 가지려면 언어를 가져야만 한다. 더 자세히 말하자면, 믿음의 개념을 가지려면 사물이 어떻게 보이는지와 사물이 어떠한지 사이의 차이를 능숙히 구분할 수 있어야 한다. 데이빗슨은 언어가 이런 구분을 충분히 할 수 있게 해준다고 주장하였고, 언어 말고는 이것을 해줄 수 있는 것이 없다고 추정하였다.

데이빗슨의 논증은 논란이 많고 이에 찬동하는 사람은 매우 드물다. 특히 믿음의 개념을 가져야만 믿음을 가질 수 있다는 전제가 결정적으로 지지받지 못하는 부분인데, 이 전제 없이는, 그의 결론을 받아들일 아무런 이유가 없으며, 비언어적인 동물에겐 생각이 없다고 주장할 아무런 이유가 없어진다. 이런 의미에서, 믿음이란 램지의 닭이 가질 수 있는, 단순한 표상 상태일 수 있다. 우리는 원한다면, 닭의 믿음을 **저 닭이 독을 지녔다**는 믿음이라고 부를 수 있지만, 이것을 위해 우리가 닭에게 독의 "개념"을 부여할 필요는 없다. 이것을 믿음이라 부르는 것은, 그저 닭이 자신의 활동을 안내하는 방식으로 세계를 표상한다는 것을, 옳을 수도 그를 수도 있지만, 가리키는 하나의 방식일 뿐이다.

이런 "믿음"을 가지기 위해, 닭은 자기 믿음에 **관한** 믿음을 필요로 하지 않는다. 예를 들어, 닭은 자기가 애벌레를 먹고 불쾌한 경험을 하지 않았다고 해도 **놀랄** 필요가 없다. 닭은 자기가 틀렸다는 것을 발견할 필요가 없다. 닭은 그저 계속하고, 그에 따라 자기 표상을 업데이트하는 것이다. 데이빗슨의 주장에 따르면, 놀라기 위해서는 이전에 세상이 이러했다고 생각했던 것과, 지금 세상이 이렇다고 발견한 것을 구분할 수 있어야 한다. 나는 이 점에 대해서는 데이빗슨이 옳다고 생각한다. 그러나 믿음을 가지기 위해서 놀랄 수 있어야 한다고 생각한 것에서 그는 틀렸다.

비록 데이빗슨의 논증이 실패했더라도, 여기에는 우리 질문에 대한 답에 힌트를 주는 무언가가 있다. 언어는 생각에 무엇을 더해주는가? (또는, 언어는 어떤 종류의 생각을 가능하게 해주는가?) 데이빗슨은, 믿음의 개념을 가진다는 것이, 사물이 어떻게 보이는지와 사물이 어떠한지 사이를 구분하도록 관여한다고 주장하였다. 이것은 오류의 개념을 가진다는 것에까지 도달한다. 성숙한 인간이 정상적으로 타인을 옳다 혹은 그르다고 표상하는 방식은 동의나 찬성을 표현하거나, 이에 대한 단어인 "옳다" 혹은 "그르다"를 사용하는 것임이 분명하다. 이는 믿음의 개념을 가지는 것과 언어를 가지는 것 사이에 연결이 있다고 생각한 데이빗슨이 이 점에서는 옳았다는 것을 말해준다. 그 연결은 이렇다. 어느 동물이 언어를 가질 때, 그것은 타자의 믿음을 옳은 혹은 그른 것으로 쉽고 체계적으로 표상할 수 있다. 어린이들은 이것을 4세 혹은 5세 때에 할 수 있다. 언어가 없이는 이것을 하는 것이 매우 어렵다. 매우 어렵지만, 나는 불가능하다고는 말하지 않았다. 그러나 데이빗슨과 마찬가지로, 나도 이것을 가능케 하는 다른 어떤 방법이 있을지는 잘 모르겠다.

이런 관점에서, 언어의 의의는, 우리가 소통할 수 있게 해주는 것을 넘어, 훨씬 더 세심한 종류의 소통을 허락해주는 데에 있다. 언어가 우리에게 추가로 제공한 것은, 그것이 타인 생각의 옳음과 그름을 명확히 말하는 메커니즘을 형성시켜 우리에게 제공한 것이다. 데닛(Dennett 1988)이 말했듯이, 우리는 "이유-표상자(reason-representers)"이다. 즉, 우리는 단순히 이유에 따라 행동하지 않으며, 우리는 자신과 타인에게서 이유를 표상해낸다. 그렇게 함으로써, 우리는 자신과 그들의 이유에 대해 좋다거나 나쁘다고, 정확하다거나 틀렸다고 평가할 수 있다. 우리 자신을 지식 자체를 위해 지식을 추구하는 존재로 보려면, 우리가 오류의 개념을 가져야만 한다.

3. 자연주의적 접근법

이런 주장들은, 우리가 우리 마음과 타인 마음에 대해 어떻게 말하고 생각하는지에 관한, 현상학적 (혹은 데닛이 타자현상학적 (heterophenomenological)이라 불렀던) 관찰이다. 이런 역량이, 아리스토텔레스가 주장했듯이, 어떤 종류의 환영에 반대되는 것으로, **실제로**(*actually*) 우리 본성(nature)의 일부라는 주장을 확고히 하기 위해서, 우리는 인간심리학과 비교심리학에서 나오는 증거를 검토해야만 한다. 이것은 물론 엄청난 과제이고, 내가 여기서 어떤 결론을 말할 수는 없다. 이 논문의 목적은, 그 자체를 위해 지식을 추구하는 역량이 인간 본성의 일부분이고, 다른 동물들은 이런 역량이 없다는 가설을 뒷받침하기 위해, 어떤 근거가 활용될 수 있는지를 비교적 추상적인 수준에서 제시하려는 것이다. 나는 이 논문이 비교심리학 분야의 일부 논의를 생산적으로 바라보는 방식을 제공할 수 있기를 바란다.

특정한 심리적 형질이 인간에게만 유일한지의 논의는, 그동안 아래 다수의 형질에 초점을 맞추는 경향이 있었다. 인간의 의사소통(특히 언어의 역할), 인간의 사회적 인지의 독특한 특징(특히 소위 마음 이론과 연관된), 인간의 유비 추론을 수행하는 능력, 그리고 인간의 독특한 모방 능력 및 학습에서 모방 능력의 역할 등이 그것이

280

다(Premack 2010). 여기서 나는 의사소통, 마음 이론, 모방, 그리고 학습 등에 관한 증거를 몇 가지 언급하려 한다. (나는 이 논문에서 유비 추론(analogical reasoning)의 문제를 다루지는 않겠다.)

첫째로, 의사소통을 살펴보자. 명백히 언어는, 인간 의사소통의 독특한 메커니즘이고, 나는 앞 절에서, 언어가 우리와 타인들의 오류를 표상하는 수단을 우리에게 주었기에, 그 자체를 위한 지식을 추구할 수 있게 되었다고 제안하였다. 그러나 의사소통의 다른 형식은 어떠한가? 다른 형식의 의사소통도 그 자체를 위한 지식의 문제에 관여한다는 근거가 있는가?

인간과 동물에서의 "지시적 의사소통(referential communication)", 즉 주변의 대상에 관해 다른 개체와 의사소통하는 것을 살펴보자. 동물에서 지시적 의사소통의 고전적 원형(paradigm)은, 체니와 세이파스(Cheney and Seyfarth 1990)의 혁신적 연구로 인해 알려진, 버빗원숭이의 경고음(alarm calls)이다. 야생의 버빗원숭이는 여러 종류의 포식자들이 나타났음을 다른 원숭이에게 알리는 여러 가지 구분되는 신호를 사용한다. 이것이 **지시적** 의사소통이라는 것은, 이 동물이 자신의 내적 상태(공포, 분노 등)에 대해 소통하는 것이 아니며, 다른 원숭이에게 어떤 행동을 명령하는 것("도망가!" "뛰어!")도 아니라는 가설이다. 그보다, 그 원숭이들은 다른 원숭이에게 주변에 무엇이 있다고, 즉 포식자가 다가온다고 알려주려는 것이 목표이며, 그래서 다른 원숭이들이 적절한 도피 행동(표범이면 나무에 올라가고, 독수리면 덤불 밑에 숨는 등)을 할 수 있도록 한다는 것이다.

물론, 비록 우리가 이것이 지시적이라는 것에 전적으로 동의하더라도, 진짜 문제는 지시적 의도의 내용이 무엇인가에 있다. 그러나 만약 의사소통의 의도가 있다면, 그 목표는 주변에 뭔가 변화를 일으키는 것, 원숭이 집단의 주변 상황에 변화를 일으키는 것이라 보는 것이 타당하다. 만약 여기에 어느 생각이 진행되었다면, 그것은 도구적 혹은 수단적인 목적(means-end) 생각하기이다. 버빗원숭이의 의사소통은 특정한, 즉각적 목표와 매우 "영역-특이적"인 과제(음식을 구하고, 포식자를 피하고, 짝짓기를 하는 등의)에 맞추어져 있다. 그래서 지시적 의사소통에 관한 연구자들의 한 가지 의문은, 지시적 의사소통이 그 자체를 위한 지식의 표현임을 확립시켜줄 실험이 있는가이다. 여기에 심각한 방법론적 어려움이 있다. 왜냐하면 야생에서는 동물들의 인지적 역량에 관한 강력한 증거를 얻기가 몹시 어렵고, 실험실에서는 동물에게 특정 보상과 이득이 연결되기 때문이다.

여기서 비언어적 의사소통 도구, 특히 가리킴(pointing)에 관한 증거를 살펴볼 필요가 있다. 인간 유아(infants)는 두 종류의 가리킴을 가진다(Tomasello 2006). 유아는, 자기가 무엇을 원할 때, 혹은 어른이 자기에게 무엇("주스!")을 주기를 원할 때, 그것을 가리킨다. 이것은 "명령적" 가리킴이다. 그러나 유아는 자기의 관심을 어른과 나누려 할 때, 어른의 관심을 주변의 어떤 것으로 돌리려 할 때에도 무엇을 가리킨다. 이것은 "서술적" 가리킴이다(아이가 "저것 봐!"라고 말할 때를 생각해보라. 그런 종류의 가리킴이다).

다른 동물의 가리킴에 관해 밝혀진 무엇이 있는가? 유인원의 가리킴을 식별하려는 연구는 절반만 성공하였다. 사람과 함께 사는 일부 유인원은 때때로 명령적인 가리킴을 수행하지만, 야생에서 가리킴에 대한 증거는 거의 없는 것 같다. 그리고 **서술적** 가리킴은 유인원에서는 언제 어디서도 보고된 적이 없다. 마이클 토마셀로(Michael Tomasello)가 말하듯이, "유인원은 어떤 환경에서도, 다른 유인원이나 인간을 위해, 명령 기능 이외의 기능을 하는, 가리키는

행위를 하지 않는다."(Tomasello 2008, 37-38)

　가리킴을 통해 의사소통하려는 인간의 시도를 [동물이] 알아차리는 것은 어떠한가? 적어도 지난 1만 5천 년을 인간과 함께 살아온 개는 소통하려는 인간의 시도에 민감하다(그리고 흥미롭게도, 늑대는 전혀 그렇지 않아 보이는데, 사람이 기른 늑대도 그러하다). 그러나 인간의 의사소통에 대한 개의 민감성은 매우 특정한 소통 맥락에만 한정된다. 피에르 자콥(Pierre Jacob 2010)이 말했듯이, "개에게, 지시적 소통 신호에 대한 민감성은 특정 개인과 연결되는 것 같으며, 일차적으로 자신의 목표가 인간 지시를 만족시키는 동기 시스템에 연결된 것 같다." 다시 말해서, 어떤 상황을 의사소통 상황으로 인지하는 능력이 이런 재인(recognition)의 즉각적 효과, 즉 자신이 소통하는 사람으로부터 보상이나 다른 결과에 연결된다.

　반면에, 인간의 유아는 어린 나이 때부터 서술적으로(declaratively) 가리킴을 할 수 있다. 대담한 추측에 따르면, 아동의 서술적 가리킴은 인간에게 "순수한 호기심"이란 심리 메커니즘 같은 무언가가 있다는 것을 기대하게 만든다. 도구적 가리킴과 달리, 서술적 가리킴은, 어떤 실용적 목표에 대한 요구 없이도, 무언가에 대한 순수한 흥미를 보여주는 것 같다(아리스토텔레스가 말했듯이, "행동하기 위해서만이 아니라, **심지어 우리가 아무것도 하지 않으려 할 경우에조차**, 우리는 그 무엇보다도 보는 것을 더 좋아한다."). 그러나 이런 결론은, 가리킴에 관한 현재 증거와 가리키는 몸짓에 대한 이해로부터 너무 멀리 나가는 것임을 분명히 알아야 한다. 이 단계에서 우리가 적어도 확실히 결론 내릴 수 있는 것은, 현시점에서 동물 의사소통 연구가, 지시적 의사소통이나 가리킴이 목전의 환경에 관한 정보 교환이라는 것 외에, 무엇을 위한 어떤 증거도 없다.

　물론, 인간 의사소통의 주요 메커니즘 중 하나는 언어이고, 언어는 인간이 고유하다고 가정되는 두 번째 영역, 즉 사회적 인지에서 특별한 역할을 한다. 나는 2절에서, 언어가 그 자체를 위한 지식의 추구에 중요한 역할을 한다고 주장하였다. 언어는, 우리가 자신과 타인을 오류의 상태라고[틀렸다고] 표상할 수 있게 해준다. 동물도 다른 동물이 오류의 상태라고 표상하는 능력을 지닌다는 증거가 있을까? 나는 아니라고 말하고 싶다.

1978년, 데이비드 프리맥과 가이 우드러프(David Premack and Guy Woodruff)는 이런 질문을 하였다, "침팬지가 마음 이론을 가지는가?" 여기 의미에서, 마음 "이론"을 가진다는 것은, 다른 동물의 정신 상태에 대한 개념을 가진다는 뜻이다. 심리학자에게 첫째 질문은, 유인원(그리고 다른 비인간 동물)이 다른 동물의 마음을 어떤 형식으로든 이해하는지, 즉 다른 동물의 마음에 대한 개념 또는 일종의 이해를 조금이라도 가지는가이다. 이 쟁점은 매우 논란이 많으며, 여기서 그 모두를 말하지는 않겠다. 그보다 나는, 여기 논증을 위해서, 침팬지와 몇몇 다른 동물들이 타인의 마음에 대한 개념을 가진다고 가정하겠다. 그럼 나는 이렇게 다시 묻게 된다. 그들은 어떤 종류의 마음 이론을 가지는가? 그들은 어떤 종류의 정신 상태를 표상할 수 있는가? 일부 연구 결과는, 침팬지들이 다른 침팬지가 **알거나 볼** 수 있다는 것에 관한 믿음을 가진다는 것을 시사해준다. 그렇지만 다른 침팬지가 **믿는다**에 대해, 그들이 믿음을 가진다는 연구 결과는 전혀 없다. 그리고 만약 그들이 다른 침팬지가 믿는다는 것에 관한 믿음을 형성하지 못한다면, 그들은 오류 개념을 가질 수 없다. (만약 2절의 내 주장이 맞는다면 말이다.)

브라이언 헤어와 연구원들(Brian Hare et al. 2000)은 유명한 연구에서, 침팬지들은 다른 침팬지가 무엇을 볼 수 있는지 알며, 따라서 그들이 무엇을 아는지도 분명히 안다는 증거를 제시하였다. 이 실험 범례는 지배적 침팬지와 종속적 침팬지, 그리고 다음 두 가지 상황을 반드시 포함한다. 첫째 상황에서, 음식이 종속적 침팬지 앞에 주어지는데, 이것을 지배적 침팬지가 모두 보고 있다. 이때 종속적 침팬지는 움직이지 않았다[먹이를 먹지 못했다]. 둘째 상황에서, 지배적 침팬지와 종속적 침팬지 사이에 불투명한 벽이 있어서 지배적 침팬지는 음식이 주어진 상황을 보지 못한다. 이 경우에 종속적 침팬지는 음식을 먹었다. 이 둘째 상황에서, 종속적 침팬지는 지배적 침팬지가 먹이를 볼 수 없다는 것을 알았다는 것을 설명해준다.

이 연구의 결과는 도전을 받았으며(예를 들어, Karin-D'Arcy and Povinelli 2002를 포함하여 여러 학자로부터), 여전히 논란 중이다. 그래서 다시 언급하지만, 내가 내리려는 결론은 기껏해야 조건부일 뿐이다. 내가 헤어와 연구원들(Hare et al. 2000)의 실험에서 내리고 싶은 결론은 이렇다. 비록 어느 침팬지가, 다른 침팬지가 무엇을 볼 수 있는지 혹은 없는지를 알 수 있으며, 따라서 다른 침팬지가 무엇을 아는지 또는 모르는지를 안다고 하더라도, 이 실험(연관된 다른 실험도)으로부터 다른 침팬지가 무엇을 **믿는지**를 그 침팬지가 안다는 어떤 증거도 없다. 여기서 우리는 무지(ignorance)와 오류(error)를 구분할 필요가 있다. 종속적 침팬지는 지배적 침팬지가 음식을 볼 수 없다는 것을 알았다. 이것은 사실에 대한 **무지**이다. 여기에, 침팬지가 다른 침팬지의 정신 상태가 **옳은지** 혹은 **틀리는지**에 대한 앎을 보여준다는 어떤 증거도 없다. 이 실험이 보여주는 정신 상태는, 우리가 **관계적**(relational) 정신 상태라고 부를 수 있는 것으로, 지식, 보기, 원하기 등이다(이것들은 사실적(factive)이라고 할 수 있지만, 관계적이 더 넓은 범주이다). 이것들은, 사고자(thinker)를 환경에 관련시키는 마음 상태이며, 그래서 어떤 특정 의미에서, 틀릴 수 없다. 반면에, 믿음이란 틀릴 수 있는 종류의 마음 상태이다. 그러나 침팬지들이 동족 사이에 이런 종류의 마음 상태를 인식한다는 것을 보여줄 어떤 증거도 없다.

만약 이것이 옳다면, 침팬지는 어떤 오류 개념도 가지고 있지 않다는 것을 시사해준다. 그리고 만약 그것이 옳다면, 그것은, 침팬지가 왜 마음 이론에 대한 "거짓-믿음 실험"을 통과할 수 없는지 이유를 설명해주기에 도움이 된다. 그 실험은 아주 유명한데, 아이들에게 (인형으로 또는 실험자에 의해 예로 보여주는) 이야기를 들려준다. 이 실험에서, 이야기 속의 등장인물 A는 다른 등장인물 B가 보는 앞에서 상자 안에 구슬을 넣는다. 등장인물 B가 자리를 뜬 사이에 등장인물 A는 그 구슬을 상자에서 꺼내어 다른 곳에 숨긴다. 등장인물 B가 돌아왔을 때, "등장인물 B는 구슬이 어디에 있다고 생각할까?"라고 아이들에게 묻는다. 결과는 명확해서, 특정 나이(약 4세) 이상의 어린이는 "옳은" 대답을 한다. "**상자 안**이요"라고. 그러나 더 어린 아이들은 보통 등장인물 B는 등장인물 A가 나중에 숨긴 곳에 구슬이 있다고 생각한다고 답한다. 한마디로, 4세 이하의 아이들은 등장인물 B가 오류 상태에 있음을, 즉 거짓 믿음을 가지고 있음을 이해하지 못한다.

유인원이 거짓-믿음 실험을 전혀 통과하지 못한다는 주장은 매우 논란이 많다. 그리고 유인원은 하지 못한다는 실험 결과들이 많기는 하다(Call and Tomasello 2008을 보라). 그럼에도 불구하고, 내가 가정하였던 유심론자(mentalist)의 관점에 따르면, 침팬지는 다른 침팬지의 정신 상태에 대한 다른 종류의 표상을 가지는 것 같다. 그래서 침팬지는, 타자 정신 상태의 표상을 가진다는 의미에서, "마음 이론"을 가진다. 그리고 우리는 우리가 원한다면, 이런 표상을 "믿음"이라고 부를 수도 있다. 그러나 이런 마음 이론은, 지식(knowledge)이나 봄(seeing)과 같은, 관계적 혹은 사실적 정신 상태(와 같은) 개념에 한정된다. 이와 대조적으로, 인간 아동의 마음에 대한 성숙한 개념은, 침팬지의 개념과는 달리, 오류 개념을 가진다. 오류 개념은 (내가 2절에서 주장했듯이) 언어가 가능하게 해주는 무엇이다. 그러므로 만약 이것이 우연의 일치가 아니라면, 아동의 오류의 개념은 언어 능력이 대략 정립되는 나이인 4세쯤에 완전히 나타난다.

여하튼 우리는 이런 능력이 나타나는 때를 명확히 구분할 수는 없고, 언어 능력이나 특정 마음 이론을 완전히 구성하는 요소도 명확히 파악할 수는 없다(여기서는 "정도의 문제"란 말이 딱 맞겠다). 그러나 내가 여기서 제시하는 잠정적 결론은, 침팬지의 마음 이론에 대해 내 말이 적절하다고 전제한다면, 연구 결과들은 침팬지의 마음 이론이 거짓 믿음이나 오류 개념을 포함하지 않는다는 것을 시사한다. 그래서 2절의 주장이 옳다면, 그 자체를 위한 지식의 추구는 오류 개념을 필요로 하며, 우리는 침팬지가 적어도 그 자체를 위한 지식을 추구하지 않는다고 결론 내려야 한다.

내가 검토하고 싶은 셋째이자 마지막 논제는 학습과 모방이다. 그 자체를 위한 지식을 추구하는 능력이란 것이 있다면, 이것이 기적일 리는 없다. 자연주의 관점에서, 인간이 그 자체를 위한 지식을 추구하는 역량을 지닌다면, 그 역량은 더 단순하고 아마도 선천적 역량들에 기초하거나, 그로부터 길러진 것이어야 한다. 어떤 것이 이런 역량일까? 그 역량이, 유기체의 삶과 생물종의 발달 모두에서, 어떻게 발생한 것일까?

이러한 질문에 비추어 볼 때, 동물과 인간 유아에서의 모방 연구는 몇 가지 흥미로운 대답을 시사한다. 특히 흥미로운 사례를 빅토리아 호너와 앤드류 위튼(Victoria Horner and Andrew Whiten 2005)의 유명한 연구에서 볼 수 있다. 이 실험에서 시연자는, 침팬지와 유아에게, 도구로 "퍼즐 상자"를 열어서 안에 숨겨진 보상을 얻는 방법을 보여준다. 침팬지와 유아는 모두 이 과제를 잘 따라서 한다. 다음 단계에서, 시연자는 상자를 여는 것과 상관없는 행동을 한다. 상자 여는 것을 배운 침팬지는 이 행동을 무시하고, 원래 배운 방식대로 상자를 여는 활동을 진행한다. 이와 달리 유아는 상자를 열기 전에, 시연자의 그 상관없는 활동을 모방한다.

이런 놀라운 결과는, 침팬지가 인간보다 더 똑똑하다는 식으로 영국의 신문에 보도되었다. 아이들은 시연자의 그 상관없는 행동을 무작정 따라 했고, 침팬지는 그런 행동으로 혼란스러움이 없이 바로 보상을 취했다는 점에서 그런 보도가 이해되기도 한다. 프리맥 (Premack 2010, 25)이 말했듯이, "아이는 모방하기 위해 모방하고, 유인원은 음식을 얻기 위해 모방한다." 그러나 이런 결과에 대한 다른 방식의 해석이 있으며, 바로 이 논문 주제의 관점으로 보는 해석이다. 모방이 무엇을 위한 것인지 알지 못하면서도 모방하는 능력이, 단순히 즉각적 목표나 보상을 취하는 것을 넘어서는, 어떤 능력을 인간 유아에게 제공한다는 해석이다. 이것이 인간 성인이 그 자체를 위한 정보를 추구하는 능력과 연관된 것은 아닐까?

위튼, 호너, 마셜-페스시니(Whiten, Horner, and Marshall-Pescini)는 그 결과에 대해 이러한 설명을 고려한다.

> 가능한 설명으로 … 단순히 우리는, 아이들이 그들 앞에 펼쳐지는 상당한 행동 목록을 무작정 모방하도록, 일종의 전략으로, 만들어진, 그런 철저한 문화적 종이다. 인간 아이들은 영장류 중 가장 긴 아동기를 거치고, 그 기간 대부분을 놀이, 연습, 탐색으로 보내기 때문에, 관찰된 행동의 잘못된 부분을 솎아낼 기회는 충분하다. (Whiten, Horner, and Marshall-Pescini 2005, 280)

인간이 긴 아동기를 보낸다는 것은, 호너와 위튼이 발견한 행동을 이해하는 데 명백히 중요한 요소이다. 그러나 그 실험 결과를 다른 방식으로 볼 수도 있다. 우리가 그렇게도 철저한 문화적 종이라는 설명보다는, 먼저 즉각적인 목적이 없는 행동을 모방하는 능력이 우리를 문화적 종으로 만들어준다는 설명이다. 나는 어떤 것이 먼저 생겨난 것인지, 즉 모방이 먼저인지 문화가 먼저인지를 따지려는 것은 아니며, 인간 문화의 **어떤** 중요한 특징(예로, 그 자체를 위한 지식에 대한 관심)은 인간 유아의 "과도한 모방" 능력의 발달 없이 가능하지 않았을 것이라고 말하는 것이다.

이런 설명은, 발달심리학자 죄르지 게르게이와 게르게이 치브라(György Gergely and Gergely Csibra 2009)의 연구로도 뒷받침된다. 그들은 자신들이 "자연적 교육(natural pedagogy)"이라 명명한, 인간 유아의 새로운 학습 이론을 제안하였다. 그들은 언어 습득 전(prelinguistic) 유아에 관한 확대 연구를 통해, 유아는 소위 "총칭적(generic)"이고 "인지적으로 불분명한(cognitively opaque)" 정보를 매우 빨리 배우는 능력을 지닌다고 주장하였다. 정보가 "총칭적"이란 것은 이것이 하나의 쓰임새가 아닌 여러 곳에 아주 충분히 쓰일 수 있다는 의미이다. 그리고 정보가 "인지적으로 불분명하다"는 것은 유아가 지금 의사소통하고 있는 것의 기능이나 목적이 무엇인지 모르는 경우를 의미한다. 유아는 자신이 학습하고 있는 것이 분명한 목적이 없을 경우라도 모방을 통해서 어떤 것들을 배운다. 게르게이와 치브라의 주장에 따르면, 유아는 성인이 자기들에게 어떤 것을 의사소통하려고 할 때, 이를 알아차리는 생득적 역량(innate capacity)을 지닌다. 유아는 의사소통 상황인 특정 상황에 자연적으로 민감하고, 특정 신호를 의사소통 신호로 알아차린다(예로, 목소리의 톤). 이 두 학자는 유아가 이런 상황을 알아채는 생득적 적응 능력

을 지닌다는 가설을 세웠고, 이 역량을 "자연적 교육"이라 불렀다.3)

자연적 교육 가설은 내가 이 논문에서 지지하는 사변적 논제(speculative thesis)와 아주 흥미로운 두 가지 연관이 있다. 하나는, 자연적 교육과 같은 것이 유인원에게서 발견되거나 가정된 적이 전혀 없으며, 따라서 잘 알려진 대로 총칭적 정보를 학습하도록 유인원을 훈련시키는 일은 아주 어렵다. 그리고 이것은 그 자체를 위한 지식의 추구라는 제안과 연결을 제공해준다. 의사소통 상황을 알아차리는 유아의 능력은 다양한 맥락에 걸쳐 매우 탄력적이고, 그들이 학습하는 정보는 보통 "인지적으로 불투명한" 것들이다. 즉, 그것은 특별히 실용적인 활동이나 동기와 연결되지 않는다.

그렇지만 여기서 문제는 자연적 교육 가설이 참인지 아닌지가 아니라, 연구자들이 발견한 데이터와 이 논문의 주제 사이의 관계이다. 데이터와 이론은 별개이다. 유아가 이런 종류의 정보를 학습한다는 이들의 주장이 옳다면, 내가 호너와 위튼의 퍼즐 상자에서 도출한 해석, 즉 아이들은 과도한 모방을 하고, 그들이 수행하는 과제가 분명한 목적이 없을 경우라도, 어떤 것을 따라 한다는 해석과 잘 맞는다. 목적이 없는 것을 배우는 것은 아마도 그 자체를 위한 지식에 관심 가지는 개체 발생 심리학적(ontogenetic psychological) 기반일 수도 있다.

이 논문에서 나는 인간 인지와 동물 인지 사이의 구분에 대하여, 그 자체를 위한 지식 추구의 측면에서, 세 증거 자원을 제시하였다. 그것은 의사소통, 사회 인지와 "마음 이론", 그리고 학습과 모방에

---

3) [역주] 필자의 논문에 따르면, 인간의 인지 메커니즘은 개인들 사이의 의사소통에 의해 문화적 지식의 전달을 가능하게 해주며, 이것이 인간의 "자연적 교육(natural pedagogy)" 시스템을 구축한다. 그리고 자연적 교육은 인간에게 독특하다.

관한 연구 결과이다. 나는 이 세 영역 모두에서 한 패턴을 보여주려 노력했는데, 그것은 동물의 생각은 실용적, 즉각적 결과에 맞추어져 있다는 것이다. 물론 이런 결론을 어떻게든 확정하려면 더욱 면밀한 연구가 필요하다. 그러나 나는 내가 포착한 패턴이 중요하고, 의미 있기를 바란다.

4. 결론

어떤 의미에서, 아리스토텔레스가 옳았다고 나는 주장했다. 우리는 본성적으로 알고 싶어 하고, 때때로 그 자체를 위해 어떤 것을 알고 싶어 한다. 우리는 실용적 결과와 상관없이, 우리가 "지적인 인식적 목표"라 부르는 것을 추구한다. 그 자체로, 이런 주장은 충분히 명확하다. 논란은, 이것이 인간에게만 적용된다는 주장, 그리고 어떤 연구 결과가 이 주장을 지지하는가에 있다. 나는 철학적 숙고(예로, 믿음의 개념이 필요로 하는 것에 대한)와 경험적 근거(동물과 인간에 관한 연구) 둘 다, 그 자체를 위한 지식 추구가 우리와 다른 동물을 구분해주는 중요한 요소라는 가설을 지지한다고 주장했다.

나는 여러 연구 결과들이 비인간 동물은 절대 순수한 지적인 인식적 목표를 추구하지 않는다는 것을 보여준다고 주장하였다. 동물들이 주변 환경을 탐색하는 것은 항상 어떤 다른 즉각적 목표, 즉 음식, 쉼터, 성교, 놀이, 혹은 다른 동물과 이런 목표를 위해 협력하는 것 등을 만족하기 위함이었다. 내가 주장했듯이, 만약 순수한 지적인 인식적 목표를 추구하기 위해 오류 개념을 가져야 한다면, 오류 개념이 없다는 것은 비인간 동물이 왜 그러한지에 대한 설명이 될 수 있다.

참고문헌

Barkow, J., L. Cosmides, and J. Tooby, eds. *The Adapted Mind: Evolutionary Psychology and the Generation of Culture.* New York: Oxford University Press, 1992.

Blackburn, Simon. "Success Semantics." In *Ramsey's Legacy*, edited by D. H. Mellor and Hallvard Lillehammer. Oxford: Oxford University Press, 2005, 22-36.

Call, Josep, and Michael Tomasello. "Does the Ape Have a Theory of Mind? 30 Years On." *Trends in Cognitive Sciences* 12(2008): 187-92.

Cheney, Dorothy L., and Robert M. Seyfarth. *How Monkeys See the World.* Chicago: University of Chicago Press, 1990.

Darwin, Charles. *The Descent of Man.* 1871. Reprint, Cambridge: Cambridge University Press, 2009.

Davidson, Donald. "Rational Animals." *Dialectica* 36(1982): 317-27.

Dennett, Daniel. "Evolution, Error and Intentionality." In *The Intentional Stance.* Cambridge, MA: MIT Press, 1988, 287-322.

Gergely, G., and G. Csibra "Natural Pedagogy." *Trends in Cognitive Sciences* 13(2009): 148-53.

Gómez, Juan Carlos. "The Evolution of Pretence: From Intentional Availability to Intentional Non-Existence." *Mind & Language* 23 (2008): 586-606.

Hare, Brian, Josep Call, Bryan Agnetta, and Michael Tomasello. "Chimpanzees Know What Conspecifics Do and Do Not See." *Animal Behaviour* 59(2000): 771-85.

Heal, Jane. "The Disinterested Search for Truth." *Proceedings of the Aristotelian Society* 88(1988): 97-108.

Horner, Victoria, and Andrew Whiten. "Causal Knowledge and Imitation/Emulation Switching in Chimpanzees(Pan troglodytes) and Children(Homo sapiens)." *Animal Cognition* 8(2005): 164-81.

Jacob, Pierre. "The Scope of Natural Pedagogy II: Uniquely Human?" *International Cognition and Culture* (blog). http://www.cognition andculture.net/Pierre-Jacobs-blog/the-scope-of-natural-pedagogy-theo ry-ii-uniquely-human.html.

Karin-D'Arcy, R., and D. J. Povinelli. "Do Chimpanzees Know What Each Other See? A Closer Look." *International Journal of Comparative Psychology* 15(2002): 21-54.

Lear, Jonathan. *Aristotle: The Desire to Understand.* Cambridge: Cambridge University Press, 1988.

Mellor, D. H. "Successful Semantics." In *Mind, Meaning and Metaphysics*, 60-77. Oxford: Oxford University Press, 2012.

Papineau, David. "Reliabilism, Induction and Skepticism." *Philosophical Quarterly* 42(1992): 1-20.

Penn, D. C., K. J. Holyoak, and D. J. Povinelli. "Darwin's Mistake: Explaining the Discontinuity between Human and Nonhuman Minds." *Behavioral and Brain Sciences* 31 (2)(2008): 109-29.

Premack, David. "Why Humans Are Unique: Three Theories." *Perspectives on Psychological Science* 5(2010): 22-32.

Ramsey, F. P. "Facts and Propositions." 1927. Reprinted in *F. P. Ramsey: Philosophical Papers*, edited by D. H. Mellor. Cambridge: Cambridge University Press, 1990, 34-51.

Tomasello, Michael. *Origins of Human Communication.* Cambridge, MA: MIT Press, 2008.

____. "Why Don't Apes Point?" In *Roots of Human Sociality: Culture, Cognition and Interaction*, edited by N. J. Enfield and S.

C. Levinson, 506-24. Oxford: Berg, 2006.

Whiten A., V. Horner, and S. Marshall-Pescini. "Selective Imitation in Child and Chimpanzee: A Window on the Construal of Others' Actions." In *Perspectives on Imitation: From Neuroscience to Social Science*, edited by Susan Hurley and Nick Chater, 263-83. Cambridge, MA: MIT Press, 2005.

Whyte, J. T. "Success Semantics." *Analysis* 50(1990): 149-57.

Williams, Bernard. *Descartes: The Project of Pure Inquiry*. Harmondsworth: Penguin Books, 1978.

10. 자연주의와 지향성

Naturalism and Intentionality

한스 D. 뮐러 Hans D. Muller

1. 서론

철학적 자연주의 교의(tenets)와 일관성을 유지하면서, 지향성 (intentionality)을 설명해줄 전망이 무엇일까? 이 장에서 나는 두 학자의 결론을 검토해볼 것인데, 그들은 중요한 거짓 이분법(false dichotomy)을 걷어내기 위해, 위의 질문에 서로 다른 의견을 주장하는 **것처럼 보인다.** 만약 그 이분법이 거짓으로 드러난다면, 지향성이 진화생물학으로 적절히 설명된다는 연구 접근법의 길이 분명해질 것이다. 정신적 표상(mental representation) 능력에 관한 생물학적 기초를 강조하면서 나는 그 능력의 산물에 관한 두 가지 오래된 가정에 도전하려 한다. 첫째, 나는 본래적 지향성(original intentionality)과 파생적 지향성(derived intentionality) 사이의 유의미한 구분이 있다는 견해에 도전하겠다. 그런 후 나는 믿음(belief)과 같은 인지적 상태(coginitive states)를 지향적 상태의 전형(paradigms)

으로 받아들이는 지배적 경향에 대해서, 그리고 그와 관련된 가정, 즉 다른 지향적 상태가 있다면, 그 상태는 '믿음이 지향적이다'라는 것과 매우 흡사한 방식으로, 그것이 표상적이라는 가정을 비판적으로 검토하겠다.1) 따라서 내 접근법은 지향성의 본성을 새롭게 이해하고, 그 생물학적 토대에 초점을 맞추는 것을 포함한다.

2. 데닛과 로젠버그 사이의 외견상 불일치

여기서 나는, 자연주의 세계관 내에 지향성 설명의 전망에 관한 알렉산더 로젠버그(Alexander Rosenberg)와 대니얼 데닛(Daniel Dennett) 사이의 토론을 적절히 이해하려면, 명확한 거짓 이분법을 알아보고, 그것을 피해야 한다고 주장한다. 그 거짓 이분법의 원인은 지향적 내용(intentional content)과 명제 내용(propositional content)의 동일화에 있다. 그 쟁점은 (완전히 같지는 않지만) 본래적 지향성과 파생적 지향성의 구분과 관련된다. 이러한 두 번의 뚜렷한 수사적 이동(rhetorical moves) 과정에서, 로젠버그는 다음 두 관습적 지혜를 지지할 뜻을 내비친다. (1) 오로지 **실재의**(*real*) 지향적 내용은 명제 내용이며, (2) 유일한 **실재의** 지향적 내용은 본래적 지향성을 갖는 인간의 정신 상태(mental states)에 의해 탄생한다. 내가 주장하건대, 로젠버그의 논증은 사실 이 두 입장의 귀류법 (*reductio ad absurdum*)으로 해석되어야 한다. 지향성에 관한 로젠버그의 주장을 이런 방식으로 이해하는 것은, 보기보다 그의 입장을

---

1) 믿음(belief)과 같은 명제 태도(propositional attitude)가 정신 표상(mental representation)에 관한 우리의 사고에서 중심 위치를 차지한다는 견해는, 명시적으로 주장된다기보다, 피상적으로 가정되고 있다. 이렇게 가정하는 저명한 철학자의 사례로, Quine(1956), Davidson(1975), Fodor(1985) 를 보라.

데닛의 주장에 훨씬 가깝게 몰아가며, 더 일반적으로 말해서, 지향성에 관해 생각할 더 나은 시작점을 우리에게 제공한다.

로젠버그가, 데닛의 논의, 즉 이유(reasons), 목적(purposes) 그리고 목표(goals)를 갖는 유기체에 관한 논의를, "음모론(conspiracy theories)"을 믿으려는 인간의 오도된 성향의 또 다른 사례라고 평한 것은 사실이다. 그리고 또한 데닛이 로젠버그를, 그와 같은 목적론자(teleologists)를 "헐뜯는", 강경한 반목적론자 명부에 올려놓은 것도 사실이다. 따라서 독자가 이유, 목적 그리고 목표에 관한 두 이론가 사이에 상당한 불일치가 존재한다고 결론짓는 것은 어찌 보면 당연하다. 물론 그렇지만, 내가 제안하고 싶은 것은, 로젠버그와 데닛을 그러한 논쟁에서 상반된 측면을 지지한다고 보는 것은, 독자에게 실제로는 두 철학자 사이에 강력히 일치되는 부분이 있다는 매우 근본적이며 논란이 되는 쟁점을 간과하게 만든다. 근본적으로 이러한 일치는 지향성에 관한 쟁점에 초점을 맞추면 특별히 두드러진다.

로젠버그가 그의 논문에서 말하는 일부 진화론 이야기에 따르면, 믿음과 욕구 그리고 다른 지향적 상태가 우리의 심리적 역량의 발달을 자연주의적으로 설명하도록 매우 중요한 역할을 담당할 것처럼 보이도록 만든다. 예를 들어, 우리 종족이 열대우림의 삶에서 사바나의 삶으로 성공적으로 이주하도록 도와주었다고 그가 말한 몇몇 기술(skills)을 살펴보자. "우리가 터득한 석기를 사용함으로써 포식자들이 접근하기 어려운 골수와 뇌를 파먹을 수 있었다는 것, 그리고 마음 이론(theory of mind) 또는 더 정확히 말하면, 동종의 행동을 예측하는 능력 … 더구나 … 서로 협동하여 육아하는 성향이다."(이 책의 63쪽) 그러한 관찰에 비추어, 누군가는 로젠버그가 **믿음**이나 **욕구**, **계획** 등등에 관한 예측의 심리학 범주들을 자연주의적으로 설명할 전망을 낙관적으로 바라보았다고 생각하기 쉽다. 그러나 그러한 낙관적 시선 대신, 로젠버그는 이렇게 말한다. 과학적 자연주의와 다윈주의 자연선택이란 두 쌍의 논제가, 자신에게 믿음-욕구[에 관한] 심리학이 지향성을 통해 성공할 것이라는 논제 외에, **지향성 자체가 환상에 불과하다**고 보도록 만들었다.

로젠버그는 도발적인 제목의 절 "뇌는 무엇에 관한 생각을 전혀 하지 않고서도 모든 것을 행한다(The Brain Does Everything without Thinking about Anything at All)"에서 다음과 같이 주목할 만한 일련의 주장을 내세운다.

[뇌는] 의식적 내적 성찰의 보고와 같은 방식으로 정보를 저장하거나 활용하지 않는다. **내적 성찰에 따르면, 우리는 파생된 것이 아닌 본래적 지향성을 지니며, 말하기, 쓰기, 또는 (우리가 상징으로 사용하는) 모든 것은 뇌 속의 본래적 지향성으로부터 파생적 지향성을 얻는다.** 문제는, 우리가 물리학에서 본래적 지향성이 불가능하다는 것을 알게 해줄 좋은 근거를 얻는다는 것이고, 또한 신경과학과 인공지능에서 뇌가 자체의 일을 위해 본래적 지향성을 가질 필요가 없다는 것을 알게 해줄 더 좋은 근거를 얻는다는 데에 있다. 남은 미스터리는 그러한 환영(착각)이 어디에서 왔으며, 왜 우리가 그것을 떨쳐버릴 수 없는지를 설명하는 일이다. (이 책의 65-66쪽; 강조는 필자)

여기 나의 첫째 관찰은, 학부생 앞에서 본래적 지향성과 파생적 지향성을 설명하려는 누군가가, 그러한 구분이 반성만으로도 명백하다고 주장하는 것처럼 의심스러울 것 같다. 그리고 모든 다른 기호가 우리 정신 상태로부터 그 의미를 얻는다는 관점을 지지하면서, [동시에] 우리 자신의 마음 내용을 성찰하는 것이 어떤 정보를 제공한다는 제안은, 단지 명백하든 명백하지 않든 간에, 좀 이상하다. 내 생각에 로젠버그의 주장을 건설적으로 이해하려면, 그 관점의 자원인 일인칭 내성(first-person introspection, 자기성찰)의 실제 행동에 상반된 것으로, 관습적 지혜나 심리철학 내에 일종의 합의에 관해 이야기하는 것이 차라리 더 낫다.

어느 쪽이든, 위의 인용문에서 보여주는 주된 추론은 무언가 상당히 이상하다. 우리가 "본래적 지향성은 불가능하다"거나 "뇌가 자체의 일을 위해 본래적 지향성을 가질 필요가 없다"고 생각할 매우 좋은 과학적 이유를 가진다는 관찰로부터, "뇌는 … 아무것도 생각하지 않는다"라고 결론 맺는 것은, 적어도 매우 성급하며, 최악의 경우 **논점 일탈의 오류**(*ignoratio elenchi*)를 범하는 것처럼 보이기까지 한다.

그러나 로젠버그처럼 훌륭한 철학자가 이러한 명백한 오류를 저질렀다는 것은 다소 믿기 어려우므로, 여기선 자비의 원리를 발휘해주는 미덕이 필요할 것 같고, 앞선 발언을 공작원의 수사적 과장(rhetorical flourishes) 정도로 이해해야 한다. 또한 이러한 이해로 말미암아 로젠버그가 본래적 지향성에 대해 말한 것을 우리가 면밀하게 살펴볼 필요가 있다.

"본래적 지향성"이란 존 설(John Searle)이 다음 사실을 지적하기 위해 유용하게 사용하는 방법이다. 자연에 있는 어느 것이든, 그것이 어떤 상징이 되려면, 무엇에 관함이 되려면, 일련의 신경회로 연결의 뇌 상태가 그것에 지향성을 부여해야만 한다. 다시 말해서, 추정컨대 두뇌 내부에 어떤 물질 덩어리가 있어야 하고, 그것은 바로 그 구성 성분 덕분에 두뇌 외부의 다른 물질 덩어리에 **관함**(*about*)일 수 있다. … 그러나 물리학은 모든 사실을 확정하고, 우리에게 페르미온

(fermions)과 보손(bosons)의 조합인 어떤 물질 덩어리가 그저 구조 덕분에 다른 물질 덩어리에 관함이 될 수 없음을 확신시킨다. 따라서 어떤 본래적 지향성도 존재하지 않는다. (이 책의 66쪽; 강조는 원문)

그래서 논의의 초점은 지향성 자체가 아니라, "본래적 지향성"이다. 그리고 만일 로젠버그 말대로 본래적 지향성이 존재하지 않는다면, 심리철학과 언어철학에서의 무수히 많은 최근 연구들은 간단히 말해 잘못된 방향으로 나아가는 중이다.

예를 들어, 매우 뚜렷한 전통에 따르면 계산적 마음 이론(Computational Theory of Mind, CTM)에서 사용되는 기호적 표상(symbolic representation) 개념이 지향성에 관한 설명에 사용될 수 있다. 더구나 그 CTM은 기호적 표상의 설명에, 믿음이나 욕구와 같은 명제 태도(propositional attitudes)가 핵심이라고 가정한다. 그리고 만약 CTM이, 그 지지자 대부분이 확신하듯, 본래적 지향성의 교설을 받아들인다면, 기호적 표상으로 구성된 다른 모든 경우 역시 본래적 지향성을 가진 상태의 측면에서 분석될 수 있다. 그것이 널리 받아들여지는 올바른 설명 순서이다. 즉, 우선 우리는 믿음이나 욕구 같은 인지적 상태의 표상 내용을 설명하고, 다음에 나머지 기호적 표상은 그러한 원시-표상(ur-representations)에서 파생된 것으로 설명될 것이다.

로젠버그는 이러한 방식으로 심리철학과 언어철학을 연구하는 방식이 매우 잘못되었다고 말한다. 그렇다면 그가, 본래적 지향성이 존재하지 않으며 당연히 존재할 수 없다고 생각하는 이유는 정확히 무엇일까? 그것은 정신 상태에 귀속된다고 가정되는 표상 내용을 **명제** 내용으로 해석하려는 완고한 경향 때문이라는 것이 드러난다.

그는 이러한 논점을 "목적의미론의 한계(the limitations of teleo-semantics)"라는 제목 아래 명확히 밝힌다.

목적의미론은, 최선의 자연주의가 본래적 지향성을 설명하기 위해 제공할 수 있는 것만은 아니다. 만약 물리학적 사실이 모든 사실을 확정한다면, 목적의미론은 지향성을 유일하게 설명해준다. 뇌 상태와 (그것이 초래하는) 행동은 우주에서 가장 목적적으로 보이는 사건이다. 물리학이 실제 목적을 금지한 세계에서 목적의 출현을 허용할 수 있는 유일한 방법은 눈먼 변이와 자연선택이란 다윈 진화론의 과정을 통해서이다. … 지향성의 본질은 목적이다. 그러나 목적의미론은 지향적 내용에 개성을 부여할 수 없다. 어느 정도 신경 상태의 환경 적합성이나 그 효과도 신경 상태에 독특한 명제 내용을 제공하고, 그것에 본래적 지향성이 요구하는 어떤 특정한 **관함**(*aboutness*)을 부여해줄 정도로 충분히 다듬어지지 않았다. 목적의미론은 포더(Fodor)가 선언 문제(disjunction problem)라고 부르는 것을 해결할 수 없다. 그래서 본래적 지향성에 대해 훨씬 더 못하다! 만약 뇌에 관한 다윈주의가 우리에게 고유한 명제 내용을 제공하지 않는다면, 아무것도 없다. 왜냐하면, 만약 다윈주의가 우리에게 내용을 제공해줄 수 없다면, 그 어떤 것도 그렇게 할 수 없기 때문이다. 이로부터 끌어낼 수 있는 결론은, 뇌가, 본래적 지향성을 요구하는 방식으로, 그 정보를 명제적으로 획득하고, 저장하고, 배포하지 않는다는 것이다. (이 책의 67-68쪽)

따라서 로젠버그의 논의를 정확히 이해하려면, 문제가 정신의 지향성 혹은 **무엇에 관함**이 아님을 알아차려야 한다. 문제는 그러한 내용을 특정한 명제 내용으로 생각한다는 데에 있다.

다시 말하지만, 그동안 거의 의문의 대상이 되지 않은 채 정설로 여겨지던 관점에 사로잡혀 안주하는 독자를 자극하기 위해 로젠버그가 사용한 일부 수사적 용어에 호도되지 않도록 노력할 필요가 있다. 그가 "뇌 상태와 (그것이 초래하는) 행동은 우주에서 가장 목적적으로 보이는 사건이다"라고 말할 때, 그리고 계속해서 "지향성의 본질은 목적이다. … 그러나 목적의미론은 지향적 내용에 개성을 부여할(identification) 수 없다"라고 언급하면서, 혹자는 표상 내용에 관한 그 어떠한 설명도 성공하지 못할 것이라고 말하거나, 혹은 어떤 표상 내용도 없다는 더 강력한 (형이상학적) 주장을 하고 싶을 수 있다. 그러나 나는 두 가지 이해 방식 모두 너무 과하다고 생각한다. 로젠버그는, 마지못해 자극적으로 용어 선택의 기교를 사용한다. 마치 정설(orthodoxy)이 우리에게 그 용어를 사용하도록 하듯이, "지향적 내용"과 "명제 내용"이 마치 동의어인 것처럼 말한다. 그러나 그는 바로 그 [지향적 내용에 개성을] 부여함에 반대하는 효과적 귀류법 논증을 제공하려고 그렇게 하는 것이다.

그리고 다시 짚고 넘어가자면, 우리는 로젠버그와 데닛이 실은 이 쟁점에 대해 같은 이유에서 서로 싸우고 있음을 볼 수 있다. 데닛은, 이 책의 자신의 논문에서, 이유를 가지는 것과 그 이유에 대한 정신 표상을 갖는 것 사이의 구분에 우리가 주목해야 한다는 것을 애써 보여주려 한다. 이것에 관해서는 뒤이어 나올 논의에서 더욱 상세히 다룰 예정이지만, 기본적인 발상에 대해서만 잠시 언급하자면, 우리는 **실제로** 존재하는 목적과 이유란 오직 어떤 지각력 있는 (sentient) 생물이 의식적으로 아는 무엇이라고 생각하는 습관이 있지만, 그것을 스스로 깨야 한다는 것이다. 이렇게 생각하는 습관이 바로 본래적 지향성의 교설(doctrine)을 매혹적으로 만드는 선입견이다. 그리고 감히 주장컨대, 이것은 다윈주의 세계관 이전에 끈질

기게 이어져온 유물과 같은 것이다. 그 선입견에 따르면, 실제 목적이라고 간주되는 유일한 목적은 오직 신성한 설계자 마음(the mind of a divine planner) 안에 있는 것뿐이다. 그리고 이런 지적은 독자에게 데닛의 논문 「이유의 진화(The Evolution of Reasons)」 내의 논증이, 그의 심리철학의 초기 저작을 훨씬 발전시키고 확장한 것으로 받아들이게끔 해준다. 나는 데닛이 『지향적 자세(The Intentional Stance)』에서 이러한 연결성을 시사한다는 것에 주목한다.

최근에 이르러서도, 우리는 아직 다윈이 설계 논증(the Argument from Design)을 무너뜨린 불안정한 함축적 용어를 사용한다. **실재**의 기능, **실재**의 의미, 혹은 생물학적 인공물이 공식적으로 표상되는, 어떤 궁극적 사용 설명서도 없이 말이다. 우리가 본래적 기능성(original functionality)이라 부를만한 어떠한 기반도 없으며, 따라서 그 인지적 묘목(scion), 즉 본래적 지향성의 어떤 기반도 없다. (Dennett 1987, 321; 강조는 원문)

여기 데닛의 논점을 말하자면, 우리가 정신 표상을 위한 역량을 단지 하나의 더욱 진화된 형질로 여긴다면, 어느 일정한 정신 이야기(a given mental episode)가 무엇에 관함인지, 혹은 무엇을 **의미하는지**(means)를 말해줄 어떠한 **궁극적 사실**(fact of the matter)도 없다. 이 모든 것[정신 표상]은 기대보다 훨씬 더 목적-규정적이며 맥락-의존적인 것이 될 것이다. 그리고 이 모든 것은, 다른 자연 현상들과는 다른 종류인, 정신 현상에 관한 더 거대한 이야기와 매우 밀접한 연관을 맺고 있다.

『종의 기원(On the Origin of Species by Means of Natural Selection)』이 출간된 이래, 지속적이며 일관되게 제기되는 불만은,

다윈주의 진화생물학이 갖는 설명의 재원이 도달하는 지점을 뛰어넘는 인간의 특정 측면들이 **반드시** 존재한다는 것이다. 이러한 회의론은 다양한 방식으로 표현된다. 일부 현대 철학자들은 "기적"이라는 용어를 사용하여 이러한 역량을 묘사하려 하겠지만, 그보다 더 많은 철학자는 인간에게 참인 많은 것들이 "자연"에 대해서는 참이 아니라고 말하고 싶어 할 것이다. 지향성은 분명히 비자연적(non-natural)이라 불리는 인간의 여러 능력 중 하나이며, 나는 이제 그렇다고 말하는 두 가지 저명한 철학적 설명에 눈길을 돌리고자 한다.

3. 비자연적 현상이라고 가정되는 지향성

지향성을 자연주의로 설명하려는 여러 전망에 대한 회의주의의 원형은 존 설의 『마음의 재발견(*The Rediscovery of the Mind*)』에서 찾아볼 수 있다.

이미 누군가 지향적 내용을 자연화시키려는 기획에 대해 일반적 상식선에서 분명히 반대했는지 나는 모른다. … 아무도 아직 하지 않았다면, 이렇게 해볼 수 있다. 지향성을 비정신적인 것으로 환원하려는 어떠한 시도도 언제나 실패할 것이다. 왜냐하면 그러한 시도는 지향성 [자체를] 무시하기 때문이다. (Searle 1992, 51)

어째서 자연화하려는 **어느** 시도라도 지향성을 무시하는가? 이런 질문에 대한 존 설의 대답은 본래적 지향성과 파생적 지향성의 (그의) 구분에 달려 있다.

예를 들어, 당신은 물이 축축하다는 믿음에 관해 완벽히 인과적 외재주의로 설명할 수 있다고 가정해보자. 이러한 설명은 어느 시스템이 물과 축축함을 유지하는 일련의 인과적 관계로 시작되며, 이러한 관계는 어느 정신적 요소 없이 완전히 규정된다. [여기서] 문제는 분명해진다. 어느 시스템이 이러한 모든 관계를 갖지만, 여전히 물이 축축하다는 [사실은] 믿지 않는다. 이것은 단지 중국인 방 논증 (Chinese room argument)의 확장에 불과하지만, 이 논점이 지적하는 교훈(moral)은 일반적이다. 당신은 지향적 내용(혹은 고통 아니면 "감각질(qualia)")을 다른 무언가로 환원할 수 없다. 왜냐하면 당신이 환원하려 한다면, 그것은 다른 무언가로 바뀔 것이며, 그러면 [애초에] 그것들은 그 무엇이 아니기 [아니라고 해야 하기] 때문이다. (Searle 1992, 51)

중국인의 방 논증에 익숙한 독자라면 이러한 주장이 다음의 직관에 근거하고 있음을 알 것이다. 바로 컴퓨터나 다른 비인간 정보 처리자(nonhuman handler)에 의해 처리되는 기호는 **해석되지 않으며** (*uninterpreted*), 따라서 비인간 시스템에 의해 이해되지 않지만, 그와 반대로 인간에 의해 처리된 기호는 그 인간에 의해 **해석되고**, 따라서 그들에 의해 이해된다는 직관 말이다. 존 설은 인간에 의해 사용된 표상이 본래적 지향성을 갖지만, 다른 기호들(컴퓨터에 의해 통제된 것이든, 혹은 예를 들면, 당신이 지금 읽고 있는 단어든 간에)은 파생적 지향성만을 갖는다고 말한다. 이러한 생각의 핵심은, 컴퓨터, 책 등의 파생적 지향성이 인간 프로그래머, 작가, 독자 등의 본래적 지향성에서 **파생된다**는 주장이다.

중국인의 방 논증 사례의 맥락에서, 인간에 의해 디자인되고 만들어진 인공물(디지털 컴퓨터 혹은 예시에서 언급했던 아날로그 컴퓨터, 몇 장의 종이로 만들어진 것, 몇몇 통역 매뉴얼, 그리고 자신이 이해하지 못하는 언어로 질문에 대답하는 사람)과 자연어(natural language)를 사용하는 정상 발화자 간의 뚜렷한 대비가 있다. 그 사례의 수사적 힘은 다음과 같은 종류의 제언을 통한 직관적인 호소력에서 나온다. 그것은 바로, 내가 지금 내 컴퓨터에 입력하는 단어를 나는 이해하지만, 내 컴퓨터는 그러한 단어를 이해하지 못한다는 점이다. "강한 인공지능"이라고 불리는 것에 대비되는, 설의 사례는 다음 주장으로 정리된다. 사람은 스스로 사용하는 언어 기호를 해석하고 이해하는 반면, 컴퓨터는 그러지 못한다. 그러나 이제 설은 생물학적 유기체로서의 인간을 다루는 수사적 장치를 확장하려 시도한다.

[지향적 내용을 자연화하는] 기획에서 무언가 근본적으로 잘못된 징후는 지향적 개념(notions)이 본래적으로(inherently) 규범적(normative)이라는 것이다. 그 개념은 참, 진리성, 일관성 등의 표준을 규정한다. 그리고 이러한 표준이 순전히 맹목적이고 눈면, 비지향적 인과관계로만 구성된 시스템에 내재할 수 있을 어떤 방법도 없다. 당구공의 움직임과 같은 인과에 어떤 규범적 요소도 없다. 내용을 자연화하려는 다윈주의 생물학적 시도는, 그 시도가 본래적으로 목적론적이며, 생물학적 진화의 규범적 특성이라는 점을 내세움으로써 이러한 문제를 회피하려 한다. 그러나 이것은 아주 큰 실수이다. 다윈주의 진화에서 규범적 혹은 목적론적인 것은 전혀 없다. **정말로, 다윈의 중요한 기여는 바로 진화에서 목적과 목적론을 제거하고, 그것을 순수한 자연선택 형식으로 대체한 것이었다.** 다윈의 설명이 보여주려는 것은 생물학적 과정에서 명확한 목적론이 환상이라는 것이다. (Searle 1992, 51; 강조는 필자)

이것은 여기 [논의와] 관련된 구분을 나타내주는, 유용하면서 강력한 방법이다. 존 설이 한쪽에 "목적과 목적론"을 두고, 반대쪽에 "순수한 자연선택 형식"을 두면서 둘 사이의 분명한 선을 그었을 때, 그는 "자연적"을 이해하는 하나의 방식을 강조했으며, 따라서 "자연주의"에 대해서도 마찬가지다. 존 설이 여기서 하려는 것은, 현대 생물학에서 발견된 (그가 주장하는) 결과물을 확장함으로써 역사적으로 존중받아온 사실과 가치의 구분을 인지과학과 심리철학에 적용하려는 것이다. 그는 이 논점을 심장에 관해 이론화할 때 언급한 **인과**(*cause*)와 **기능**(*function*)이란 두 개념 사이의 차이에 비유하여 설명하려 한다.

이러한 통찰을 단순히 확장함으로써 "목적"과 같은 개념은 생물학적 유기체에 결코 내재되지 않는다(물론 그러한 유기체 스스로 의식적 상태와 과정을 갖지 않는다면 말이다). 그리고 심지어 "생물학적 기능"이란 개념도 인과 과정에 규범적 가치를 부여하는 관찰자와 언제나 관련된다. 아래 두 문장 사이의 차이에 상응하는, 심장에 관한 어떤 **사실적** 차이도 없다.

1. 심장은 혈액순환을 일으킨다(The heart causes the pumping of blood).
2. 심장의 기능은 혈액을 순환시키는 것이다(The function of the heart is to pump blood).

그러나 두 번째 문장은 심장에 관한 순전히 맹목의 인과적 사실에 규범적 자격을 부여한다. 그리고 이렇게 하는 이유는, 이러한 사실과 다른 많은 사실과의 관계에 관한 우리의 관심, 예컨대 생존에 관한 우리의 관심 때문이다. 짧게 말해서, 다윈주의 메커니즘과 심지어 생물학적 기능 자체는 목적이나 목적론을 완전히 결여하고 있다. 모든 목적론적 특징은 온전히 관찰자의 정신 속에 있다. (Searle 1992, 51-52)

여기서도 다시, 앞서 제시된 엄격한 대비가 유용하다. 존 설은 목적, 관심, 규범, 기능 등과 같은 매우 특별한 것들 전체는 우주 내에서 오직 한 곳에만 자리하고 있다고 주장한다. 그 장소는 바로 인간의 정신이다. 그리고 인간 관찰자가 인간 정신이 아닌 다른 것에 자신이 취하는 목적, 관심, 규범, 혹은 기능이 있다고 가정할 때마다, 그것은 단지 그러한 것에 자신의 목적, 관심, 규범, 혹은 기능을 투사하는 것이다. 이것은 매우 뚜렷한 투사적 힘으로, 이런 힘이 지향성을 (설이 인간 정신에 귀속시키는) 생물학적 영역에 부여한다.

그러나 다음을 주목해야 한다. 존 설의 논증이 실질적으로 성립하려면, 그는 반드시 자연적 항목(natural items)의 기능적 특징과 비기능적 특징 간의 안정적 대비를 할 필요가 있다. 위에 제시된 사례에서, 그는 특정 생물학적 존재(entity), 즉 심장에 집중한다. 그는, "심장은 혈액순환을 일으킨다"와 "심장의 기능은 혈액을 순환시키는 것이다" 사이의 대비를 추정적으로 그리면서, 독자에게 맹목적 물리적 대상으로서 심장과 기능적으로 생물학적 개체군으로서 특징지어지는 심장을 고려하도록 요구한다.

여기에 문제가 있다. 심리철학에서 자주 나타나듯이, 실체적 형이상학 논제(substantive metaphysical thesis)는 그것에 관한 어떤 논증도 없이 가정되고 있다. 존 설은 실재가 두 가지 수준(levels)으로 나뉜다고 가정한다. 한 수준, 즉 정신적인 수준에는 이유, 목적, 규범, 목표 및 이와 같은 많은 것들이 있다. 다른 수준, 즉 생물학적 수준에는 원인-결과 관계가 있지만, 목적, 목표와 같은 것은 없다. 세계가 이 두 영역으로 구분된다는 것을 무엇이 정당화하겠는가? 나는 이 논문의 다음 절에서, 과학철학 내에 그러한 구분이 존재하지 않는다고 생각하도록 만드는 매우 좋은 이유를 제시하겠다. 그리고 이것은 2절에서 나오는 쟁점들과 관련된다.

데닛이 정확히 강조했듯이, 오직 마음 내에서만 이유, 목적과 같은 것들이 **표상된다**고 말하는 것은 확실히 옳지만, 이 말은 오직 마음만이 이유, 목적과 같은 것들을 **갖는다**고 말하는 것과는 분명 구분되어야 한다. 최근 심리철학 내에, 이러한 구분은 초점이 명확하지 않다는 많은 논의가 있었다. 그리고 그 수사적 과장으로 보이는 것들은 종종 꽤 놀라울 정도이다.

우리는 이미 존 설의 말, "다윈의 중요한 기여는 바로 진화에서 목적과 목적론을 제거하고, 그것을 순수한 자연선택 형식으로 대체한 것이었다"를 살펴보았다. 그가 한쪽에 **목적과 목적론**을, 그리고 다른 쪽에 **순수한 자연적** 영역을 대비시킨 것에 주목해보자. 무엇이 우리에게 그렇게 구분하도록 만들었는가? 존 설은 목적과 목적론이 어떤 의미에서 비자연적(nonnatural)이라고 규정한다. 나는 4절에서 "비자연적"이라는 쓰임을 비판적으로 다루겠다.

이런 논쟁에서 이야기되는 다른 수사적 과장은, 설과 함께하는, 본래적 지향성의 교설에 아마도 가장 충실한 철학자로부터 비롯된다.

데닛이 얘기한 것과 다르게, 다윈의 생각은 "… 우리는 자연선택으로 설계된 인공물들이다 …"(p.300)는 아니다. 다윈의 생각은 훨씬 깊고, 훨씬 아름다우며, 더욱 엄청 두렵다. 즉, 우리가 자연선택으로 설계된 인공물이라는 말은 로키산맥이 침식으로 설계된 것과 정확히 같은 의미에서 그러하다. 즉, 우리는 인공물이 아니며, 그 어느 것도 우리를 설계하지 않는다. 우리는 온전히 우리 자신이며, 언제나 그래 왔다.

물론 다윈은 브렌타노(Brentano)에게 그 어떤 말도 건네지 않았다. 다윈 기획의 전체 논점은 브렌타노의 저작 노선에서 생물학을 제거하려는 것이었다. (Fodor 1990, 79; 강조는 원문)

위의 인용 문단이 담겨 있는 『내용 이론(*A Theory of Content*)』에서, 포더의 공식적인 목표는 그가 "선언 문제의 진화론적/목적론적 처방(the evolutionary/teleological treatment of the disjunction problem)"이라 부르는 것이다. 내가 5절에서 설명한 여러 이유에서, 나는 선언 문제에 관해 많은 논의를 생각했으며, 그것은 지향성에 관해 이론화하면서, 단순히 논점을 놓친 것뿐이다. 그러나 나는, 거기에는 목적론적 기능주의자(teleological functionalists)라고 일컬어지는 심리철학자의 저작에서 발견되는 중요한 통찰 또한 있다고 생각한다. 사실 그것은 내가 옹호하는 지향성에 대한 두 주요 논점 중 하나에서 나온다. 그러나 목적론적 기능주의(teleological functionalism)를 뒷받침하는 형이상학적 관점을 고려하기 전에, 나는 포더의 사례에서 나타나는 분명한 한 가지 불일치(disanalogy)에 좀 더 주목하고 싶다.

물론 산악 침식의 과정과 진화생물학의 과정 사이에 중요한 차이가 있다. 우선, 산은 유기체가 아니다. 데닛이 "이유(why)"의 두 가지 다른 의미를 구분한 것이 여기서 유용하다. 산악 표면의 침식을 서술하는 것과 관련하여서는, 오직 "어떻게 그러한지(how come)" 설명만 있으면 된다. 그러나 만일 바위가 많은 산악 지대에 사는 유기체에 관해 서술하려 한다면, "무엇 때문에(what for)"에 대한 설명이 충분히 있어야 한다. 뿌리는 물의 조달을 **위해서** 있고, 이파리들은 광합성을 **위해서** 있다는 식으로 말이다. 포더가 단지 그러한 목적들이 똑똑한 설계자에 의해 거기에 놓이지 않았다는 이유만으로 생물학적 목적이 없다고 주장하는 것은 너무 지나친 반응이다. 우리는 "어떻게 그러한지" 설명(과정 서술(process narratives))과 "무엇 때문에" 설명(이유(reason)) 사이에 매우 유용한 구분을 계속 염두에 두어야 한다.

따라서 인간을 인공물로 일컫는 것이 적절하든 아니든 간에, 나는 그렇게 쉽게 일축되어서는 안 될 매우 미묘하면서도 예리한 질문을 제시하려 한다. 이런 분야에서 미묘한 개념들(subtleties)을 분명하게 밝히기 위해 열심히 노력하는 인물로 허버트 사이먼(Herbert Simon)이 있다. 1968년 매사추세츠 공대의 칼 테일러 컴프턴(Karl Taylor Compton) 강의에서, 사이먼은 당시 주류 관점에서 상당히 벗어난, (그리고 이 책의 로젠버그의 논문에서 분명히 한 것처럼) 지금도 여전히 논란이 되는 관점을 피력하고 이를 옹호했다. "그 논제는 어떤 현상들이 매우 특정한 의미에서 '인공적'이라는 것이다. 즉, 그 현상들이 인공적인 것은, 오직 어느 시스템이, 목표와 목적에 의해, 자신이 사는 환경에 맞게 주조되기 때문이다."(Simon 1969, ix) 사이먼이 "가장 흥미로운 인공 시스템, 인간 마음"(22)에 대해 서술할 때, 그는 그러한 일반 논제를 (심리학에 특정한) 문제에 계속 적용한다. 분명하게도 "인공적"에 대한 한 전통적 정의, 즉 마음 내에 의식적으로 인공물의 설계를 가진 인간의 손으로 만들어졌다고 하는 그러한 정의에서, 인간 정신이 인공물이라고 말하는 것은 잘못된 것이다. 따라서 분명히 사이먼은 "인공적"의 다른 의미를 생각했다. 한 극단에서, 침식된 산에 적용되지 않으면서, 다른 극단에서, 안경처럼 전형적으로 사람이 만든 인공물에 적용되지도 않는 용

어의 어떠한 의미 말이다. 한 목적론적 기능주의자가 지지하는 형이
상학적 논제는 우리에게 그러한 중간 지평을 위치하도록 도와주고,
중요하게는 그러한 점에서 그것이 전환되는(shifting) 지평이 될 수
있음을 알아차리도록 도와준다.

4. 자연 수준의 연속성

윌리엄 라이칸(William Lycan)은 AI에서 영감을 받은, 일절 도움
이 안 되는 비유, 즉 정신이 컴퓨터의 소프트웨어인 것처럼 뇌는 컴
퓨터의 하드웨어라는 비유적 표현의 잔재를 우리가 치워버릴 수 있
다면, 기능주의자들이 제시하는 정신에 대한 설명이 훨씬 나아질 것
이라고 주장했다.

아주 일반적으로 말해서, 내가 반대하는 것은 이것이다. "하드웨
어"/"소프트웨어" 논의는 이분법적 자연의 개념을 조장하며, [이러한
개념은 자연을] 두 수준으로 분리하여, 대략 생리화학적인 것과 그
(수반하는(supervenient)) "기능적" 혹은 상위 조직으로 보게 만든다.
이것은 실재에 반한다. 실재는 자연 수준에서 다중 **계층구조**(multi-
ple *hierarchy*)이며, 각 수준은 명목 일반화(nomic generalizations)의
결합으로 표시되고, 연속체에서 그 아래의 모든 수준에서 부수적이
다. 자연을 이러한 방식으로 계층 조직이라 생각해보면, "기능"/"구
조" 구분은 **상대적**이다. 즉, 무언가는 어느 점유에 상반되는 역할이
며, 기능적 상태란 구현된 것에 상반되고, 그 반대도 성립한다. 오직
어느 지정된 자연 층위의 **모듈로 정해진다**(*modulo*). (Lycan 1987,
38; 강조는 원문)

312

라이칸의 이러한 접근법은 존 설의 주장, 즉 " '생물학적 기능'과 같은 개념조차도 규범적 가치를 인과적 과정에 배정하는 관찰자에 언제나 상대적이다"라는 주장을 뒤집을 수 있다. 존 설은 생물학적 대상에 관한 **기능적/규범적** 주장(예를 들어, "심장의 기능은 혈액을 순환시키는 것이다")로부터 생물학적 대상들에 관한 **사실적** 주장 (예를 들어, "심장이 혈액순환을 일으킨다")을 엄격히 구분하려 시도하였고, 라이칸은 그러한 엄격한 구분이 있을 수 없음을 보여주었다.[2] 나아가, 존 설의 가정, 즉 실재는 명확한 두 부분, 정신적인 것과 자연적인 것으로 나뉘며, 기능은 정신 영역의 배타적 이해 범위라는 가정에 이의를 제기하는 것 외에도, 라이칸의 논의는 다음을 보여준다. 단순히 구조적이라고 여겨지는 것에 대비하여, 기능적이라고 여겨지는 것을 분류하려 할 때, "무엇을 설명하려는 데에 관심이 있는가?"라는 질문이 **언제나** 돌출된다. 이 지점에 관한 다음의 설명을 고려해보자.

생리학과 미시생리학에 풍부한 사례가 있다. **세포**는 (꽤 눈에 띄는 기능적 용어로 고려해본다면) 세포막, 핵, 미토콘드리아, 그리고

---

2) 여기 맥락에서, 설명의 쟁점을 형이상학적 쟁점과 분리하는 것이 중요하다. 예를 들어, 나는 윌프리드 셀라스(Wilfrid Sellars 1963)가 옹호한 그 유명한 구분, [즉] "이성의 공간(the space of reasons)"과 "인과의 공간 (the space of causes)" 사이의 구분에 관여하지 않는다. 셀라스는 스스로, 이것이 기술(description) 수준들 사이의 구분이며, 이 구분이 형이상학적 차이를 따라가지 않는다는 점을 분명히 했다. 이와 비슷하게 형이상학적 불가지론(metaphysically agnostic) 또한 데닛(Dennett 1987)에 의해 옹호된 바 있다. 이런 종류의 견해는 여기 논의에 관련되지 않는다. 내가 동의하지 않는 부분은 명제 태도에 관한 실재론자 부분이며, 그러한 심리학적 상태가 소위 포함한다는 본래적 지향성이다. 그러한 실재론자에게, 그 엄격한 구분은 매우 형이상학적인 구분이다.

이와 같은 것들을 포함하는 더 작은 항목들이 협력하는 [일종의] 팀으로 구성된다. 이러한 항목들은 그 자체로 더 작은 여전히 협력적인 구성요소의 **시스템**이다. 이에 대해, 여전히 자연의 더 낮은 층위가 무수히 많이 존재하고 분명히 구분된다. 예를 들어, 화학적, 분자적, 원자적, (전통적인) 아원자적, 미시물리적으로 말이다. 수준은 흥미로운 일련의 법칙적 일반화의 연쇄이며, 포함된 일반화 유형에 따라 개별화[구분]된다. 그러나 세포는, 계층을 따라 다시 올라가면, 결합하여 기관(organ)을 형성하며, 그 기관은 집단화하여 기관의 시스템을 형성하며, 그 시스템은 협력하여 (경이롭게도) 인간 같은 **유기체**를 구성한다. 유기체는, 그렇게 되기 위해, 스스로 조직된 (**기관화-된** (*organ-ized*)) 군집으로 집단화된다. 그리고 우리가 일상적으로 단일 유기체라 생각하는 것과, "집단 유기체"라고 부를 수 있는, 명료한 단일 생각으로 협력적으로 기능하는 유기체 집단 사이에 어떤 명확한 차이도 없다. (Lycan 1987, 38; 강조는 원문)

라이칸에게, 이것은 기초 형이상학적 설명의 전부이다. 그가 말했듯이, "나는 내가 물리적 세계의 구조에 관해 명백한 진리로 고려하는 것에 주의하라고 요청하려 한다. 왜냐하면 나는 이런 진리를 무시하기 때문이다. 자연 수준의 본성에 대한 부주의가 [심리철학 내에서] 중대한 오류와 혼란을 초래해왔다고 생각하기 때문이다." (Lycan 1987, 48) 라이칸과 존 설의 형이상학적 설명이 충돌하는 지점과 이유를 알아보기 위해, 지향성을 자연화하려는 모든 기획에 대해 반대하는 존 설의 논증을 상기하는 것이 유용하겠다. 그 논증은 이렇다. "지향성을 비정신적인 것으로 환원하려는 그 어떠한 시도도 언제나 실패할 것이다. 왜냐하면 이러한 시도는 지향성을 배제하기 때문이다."(Searle 1992, 51) 이러한 표현의 암시는 "정신인 것"과 "자연적인 것" 사이에 가정적인 이분법에 호소한다. 다른 말로 하면, 존 설의 반대는 어떤 적절한 의미에서 정신인 것들은 비자연적이라는 생각에 달려 있다.

우리가 보았던 대로, 존 설에게 있어 마음이 비자연적이라고 하는 의미는, 마음이 지향적 시스템이며, "지향적 개념(용어)은 본질적으로 규범적인데", 왜냐하면 마음이 "참, 이성, 일관성 등의 기준을 설정하기 때문이다. 또한 그러한 기준이 완전히 맹목적이고 눈먼 비지향적 관계로 구성된 시스템에 귀속될 수는 없다." 왜냐하면 "당구공의 인과에는 규범적 요소가 없기 때문이다."(Searle 1992, 51)

그러나 라이칸의 논의가 분명히 밝힌 대로, 한쪽에 "당구공의 인과"라는 "자연적"인 영역과 다른 쪽에 목표, 목적, 그리고 기능이란 "비자연적" 영역 사이에 엄격한 선을 단순히 긋지는 못할 것이다. 과학은 우리에게 세계가 그와 다른 방식으로 나뉜다고 생각해도 될 좋은 이유를 제공한다. 예를 들어,

뇌는 그 유기체와 기관의 계층적 구도에서 결코 예외적이지 않다. **뉴런**은 세포이며, 따라서 **세포체**(*somata*)를 포함한다. 세포체는 핵(nucleus)과 원형질(protoplasm)로 구성되며, 그곳에서 섬유(fiber)가 뻗어 나온다. 그리고 세포체 내부는 높은 칼륨(K) 이온 농도를 유지한다. 뉴런은 [집단을 이루어] 신경망이나 다른 구조를 구성하는데, 예를 들어, [원기둥 모양의] 원주 형성체(columnar formations)를 구성하며, 이것들은 다시 결합하여 더 큰 집단을 이루어, 뇌의 훨씬 명확한 기능적 요소(비록 아주 분명한 모듈은 아니지만)가 된다. 청각 시스템이 그 좋은 사례이다. 청각 **피질**(*cortex*)이 이차원 원주 조직을 이룬다는 명확한 증거가 있다. 하나의 축으로 나란히 배열된, 다양하게 특화된 세포로 구성된 원주들(columns)은 청각 신경을 통해

들어오는 임펄스(impulse, 충격파)의 주파수에 선별적으로 반응하며, 이러한 축과 거의 수직을 이루는 조직의 원주들은 한쪽 귀로 들어오는 입력과 다른 쪽 귀로 들어오는 입력을 어떤 방식으로든 조율해낸다. 그리고 그 특화된 세포의 특별한 민감도는 세포막을 통과하는 이온 전달의 작용 등등으로 설명된다. 청각 피질은, 그 자체로, 다른 상위-수준 영역(higher-level agencies), 예를 들어, 시상(thalamus), 상구(colliculus), 그리고 다른 피질 영역들과 소통하는데, 이런 상호작용은 고도로 조직화되어 있다. (Lycan 1987, 39; 강조는 원문)

여기서 주목할 만한 첫째는 "당구공 인과" 모델이 신경생물학자들이 실제로 제공하는 종류의 설명에는 잘 부합하지 않는다는 점이다. 그리고 이것은 앞서 소개된 지향성의 논의와 관련된다. 우리가 세포와 기관을 생각할 때 라이칸이 "두-수준론(two-levelism)"이라 부른 것을 배제하는 것처럼, 우리는 지향성을 이론화할 때도 마찬가지로 "두-수준론"을 염두에 두지 말아야 한다. 유기체 내에 어느 상태나 과정을 지향적 상태 및 과정, 또는 그렇지 않은 것으로 가정하기는 매우 유혹적이다. 그리고 이어서 우리는 그러한 상태나 과정의 기능적 자리(site)가 무엇일지에 관해 추측하려는 유혹에 이끌린다. 그러나 이러한 방식으로 지향성을 이론화하려 해서는 안 된다. 왜냐하면,

[우리는] 지향성 자체에 정도의 차이가 있다는 점을 기꺼이 받아들일 것이다. 지향성 또는 관함(aboutness)의 "표식"은 아주 명확하진 않지만, 반성해보면 명확해 보이는 무언가가, **일종의** 있음직한 비존재의 대상 혹은 유형을 지시함(directedness-upon-a-possibly-non-existent-object-or-type)을 시도하는 중간 수준의 기능적 특성이 있다

는 점이다. 물론, 그것은 인간의 마음이 보여주는 풍부하고 순수한 지향성에는 미치지 못한다. 이 중간 수준에서 우리는 "탐지자(detectors)", "필터(filters)", "억제기(inhibitors)", 그리고 그와 같은 것들의 이론적 시스템에 관해 말한다. 이러한 용어들은 문자 그대로 의미를 갖지만, 우리는 그것에 실제로 **사고**(*thought*) 혹은 "발생적(occurrent)" 관함(aboutness)이라 부르는 것을 부여하지는 않는다. 그러나 나는 다른 경우에 이러한 관측을 적용하지는 않을 것이다. (Lycan 1987, 57-58; 강조는 원문)

나는 지향성의 표식이 그다지 명확하지 않다는 라이칸의 관측에, 그리고 중간 수준에 대한 설명이 여전히 진행 중이라는 그의 주장에 모두 동의한다. 다행스럽게, 최근 몇 년 동안, 그는 일반적으로 심리철학에 관한, 특히 지향성에 관한 무척 흥미로운 저작을 내놓았으며, 그것은 우리 탐구에 큰 도움이 될 것이다.

5. 지향성 수준의 연속성

최근 많은 철학자가, 믿음과 같은 인지적 상태는 범례의(paradigmatic) 지향적 상태이며, 모든 표상적 상태는 (믿음이 그러한 것과 같은 방식으로) 지향적이라는 두 가정의 한계에 주목하고 있다. 예를 들어, 타마 겐들러(Tamar Gendler)는 한편으로 믿음과, 다른 편으로 (그녀가 "얼리프(aliefs, 원초적 믿음)"3)라 부르는) 더 기초

---

3) [역주] "aliefs"란, 표상적, 감정적, 행동적 표상들의 내용과 연합되고, 그래서 그것은 누군가의 내적 혹은 주변 환경의 특징에 의해 의식적 혹은 무의식적으로 촉발되는 정신 상태이다(Gendler 2008a, 642). (위키피디아 참조.) 아주 쉽게 말해서, "빌리프(belief)"에 발생적으로 혹은 진화적으로 앞서는, 의식되지 못하는 정신 상태를 칭하는 말로 이해된다. 따라

적이며 덜 인지적인, 지향적 상태 사이의 구분에 근거한 연구 프로그램을 시작했다.

원초적 믿음(alief)을 가진다는 것은, 합리적으로 추정컨대, 특정한 방식으로 명백한 자극에 반응할 선천적 혹은 습관적 성향이 있다는 것이다. 그것이 정신 상태인 만큼, (제한적 의미에서) **연합적**(*asso-ciative*)이고, **자동적**(*a*utomatic)이며, **탈이성적**(*a*rational)이다. 하나의 집합(class)으로서, 원초적 믿음은 비인간 동물과 우리가 공유하는 상태이다. 그것은 생물체가 계속 발달시키는, 다른 여러 인지적 태도에 발생적으로 앞선다. 전형적으로, 그것은 또한 감정 의존적(*a*ffect-laden)이며, 행동을 유발한다. (Gendler 2008b, 557; 강조는 원문)

그리고 그녀는 원초적 믿음의 일곱 가지 특징을 아래와 같이 자세히 말한다.

- **연상적**(*Associative*): 원초적 믿음은 특정한 (내적으로 혹은 외적으로 촉발된) 정신 이미지에 대한 반응 패턴을 부호화한다.
- **자동적**(*Automatic*): 비록 주체가 자신의 원초적 믿음을 의식적으로 알 수 있더라도, 그것은 의식적 사고의 개입 없이 작동한다.
- **탈이성적**(*Arational*): 비록 원초적 믿음이 유용하거나 해롭거나, 즉 기특하거나 경멸적일지라도, 그것은 이성적이지도 비이성적이지도 않다.
- **인간과 비인간 동물이 공유하는**: 생명체는, 감각 기관으로 느껴지는 주변의 여러 특징에 각기 다르게 반응하는, 원초적 믿음을 가

서 이후로 이 용어를 "원초적 믿음"으로 번역한다.

진다.

- 생물체가 계속 발달시키는 다른 여러 인지적 태도에 개념적으로 **앞선다**(*antecedent*): 원초적 믿음은 믿음이나 욕구보다 더 원초적이다. 믿음과 욕구 등의 언어를 사용하여 그것의 내용을 설명해 볼 수 있지만, 그것은 믿음과 욕구로 분해되지 않는다.
- **행동 유발**: 원초적 믿음은 전형적으로 행동 성향을 활성화하며 (비록 그 성향이 온전한 행동으로 해석되지 않을지라도), 욕구와 같은 고전적, 능동적 태도의 매개 없이 직접적으로 활성화할 수 있다.
- **감정 의존적**: 원초적 믿음은 전형적으로 정서적 요소를 포함한다. (Gendler 2008b, 557-58; 강조는 원문)

이런 맥락에서, 원초적 믿음에 관한 뚜렷한 특징은 다음과 같다. (1) 그것은 인간과 (추정컨대 일부) 비인간 동물이 소유하는 표상 상태이다. 그리고 (2) 그것은 믿음 같은 더 완전한 인지적 상태보다 더 단순하며, 발달적으로 앞선다. 표상 내용이 명제 내용이라는 견해가 널리 인정되는 반면, 겐들러는 원초적 믿음을 표상적이라고 여기면서도 또한 명제 태도와 구분함으로써 정의된다는 방식을 강조하는 것은 앞으로 논의에 유용하다.

범례의 경우에, 활성화된 원초적 믿음은 세 가지 요소를 지닌다. (a) 어떤 사물 또는 개념 또는 상황 또는 주변 환경 등의 표상은, 아마도 명제적으로, 어쩌면 비명제적으로, 아마도 개념적으로, 어쩌면 비개념적으로 [이루어진] (b) 어떤 감정적 혹은 정서적 상태의 경험이며, (c) 어느 운동 루틴(motor routine)의 준비 [상태이다.] (Gendler 2008a, 643)

이러한 세 요소를 상세히 설명하려는 기획은 간단치 않을 것이다. 왜냐하면 여러 다른 복잡한 문제 중 명제 내용으로부터 비명제 내용으로 옮겨가는 것은 철학적 문구로 직설적으로 표현할 수 있는 주제에서 멀어지기 때문이다. 그리고 그것은 물론 본성적으로 언어적이지 않은 표상 내용을 포괄하는 어떤 설명을 마주하는 중대한 도전이기 때문이다. 겐들러의 전략 중 하나는, 독자에게 무엇이 원초적 믿음의 고유한 표상 내용이 아닌지를 보여주기 위해 명제 내용의 특성을 규정함으로써 시작하는 것이다.

전통적 명제 태도는 두-위치 사건(two-place affairs)이다. 주체는 *b* 임을 믿거나 *d* 임을 욕망하거나 *h* 임을 희망하거나 *f* 임을 두려워한다. 그러나 내가 사용하자고 제안하는 용어 원초적 믿음은 주체와 전체 연관 목록 사이의 관계를 포함한다. 즉, 그 목록은 범례의, 표상적 (혹은 "등록된(registered)") 내용뿐 아니라, 정서 상태, 행동 성향, 주의집중 패턴, 그리고 그와 비슷한 것들을 포함한다. 이것을 명확히 표현할 어떤 자연적 방법도 없으며, 단지 합리적으로 (난감하긴 하지만) 가깝게 표현해보자면, 우리는, 원초적 믿음의 범례 상태를 지닌 주체는 표상적이고 정서적이며 행동적 내용의 정신 상태에 있다고 말할 수 있다. 즉, 그 사람이 *r, a, d* 를 얼리브한다(alieves). [원초적 믿음을 가진다.] 비록 설명이 대략적이며, 이런 의미에서 오해를 불러일으키지만, 원초적 믿음으로 생각한다는 것은 전통의 인지적 및 의도적(conative) 태도로 생각한다는 것과 다른 방식이라는 것을 강조할 필요가 있다. (Gendler 2008a, 559; 강조는 원문)

겐들러가 자신의 원초적 믿음이라는 개념을 소개하는 두 논문에서, 그 주된 설명의 가치는 그녀가 인간의 "규범 불일치 행동(normdiscordant behavior)"이라 부르는 것을, 일관성 없는 믿음을 인간에게 귀속시키는 것을 피하는 방식으로, 설명하는 방식을 제공한다고 말한다. 다른 곳에서 나는, 원초적 믿음은 탈이성적(arational)인 반면 믿음은 이성적이라고 명시함으로써 원초적 믿음과 믿음을 대비시키는 것이 잘못이라고 주장했다(Muller and Bashsour 2011). 그러나 이러한 결점 때문에, 겐들러가, 명백히 비언어적인 내용에 대해 언어로 (그녀로서는 당연히 그래야 할 일이지만) 가깝게 설명하려고 시도하는 그녀의 지속적 노력에서 우리가 배울 것이 있다는 점을 등한시해선 안 된다. 그녀가 위에서 개괄한 삼항 관계(three-term relations)를 설명하기 위해 사용한 사례를 살펴보자. 튀어나오는 BB탄으로 점프하는 개구리는 [이렇게] "(한꺼번에, 하나의 원초적 믿음으로) 얼리브한다. 즉, 저 앞에 작고 둥근 검은 물체가 먹이처럼 보이도록 해주며, 그 방향으로 혀를 뻗게 한다." 거울 속의 "어린 개"에게 발톱을 드러내고 달려드는 강아지는 [이렇게] "(한꺼번에) 얼리브한다. 즉, 내 앞에 개처럼 생긴 개의 동작을 하는 생명체가, 나와 같은 크기의 동종의 방식으로 자극하며 위협하고, (놀이로) 싸움하게 만든다." 흄의 유명한 예시를 빌려, 겐들러는 이렇게 말한다. 절벽 위 철장 안에 안전하게 매달려 떨고 있는 한 남자는 "(한꺼번에) 얼리브한다. 즉, 지상에서 높은 곳에, 위험하고 무서운 곳에서, 떨고 있다." 겐들러가 언급하듯이, 이 모든 예시는 다음을 암시한다. 표상이란 관념은, 우리가 명제 내용에 대해 가지는 관념보다 "더 빈약하다." 특히, 그녀는 "그렇게 보이는 것(seeming)과 [실제로 그렇게] 존재하는 것(being), 혹은 겉보기(appearance)와 실재(reality) 사이의 차이를 전혀 느끼지 못하는 메커니즘을 포함하는 표상"에 관심을 가진다(Gendler 2008b, 559).

아래의 수잔 커닝햄(Suzanne Cunningham)과 칼 사크(Carl Sachs)

의 연구 프로그램에 대한 나의 논의는, 이러한 방식으로 "무감각한 (insensitive)" 내용이 우리의 사고와 반응에 어떻게 작용하는지에 관한 설명을 제시한다. 그러나 그 논의를 다루기 전에, 나는 겐들러가 비인간 동물도 원초적 믿음을 지닌다는 사실을 강조한 것이 전혀 우연이 아님을 잠시 주목하려 한다. 왜냐하면 진화생물학에서 알게 된 그리고 자연주의 교의와 일맥상통하는 지향성에 관한 설명에 관심이 있는 우리 같은 사람들에게는, 발달론적으로 말하자면, 상대적으로 기초적인 [수준의] 진술로부터 출발하는 것이 발달상 척도의 다른 끝에 있는 진술에서 출발하는 것보다 확실히 낫다. 즉, 만약 우리가 다윈주의 진화론의 결과로서 우리의 본성을 바르게 보고 싶다면, 우리는 반드시 상향식(bottom-up) 접근법을 전망해야 한다. 즉, 완전히 발달한 우리의 인지적 및 언어 의존적 능력이 어떻게 더 간단하고 덜 추상적인 우리의 발달 목록에서 구축되었을지에 대한 설명을 찾아보아야 한다.

자연주의 전망에서, 지향성이 무언가 더 간단한 구조와 역량으로부터 구축된다는 주장과 이전에 무엇이었던 것에서 완전히 독립적으로 나타난다는 주장은 아주 대조적인 [설명]이다. 그리고 신경과학자 안토니오 다마지오(Antonio Damasio)가 설명하듯이, 이것은 정말 우리의 발달에 관한 가장 그럴듯한 이야기이다.

진화는 검소하고 지난한 점진적 과정이다. 진화는, 무수히 많은 종의 뇌 속에서, 신체-기반적(body-based)이고 생존 지향적인 의사결정 메커니즘을 허용해주었고, 그러한 메커니즘은 다양한 생태 터전에서 성공적으로 검증받아왔다. 환경적 우연이 증가하고 새로운 의사결정 전략이 진화함에 따라서, 그리고 새로운 의사결정 역량이 진화함에 따라서, (만약 뇌 구조가 그러한 새로운 전략을 지원해야 했다면) 진화는 이전의 뇌 구조와 기능적 연결을 유지하도록 경제적 의미를 부여했을 것이다. 그런 뇌 구조의 목적은 같다, 즉 복지와 고통에서 벗어나는 것이다. 여러 사례는 자연선택이 정확히 이런 방식으로 작동하려는 경향이 있음을 보여준다. 즉, 작동하는 무언가는 보존하고, 더 큰 복잡성에 대처할 수 있는 다른 장치를 선택하고, 처음부터 완전히 새로운 메커니즘을 거의 진화시키지 않는 방식이다. (Damasio 1994, 190)

앞서 내가 주목했듯이, 겐들러는 "얼리브(원초적 믿음)"라 부르는 덜 완전한 인지 상태에 관한 이론을 제시함으로써, 심리철학 내의 명제 태도에 대한 패권에 도전하려 했다. 커닝햄이 유사-정신적인 (like-minded) 것을 제안하긴 했지만, 그것은 지향성의 (미묘하게 다른) 이해를 발전시키는 것에 더 특별히 집중되었다.

커닝햄은 "지향성은 보통 물리주의자가 정신 상태를 설명하려 할 때 표준적으로 곤란해진다"라고 언급한 후, 어떤 상태가 지향적인 것으로 여겨지려면 다음 두 기준을 충족시켜야 한다는, 종종 브렌타노에게 귀속되는, 논제에 대한 미묘한 비판을 제기한다. 그 두 기준은 이렇다. (1) 그것(정신 상태)은 반드시 표상적이어야 하며, (2) 그것이 표상하는 무언가가 존재할 필요는 없다. 이 두 기준에 대한 커닝햄의 비판을 살펴보기에 앞서, 나는 브렌타노가 정신의 표식으로서 둘째 기준을 실제로 옹호했는지 의심할 만한 이유가 있다는 점을 언급하고 싶다. 사람들이 자주 그 논제를 그에게 귀속시킬 때 인용하는 그의 텍스트 일부를 소개한다.

모든 정신 현상은, 중세의 스콜라 철학자가 대상의 지향적 (혹은 정신적) 비존재(inexistence)라 불렀던, 그리고 (비록 완전히 모호하지 않다고 할 순 없지만) 우리가 내용에 대한 지칭, 즉 대상(여기선 사물을 의미하는 것으로서 이해되지 않는)을 향한 가리킴, 혹은 내재적 객관성(immanent objectivity)이라고 부르는 것으로 특징지어진다. 모든 정신 현상은 (비록 그것들이 모두 같은 방식으로 그렇게 하지는 않더라도) 자체 내의 대상으로서 무엇을 포함한다. 표현하는 중 무언가 표현되며, 판단하는 중 무언가 긍정되거나 거부되고, 사랑하는 중 무언가 사랑받고, 증오하는 중 무언가 증오받고, 욕망하는 중 무언가 욕망되는 등으로 말이다.

이러한 지향적 비존재는 오직 정신 현상에만 독특한 성격이다. 어떤 물리적 현상도 이와 같은 것을 보여주지 못한다. 따라서 그런 정신 현상을 자체 내에 대상을 지향적으로 포함한다고 말함으로써, 우리는 정신 현상을 규정할 수 있다. (Brentano 1973, 88-89)

"지향적 비존재"에 대한 지시함(reference)과 그것이 정신 현상의 "특성"이라는 주장은, 내 생각에, 브렌타노가 비존재 사건의 상태 (state of affairs)를 표상하는 능력을 정신의 표식으로 인정했다고 빈번하게 주장되는 것의 출처이다. 브렌타노가 사용하는 독일어는 "Inexistenz"인데, 흥미롭게도, 이것은 "inexsitence(비존재)"와 "ind-welling(내재하다)" 사이에서 애매하다. 독-영 사전은 표준적으로 후자를 철학적 의미로 분류한다. 그리고 "indwelling"으로 이해는 인용된 문단의 마지막 문장에 더 일치하는 것처럼 보인다. 즉, 그 정신 현상은 "자체 내에 대상을 포함하는" 정신 능력으로 구별된다. 위 문단에서 그는 "사물(a thing)을 의미한다고 이해되지 말아야 한다"라고 말함으로써 그는 자신이 사용하는 "대상(Objekt)"이란 용어의 쓰임을 제한하려 한다. 또한 그는 "내용(content; 독일어 Gegenstand)"을 "대상(object; 독일어 Objekt)"의 동의어로 사용했다는 사실과 함께 이해할 필요가 있다. 따라서 내 해석에 따르면, 그는 사물이 아닌 "대상(Objekt)"이란 용어를, "대상(Objekt)"과 "내용(Gegenstand)" 어느 것도 스스로 말하려는 것을 위한 이상적 단어가 아니라고 설명하기 위해 말했다. 그리고 나는 그의 "지향적 비존재(intentionale Inexstenz)"를, 우리가 말하는 것처럼, 개인이 무언가에 관해 생각하는 형상을 가리키는 혹은 그것을 **마음에** 떠올리는 (having *in mind*) 것으로 이해한다.

나는 여기서 제기되는 경우를 과장하고 싶지는 않다. 나는 브렌타노가 정신의 "표식(mark; 독일어 Merkmal)"이, 단순한 사건의 상태에 대립하는, 비존재 사건의 상태를 표상하는 역량이라고 말한 것으로, 그가 지금까지 잘못 해석되었을 가능성이 있다고 생각한다. 그러나 그것이 그 경우이건 아니건 간에, 지향성에 대한 완전한 이야기가, 두 가지 사례를 들어, 실제로 존재하지 않는 사물 또는 사건의 상태를 상상하고 소망하는 우리 역량을 설명해야만 한다. 그러나 조금만 반성해보면, 이것이 아마도 우리가 정신 표상을 성취하기 위해 사용하는 역량의 상대적으로 작고 편협한 부분이란 것이 드러난다. 그리고 동물 종의 역사로 보아서, 비교적 최근에야 이러한 [역량]에 도달했다. 문법학자들이 완전한 사고라고 부르는 것을 포함하는 명제 덕분에 묘사되고 개별화되는(구분되는) 믿음 같은, 완전한 인지적 상태에 최우선으로 집중함으로써, 심리철학자들은 틀림없이 지향성 연구에 해를 끼쳤다. 그리고 만약 브렌타노에 대한 나의 해석이 옳다면, 이러한 강조는 아마도 지향성 개념을 재도입했다고 확실히 여겨지는 사람이 우리에게 어떤 정신 상태가 비존재 사물을 표상한다는 사실에 관심을 기울이도록 의도했던 잘못된 생각에서 기인한 아이러니한 역사적 사건일지도 모른다.

결국, **모든** 정신 상태가 비존재의 것(nonexisting things)을 자신의 표상적 대상으로 마음에 떠올릴 수 **있어야만** 한다는 것이 꽤 특별한 생각이 아닌가? 짐작하건대, 우리는 모두 스스로 심장박동을 체크하고, 박동이 멈추면, 고통의 신호를 보내는 어떤 표상 기능을 지닌다. 그런 정신 과정은 반드시 비존재하는 것을 표상하는 역량을 지녀야만 하는가? 물론 그 어떠한 지각력 있는 혹은 감시하는 혹은 스캔하는(scanning) 절차는 오류 신호를 보낼 수 있고, 사물이 어떠한지 잘못 표상할 수 있다. 그러나 그렇다는 것은 비존재의 것을 표상한다는 것과는 미묘하게 다르다.

브렌타노에서 벗어나는 이런 이야기를 하는 목적은, 앞서 이야기했던 커닝햄의 기획에서 특별한 국면을 전망해보려는 데에 있다. 커닝햄은 공포 감정의 지향성에 관한 설명을 발전시키고자, 공포에 관한 많은 최근 경험적 연구를 조사해왔다. 신경학자 조지프 르두(Joseph LeDoux)의 실험에서, 커닝햄은 그러한 설명을 위한 기초 자료를 발견하고, 그녀가 호소하는 표상 상태와 과정이 아마도 "진정한 지향성"이 아니라는 반박을 예상할 필요를 느꼈다. 왜냐하면 "물리적 상태와 다르다고 거론되는 두 가지 독특한 지향적 상태는 표상 내용을 지니며, 실제와 비실제 사건의 상태를 표상할 수 있다"고 여겨지기 때문이다(Cunnigham 1997, 445). 르두에 의해 조사된 공포 상태가 어째서 오직 실제(actual) 사건만을 표상할 수 있다고 생각되는지에 관한 상세한 내용은 뒤에 서술할 커닝햄의 논증에 대한 비판적 논의에서 드러날 것이다. 그러나 표상적 상태가 (오직 비실제적 사건의 상태를 표상할 수 있을 때만) 지향적일 수 있다는 생각을 반박할 필요가 있다는 관측에서, 그 분석이 지향성 연구의 현재 상태에 무언가 중요한 것을 얘기해준다는 것을 먼저 서술하는 것은 도움이 될 것이다. 지각된 욕구의 존재는 아마도 시작이 아닌 끝에서 지향성 이야기를 시작하려는 지속적이고 유력한 성향(tendency)

의 증상이다. 이러한 성향에 관한 예시는 수도 없이 많다. 특정 사례를 들자면, 프레드 드레츠키(Fred Dretske)의 『마음의 자연화(*Naturalizing the Mind*)』 서문에서 발췌한 다음 문단을 고려해보자.

표상 논제(The Representational Thesis)는 명제 태도, 즉 믿음, 생각, 판단 등등에 대해 충분한 설명력을 갖추고 있다. 나는 내 논문(Dretske 1988)에서 명제 태도, 특별히 믿음과 욕구에 관한 설명을 제시해왔다. 그 논제는 우리의 감각적 사태, 우리 정신적 삶의 현상적 혹은 질적 요소에 대해서는 설명력이 덜하다. (혹자는 완전히 말도 안 되는 이야기라고 할지도 모르겠다.) 그럼에도 불구하고 이 강의에서 나는 의식적 경험을 집중적으로 다루겠다. 그 주제는 감각질(qualia), 즉 그것이 우리에게 무엇과 같은지를 규정하도록 도움이 되는 의식적 삶의 차원(dimension)이다. 내가 여기에 집중하는 이유는, 솔직히 말해, [논의를] 진전시키기 가장 어려운 곳이기 때문이다. 그러므로 이 주제는 (만약 조금이라도 설명된다면) 가장 중요한 진전이 일어날 곳이기도 하다.
내가 논의하지 않은 나의 주제와 관련된 많은 것들이 있다. … 예를 들어, 나는 자기-감각(proprioception), 즉 자신의 신체 상태와 과정에 대한 앎을 살펴보지는 않겠다. 비록 이것이 우리가 가장 껄끄러워하는(obtrusive) 일부 경험(고통, 굶주림, 목마름 등)의 근원일지라도 말이다. 내 생각에, 이것은 1장에서 개발한 설명 장치(explanatory machinery)를 근본적으로 수정하지 않고서도 제거될 수 있어서 택하는 생략이다. (Dretske, 1992, xiv-xv)

나는 이 구절을 장황하게 인용하여, 표상 논제에 관한 일련의 비판적 논의나, 혹은 감각질 또는 자기-감각에 대한 잠재적 설명의 이

점을 소개하려는 것은 아니다. 대신, 나는 드레츠키의 기획을 심리 철학 내의 특정한 전략의 범례로 소개하려 한다. 그의 제안은 고도로 인지적이고, 아마도 동물 종-특이적(species-specific), 믿음과 욕구의 상태를 설명하기 위해 발전시킨 것을 설명하려는 것이며, 또한 그의 설명은 색깔 지각과 고통 지각 같은 것들을 설명해주기에도 적절하다고 가정한다. 우리는 이것을 지향성에 대한 하향식 접근법(top-down approach)이라고 부를 수 있을 것이다. 커닝햄은 중요한 대조 접근법을 우리에게 제시하며, 이것이 내가 지금부터 주목하려는 논의이다.

커닝햄 논의의 출발점은, 인지적 정서 이론의 유형인, "인과적 평가(causal-evaluative)" 이론이다. 이 이론의 주요 주창자 중 한 사람으로 윌리엄 리옹(William Lyons)이 있다. 그는 이렇게 말한다. "정서의 가장 핵심은 … 세 부분으로 구성되며, [첫째는] (믿음 혹은 지식을 일으키는) 사실적 판단을 포함하는 인지적 부분이고, [둘째는] 객관적 평가 혹은 주관적 사정을 포함하는 평가적 부분이며, [셋째는] 인지적 및 평가적 국면에서 나오는 욕구를 포함하는 욕구 부분이다." 계속해서 리옹은 이렇게 말한다. "정서는 [일반적으로] 어떤 속성을 가지느냐에 따라서, 정확하든 부정확하든, 불충분하든 충분하게 고려된 것이든, 비합리적이든 합리적이든, 특정 판단을 전제한다."(Lyons 1980, 70-71)

인과적 평가 이론이 잘 만들어진 이론으로 알려진 것은, 그 이론이 믿음 및 판단과 같은 인지 상태를 포함함으로써 지향성 설명에 자연적 방법을 제공하려 했기 때문이다. 희망컨대, 믿음 및 판단이 지향적 상태이므로, (그리고 우리가 지향성이 작용하는 방법을 꽤 잘 안다고 추정되었기에) 아마도 우리는 구성 성분인 믿음 및 판단으로부터 공포와 같은 정서의 지향성을 "읽어낼" 수 있다. 정서를 연구하는 많은 철학자는, 인과적 평가 이론의 그러한 특징이 윌리엄 제임스(William James)의 소위 느낌 이론(feeling theory)보다 장점이 있다고 보았는데, 그 이론은 감정이 어떻게 사물에 관한(about) 것인지 혹은 사물에 대한(of) 것인지(예를 들어, 나는 저 곰에 **대해** 두려우므로, 나의 공포는 저 곰에 **관한** 것이다)를 설명할 수단을 갖지 못한다고 보았다.

리옹의 인과적 평가 이론의 중요한 특징은 공포가 인지 상태, 믿음 혹은 판단으로부터 **시작된다**는 것이다. 또한 제임스의 느낌 이론의 초기 비판자였던 존 듀이(John Dewey) 역시 정서를 이러한 방식으로 분석할 것을 고려했다. 그러나 커닝햄이 주목했듯이, 듀이는 이러한 전략에 문제점이 있음을 알아차렸다.

곰을 지각함으로써 발생하는 공포에 관한 예시를 들면서, 듀이는 이렇게 주장했다. 만약 믿음 자체가 공포에 스며들지 않고서, 믿음과 같은 "냉정한(cool)" 인지가 어떻게 공포와 연합된 생리적 변화를 일으킬 수 있을지 이해하기 어렵다. 즉, "냉정한" 인지를 공포 상태에서 기능하는 인지와 구분해주는 무엇이 있어야만 한다. 결국, 누군가 곰을 보고, 그것이 위험하다고 믿을 수 있고, 그리고 곰에게 찢겨 나가지 않기를 바랄 수 있지만, 공포 상태를 발생시키지 않을 수도 있다. 그 사람은 오랜 경험을 통해 곰과 [마주할 때, 두려움 없이] 어떻게 대처하는지를 알 수도 있기 때문이다. 두려운 상태를 일으킨다고 가정되는 (심지어 욕구와 함께 나타나는) 믿음은 그것과 분명 다르다. 듀이가 제안했듯이, 그것은 분명 **두려운** 믿음이다. 그의 결론에 따르면, 정서에 관한 충분한 설명은, 공포로 귀결되는 인과적 연쇄를 촉발하는 중립적 인지에서 시작될 수 없다. 우리는 더욱 그럴듯한 출발점이 필요하다. (Cunningham 1997, 449; 강조는 원문)

커닝햄은 지각에서 발생하는 공포 사례에 초점을 맞추어, "표상 내용을 우선 **생리학** 수준에 위치시킬 만한 좋은 이유가 있다"(Cunningham 1997, 450; 강조는 원문)고 주장한다. 그녀는 신경과학자 조지프 르두와 연구원들이 진행한 공포에 관한 몇몇 경험적 연구에서 이 주장을 뒷받침할 만한 것을 찾아냈다.

그 실험은 청각 자극에 두려운 반응을 보이도록 조건화된 쥐를 대상으로 진행되었다. 이를 통해 청각 피질을 쥐의 뇌에서 도려낸 후에도 단순한 자극이 공포 반응을 일으킬 수 있음이 드러났다. 이러한 사실은 중요한데, 왜냐하면 청각 피질은 표준적으로 인지와 관련된 뇌 영역(areas)이기 때문이다. 공포 반응에 필수적인 뇌의 두 영역은 피질하 구역(subcortical regions)의 시상(thalamus)과 편도체(amygdala)이다. 청각 피질은 오직 더 **복잡한** 자극을 처리해야 경우에만 필수적이다. 커닝햄은 이러한 발견에 대해, 단순한 자극과 관련된 경우, 공포는 인지와 함께 시작되지 않았다고 해석하고, 르두를 인용하면서, 이러한 결과는 쥐보다 더 복잡한 동물에게까지 적용될 수 있다고 주장한다. "현재까지 연구에서 분명히 드러나듯이, 그 [공포학습 신경] 경로(pathway)는 포유류 종들 사이에 매우 유사하며, 모든 척추동물에게도 그럴 개연성이 높다. 따라서 우리는 동물에서 발견된 많은 것들이 인간에게도 적용된다고 확신한다."(Cunningham 1997, 451) 이런 모든 연구에 기초해서, 르두는 자극이 단순하지 않고 오히려 복잡할 때 인간 뇌에서 공포 반응이 어떻게 처리되는지에 대한 경험적 사변(empirical speculation)을 진행한다. 여기서 흥미로운 점은, 뇌는, **복잡한** 감각 자극의 경우에도 더욱 복잡한 것이 파악되는 동안, 매우 **단순한** 표상으로 작업한다는 점이다. 그리고 피검자가 더욱 복잡한 표상에 인지적 접근을 하기 **이전** 그러한 단순한 표상을 갖는 것이 필수적으로 중요하다.

르두는, 숲속을 홀로 걸으며 길에서 갈색 나선형 모양을 보는 예시를 든다. 그 대상에 대한 감각 자료는 시상으로 들어가는데, 그곳은 피질하 구역에 속한다. 시상은 다양한 (냄새를 제외한 모든) 감각 양태로부터 들어오는 정보를 통합하는 역할을 담당한다. 커닝햄은 이후 어떤 일이 일어나는지에 대해 이렇게 요약한다. "시상은 지각된 대상의 기초 **표상**을 준비하고, 그 표상을 두 방향으로 전달한다. 즉, 정서에서 중요한 역할을 담당하는 피질하 구역의 편도체로, 그리고 동시에 피질 자체로 전달한다."(Cunningham 1997, 451; 강조는 원문)

하나의 표상 대신 두 표상을 갖는 이점은 (a) 과제의 분업이 가능하고, (b) 분할된 과제의 절반에 대해 아주 **빠르게** 응답할 수 있다는 점이다. 르두는 편도체 기능 중 하나가 자극의 감정적 의미를 평가하는 것이라고 믿는다. 감정 자극의 핵심 국면은 **반응값**(*valence*)인데, 왜냐하면 기본 정서적 자극은 부정적(negative)일 수도, 긍정적(positive)일 수도 있기 때문이다. 만약 편도체가 자극의 반응값을 부정적으로 계산한다면, 편도체는 그 신호를 (생리적 변화를 일으키는 과정으로) 뇌간(brain stem)을 통해 전달한다. 만약 그 사물이 위험을 나타내고 그래서 그 두드러진 정서가 공포라면, 신체 변화는 가능한 싸움 혹은 도망 반응의 효율성을 촉진하도록 변화한다. 예를 들어, 심장박동과 호흡량 증가, 신체 중심으로부터 팔다리 근육으로 혈액을 재분배하는 것 등이다. 커닝햄의 설명에서, 중요한 것은 다음과 같다. "이러한 모든 변화는 피질 내의 높은 수준의 활동에 따른 지원 없이 시작된다. 즉, **지각된 사물에 대한 충분한 인지적 앎 없이** 일어난다. 다른 말로, 공포 상태는 의식적 믿음 없이도 촉발된다."(Cunningham 1997, 452; 강조는 원문) 이것[공포 반응]이 유기체의 목적을 위해서도 중요한데, 그것이 상대적으로 느린 피질 처리 과정(processes)의 산물 즉 인지 처리 과정이라면, 그보다 더 빠르게 반응하는 것이 유용하기 때문이다.

분업의 다른 쪽으로 보내진 두 번째 기초 표상에 무슨 일이 일어나고 있을까? (시상이 피질로 보낸) 표상의 "복사본"이 그곳에서 해석되지만, 그것은 더 느린 처리 과정을 거친다. 피질이 하는 일은 시상에서 보낸 원료를 더 세밀하고 정교한 표상으로 만들어내는 것이다. 좀 더 정교한 해석을 바탕으로, 편도체에게 싸움 또는 도주 반응 준비를 중지 혹은 중단하라고 말하거나(만약 나선형 사물이 밧줄로 판단된다면), 또는 그러한 준비를 계속 또는 증가하라고 말하게 된다(그것이 독사일 경우). 따라서 그러한 인지 상태는 피질하 구역에서 시작된 공포의 초기 단계를 강화하거나 억제한다.

아마도 당신은 편도체가 어떻게 피질로부터 받는 정보 없이 공포 반응을 시작할지 말지를 결정할 수 있을지 궁금할 것이다. 르두는 이것을 감정 의미를 계산하는 능력이라고 부르며, 이에 대해 다음과 같이 말한다.

> 영장류와 고등 포유류에게, 뇌는 자극과 사건에 대한 정서적 의미를 학습하고 기억하는 인상적 역량을 갖는다. 감정적 학습과 기억은 우리에게 새로운 자극에 정서적 반응값을 할당하고, 앞서 자극에 할당했던 가치를 변화시킬 수 있게 해준다. [편도체에 의해 수행되는 감정적 계산은] 개인에 대한 자극의 관계에 관한 정보를 산출한다. (LeDoux, Cunningham 1997, 451에서 재인용)

그러므로 빠르고 조잡한 정서 반응 시스템과 더 느리고 더 정제된 인지 시스템이 협력하여 작동한다. 이런 식으로 파악하는 장점을 알아보기는 쉽다. 특별히, 지각된 위험에 대한 공포 반응에 대한, 거짓 부정적 느낌에 잠재적으로 매우 높은 비용이 들며, 거짓 긍정적 느낌에 비교적 낮은 비용이 든다. 따라서 기억된 부정적 자극에 조금이라도 비슷한 무언가 나타날 때마다 공포 반응을 일으키는 피질하 구역을 갖는 것은 유용하다. 더 정교하고 미묘한 표상을 개발하는 (계산적으로 성가신) 일과, 적절한 방식으로 기억된 부정적 자극을 닮은(?) **무엇**을 보는 것은, 적절한 시간에 수행될 수 있고, [실제로] 수행된다. 그러나 이것은 최초의 반응 활동(reaction)이 아니다. 첫 반응 활동, 그리고 공포 반응의 시작은 훨씬 조잡하고 덜 인지적인 표상에 기반한다. 따라서 커닝햄은, 피질 구역에서 처리하는 종류의 표상을 설명해주는 한 부분과, 피질하 수준에서 처리하는 표상을 설명해주는 둘째 부분으로 이루어진, 이중 지향성 이론(a dual theory of intentionality)이 필요하다고 결론 내린다.

위에서 언급했던 대로, 커닝햄은 다음과 같은 반박을 기대한다. 피질하 구역에서의 표상은 진정한 지향적 상태로 여겨지지 않는데, 왜냐하면 이러한 표상은 비실재 대상이나 사건의 상태를 표상하는 역량을 갖추지 못한 것처럼 보이기 때문이다.

지향적 상태가 표상 내용을 갖는다는 것은 이견의 여지가 없다. 그 상태는 무엇에 **관함**이다. 이러한 상태에 일반적으로 귀속되는 둘째 특성은 그 상태가 표상하는 것이 실제로 존재할 필요가 없다는 점이다. 둘째 특징은 내가 지향적이라고 표현하고 싶은 피질하 상태에서 나타나지 않는 것처럼 보인다. 그럼에도 불구하고, 나는 이러한 상태를 지향적이라고 받아들여야 할 여러 이유가 있다고 믿는다.

우선, 지향적 상태의 중요한 특징은 그것이 무엇에 관함이라는 것이다. 그 상태가 표상하는 것이 존재하지 않을 가능성은, 내가 보기에, 부차적인 문제이다. 지각은 지향적 상태의 완벽한 사례이며, 지각된 대상이 존재하지 않을 가능성을 요구하지 않는다. 이와 반대로, 만약 대상이 존재하지 않는다면, 우리는 지각의 지향적 상태를 획득하지 못한다. 누군가 상상하거나 환각을 경험하거나, 혹은 꿈을 꿀 수 있지만, 그러한 것들은 지각의 지향적 상태와 다른 인과적 역사를 갖는다. 나는 이것을 다음의 증거로 삼는다. 즉, 그런 표상적 상태 국면이 확실히 있지만, 그것은 그것의 대상이란 존재론적 자격은 아니다. (Cunningham 1997, 454)

커닝햄은, 우리가 오해할 수 있다는 사실은, **어떤 의미에서** 이러한 더욱 기초 표상 상태가 비실재 지향적 대상을 가질 수 있다고 주장하기에 이른다.

나는 예상되는 반대에 대한 그녀의 반응이 전적으로 설득력이 있다고 본다. 지향적 응시(intentional stares)로서 지각에 대한 그녀의 주장이 매우 솔직하고 그럴듯하다면, "[지향적] 상태에 일반적으로 귀속되는 둘째 특성은 그것이 표상하는 것이 실제로 존재할 필요가 없다"는 경우인지 그 이유가 약간 혼란스러워진다. 앞서 브렌타노에 대한 내 논의에 비추어, 한 가지 가능한 대답은 이렇다. 현대 지향주의 전통의 개척자를 발아한 텍스트(seminal text)에 대한 어느 특별한 해석이 더 나은 일부 한 세기를 위한 심리철학 내의 이러한 쟁점을 확고히 결정했다는 것이다. 그러나 내 생각에 그 밖에 다른 요인도 작용했다. 나는, 일반적으로 명제 태도에 대한 지속적이고 일관된 관심, 특히 믿음과 욕망에 관한 관심이, 우리에게 심리철학 내에 표상에 관해 좁게 생각하는 방식을 습관화했다고 믿는다.

물론 루스 밀리칸(Ruth Millikan) 같은 저명한 학자는 다른 목소리를 내기도 한다.

"표상"이란 이름은 성서로부터 유래하지 않았다. 그리고 우리가 일상적으로 그런 이름으로 불리는 다양한 것이 공통으로 본질을 지닌다고 가정할 이유가 없으며, 또는 사물이 본질을 지니더라도, 사람들 머릿속에 있는 무언가가 그 본질을 (상상적으로) 공유한다고 가정할 어떤 이유도 없다. [우리에게] 필요한 것은 정신적 표상이 **실제로 무엇인지**를 밝히는 것이 아니라, 흥미롭게도 다른 가능한 현상들 사이를 구분시켜줄 어떤 용어를 도입하여, 우리가 그 현상들의 관계를 논의할 수 있는가에 있다. (Millikan 1993, 97; 강조는 원문)

우리가, 모든 표상이 공통으로 어떤 본질을 지닌다는 생각에 회의적이어야 한다는 제안은 중요하다. 한 가지 흥미로운 아주 최근의 지향성 연구에 따르면, 우리가 의미-지시체(sense-reference) 구분이 적용될 수 있는 표상과 그렇지 않은 표상을 아주 다르게 설명할 필요가 있을지 모른다.

우리는 겐들러와 커닝햄이 인간과 비인간 동물이 공유하는 표상적 상태를 자세히 살펴본 것을 알아보았다. 칼 사크는 그런 종류의 표상을 설명하는 흥미로운 진전을 이루어냈다. 사크는, 비인간 동물의 지향적 상태들을 이론화하면서, 우리가 아래와 같은 "거짓 삼분법(false trichotomy)"을 피해야 한다고 매우 설득력 있게 주장한다.

(a) 지각력 있는(sentient) 동물이 그 무엇이든 어느 삶을 가진다는 것을 부정하는, 즉 비이성적 동물이 단순한 자동 계산기가 아닌 무엇으로 분석될 수 없다.
(b) 동물에게 우리 자신의 내용에 동등한 풍성한 판단을 귀속시키기, 그래서 내가 문을 바라보고 고양이가 문을 바라본다면, 동일 내용(**이것이 문이다**)이 모두에게 귀속하는.

(c) 동물에게 판단을 귀속시키기, 다만 "마치" 또는 "유사한" 양식으로, 그래서 지각력 있는 동물 삶의 내용이 편리한 허구의 무엇으로 드러난다. (Sachs 2012, 135; 강조는 원문)

사크는, 존재(being)가 한편으로 **판단자**(*judger*) 및 **행위자**(*agent*)로서 어떻게 환경과 상호작용할 수 있는지, 그리고 다른 한편으로 **지각자**(*perceiver*) 및 **반응자**(*responder*)로서 어떻게 환경과 상호작용할 수 있는지를 구분함으로써, 이러한 세 관점에 빠지는 것을 피하고자 한다. 사크에 따르면, 그러한 구분은 종에 따라서 상당히 깔끔하게 사물을 나눈다. 즉, 인간의 지향적 상태는 판단자 및 행위자의 마음에 거주하는 반면, (일부) 비인간 동물의 지향적 상태는 지각자 및 반응자의 마음에 거주한다. 그리고 그가 그 차이를 표시하기 위해 제안한 방식에 따르면, **지적인**(*sapient*) 인간은 판단하는 반면, 단순히 **지각력 있는**(*sentient*) 비이성적 동물은 개념은 갖지만 판단하지는 못한다. 사크는 이것이 어떻게 가능한지 설명하기 위해 프레게를 거론한다.

프레게가 우리에게 말하도록 가르친 언어에 따르면, … 우리는 판단의 **의미**(*sense*)와 **지시체**(*reference*)를 구분한다. 고전적 관점에서, 의미와 지시체는, 이성적 존재에 모순적 믿음을 귀속시키는 것을 피하도록 동의어를 다른 동의어로 대체하여도 진리값이 유지되는지 아닌지에 따라서 구별된다.4) 만약 우리가 지각력 있는 존재(sentients)

---

4) [역주] 의미와 지시체가 구분되는 이유는 프레게식으로 이렇게 설명된다. "철수는 결혼하지 않은 남자이다"라는 명제와 "철수는 총각이다"라는 명제 사이에, "결혼하지 않은 남자"와 동의어인 "총각"으로 대체하여도 진리값이 유지된다면, 이 동의어 둘은 의미가 다르다. 그렇지만 그 두 동의어는 동일한 지시체 "철수"를 가리킨다.

를, 판단하지 못하나 개념을 사용하는 것으로 여긴다면, 의미/지시체 구분은 우리가 동물에 귀속시키는 의미론적 내용에 적용되지 않는다. 동물의 개념은, 최소한 (소위 고등 동물이라고 불리는) 특정 종류의 동물은 **의미도 지시체도 갖지 못한다.** 그러나 그 개념이 진정한 개념으로 간주되는데, 왜냐하면 그 개념이 특정 종류의 일반화를 허용하기 때문이다. 만약 동물이 여러 지각 자극을 유사한 것으로 분류하는 개념을 지닌다면, 그 동물은 지각 자극의 다른 여러 경우에 유사하게 반응할 수 있다. (Sachs 2012, 139; 강조는 원문)

나는 이것이 매우 유망한 제안이라고 생각하지만, 진화생물학에 근거하여 지향성을 설명하려는 관심으로 나는, 인간의 정신 표상이 **판단자** 혹은 **행위자**의 입장에서 **언제나** 경험되는 종류라는 가정에 의구심을 갖는다. 우리는 사크의 통찰로부터, 의미-지시체 구분이 적용되지 않는 지향성 내용이 있음을 배워야 하지만, 또한 인간 사고의 일부 의미론적 내용에 대해서도 마찬가지로 참이라는 것을 알아야 한다.

르두의 실험에 관한 커닝햄의 논의로 돌아가서, 길 위에서 나선형 모습을 지각함으로써 야기된, 상대적으로 간단하고 매우 인지적이지 않은 표상의 감정적 반응값을 편도체가 계산한다는 경험적 사변을 돌아보자. 그 반응값에 대한 계산은, 나선형 모습이 사실상 뱀인지를 확인(**판단**)하는 전두 피질(prefrontal cortex)의 시도 이전에, 그리고 그것과 무관하게 발생한다. 그리고 단순 표상은 내용이 없지 않은데, 왜냐하면 그런 단순 표상이 (말하자면) 기초 공포 반응을 촉발하거나 하지 않거나 할 정도로 충분한 정보를 지니기 때문이다. 편도체에 의해 처리된 단순 표상이 의미-지시체 구분을 적용할 수 없을지는 더 많은 연구가 이뤄질 만한 가치가 있는 흥미로운 주제이다.

주목할 만한 것으로, 우리는 위험을 감지하지 않고서도 처음 지각자 및 반응자로서 세계를 경험할 수 있으며, 이후 그와 별도로 판단자 및 행위자로서 경험할 수 있다. 공포와 무관한 아주 많은 종류의 [경험] 사례가 있다. 어느 날 나는 식탁에 앉아 있었고, 그때 냉장고 돌아가는 소리가 멈추었다는 것을 알아차렸다. 이런 약간의 감각 자료로부터, 나는 전기가 또 나갔다는 것을 명확히 추론했다. 그러나 지각에 관련된 이 이야기에서 흥미로운 점은 냉장고 소리가 멈추기 **전까지**, 나는 냉장고가 소리를 내고 있었다는 것을 의식적으로 알아차리지 **못했다**는 것이다. 이러한 종류의 사례는 무척 많다. 만약 당신이 창가에 있다면, 스스로 이렇게 물어보라. 바깥에서 교통 소음이 들리는가? 만약 그렇다면, 그리고 그 소음이 시끄러운 경적이나 타이어 마찰 소리가 아니라면, 당신이 이 문단의 이 문장을 읽기 전까지, 그러한 소음은 아마도 당신의 의식 속에 들어오지 못했을 것이다. 그 뚜렷한 경험 자료가 당신에게 들렸어야 할 필요가 없었다. 만약 당신이 안경을 쓴다면, 당신은 그 안경테가 당신의 시야에 있었다는 것을, 방금 알아채기 전까지, 알아차리지 못했을 것이다, 그렇지 않은가? 당신의 어느 근육이 욱신거리는가, 또는 어느 관절이 쑤시지 않는가? 오늘 하루 동안 당신의 발바닥에 축축한 느낌이 들 정도로 양말에 땀이 차지는 않았는가?

적어도 대부분, 어쩌면 거의 모든 이런 질문에 대답하기 위해 필요한 감각을, 당신은 위 질문을 읽은 **후에서야**, 비로소 알아차렸을 것이다. 중요한 의문은, 감각 정보가 당신의 신경계로 들어가도록 촉발하는 것이 무엇인지가 아니다. 분명히 당신의 두뇌가 그런 정보를 무의식적으로 처리하고 있었지만, 그 관련 질문에 의해서 비로소 그 정보가 의식적 앞으로 들어올 수 있었다. 인간에 대한 기본적이면서도 여전히 주목할 만한 사실은, 인간의 뇌와 말초 신경계 활동을 모니터링해보면, 신경계 활동의 극히 일부만이 의식적 알아차림으로써 어느 순간 등록된다(registered)는 점이다.

사크의 구분, 즉 지각력 있는 지각자/반응자와 지적인 판단자/행위자 사이의 구분 덕분에, 이러한 현상에 관한 생각이 드러날 수 있었다. 인간 존재가 지적이라는 것이 참이지만, 사실 우리 역시 지각력 있는 존재이기도 하다. 우리의 뇌와 감각 기관은, 반응이 요구되는 자극을 예상하는, 지각력 있는 지각(sentient perception) 수준에서 거의 지속적으로 우리의 (외적 및 내적) 환경을 스캔한다. 이 지점에서 우리의 지각력 있는 자아와 지적인 자아는 서로 관여한다. 우리는 최초의, 지각력 있는 반응의 세부 사항과 있음직한 원인에 관해 언제 판단할 필요가 있는지를 파악한다.[5] 당신이 이런 방식으로 사물을 바라볼 때, 나타나는 상황은 이렇다. (명제 태도일 수 있는) 합리적 및 예측적 범주에 적절히 귀속될 것으로 기대되는 인지적 구조가, 소위 우리의 지향적 장치라는 것을 (상대적으로) 거의 요구하지 않는다. 르두에 동의하면서 커닝햄이 흥미롭게 제시하듯이, 어떤 표상 (혹은 다른) 정보든 (더 단순하고 덜 인지적인 표상으로부터 구축되는) 판단은 지적인 자아에 의해 처리된다. 나는, 이런 더 단순한 수준의 의미론적 내용은 의미-지시체 구분이 적용되지 않는 부류에 속한다는 제안이 성공적으로 귀결될 것인지 알지 못하지만, 후속 연구가 진행될 만한 가치가 있다고 생각한다.

---

5) [역주] 이 문장은 이렇게 이해된다. 필자는 의식에 들어오지 못하는 "지각력 있는 반응자"로서 자아와 그것을 의식하는 "지적인 판단자"로서 자아를 구분하며, 의식적 자아는 무의식 정보에 관여할 수 있다. 그리고 의식적 자아 즉 "지적인 판단자"는 지각 세부 내용이 무엇이고, 그것이 어디에서 온 것인지 등을 알아챌 수 있으며, 언제 의식적 판단을 내릴 것인지도 판단할 수 있다.

이 논문의 이 절에서 조사된 세 가지 설명은 모두 진화생물학에 근거하고 철학적 자연주의 교의와 일관성이 있는 지향성 설명에 관심 있는 우리와 같은 사람에게 시사해주는 무언가가 있다. 겐들러의 주장에 따르면, 우리의 감정 반응은 겉보기-실재(appearance-reality) 구분에 완전히 무감각한 메커니즘에 의존하는 지향적 내용을 갖는다. 그 생각에 따르면, 우리는 그러한 표상을 액면대로 받아들이며, 적어도 처음엔, 세계가 보이는 그대로라고 추정한다. 이런 제안은, 우리 뇌의 피질하 구역이 매우 단순한 표상을 처리하며 또한 그 구역은 (그 표상이 이전에 지각력 있는 정서 기억의 원인인) 자극에 매우 유사한지에 따라 계산적으로 처리한다는 르두의 경험적 사변에 관한 커닝햄의 적용에 잘 들어맞는다. 그리고 이 모든 것은 인지적으로 더욱 풍부한 표상이 전두 피질에서 발생되기 **이전에** 이루어진다. 따라서 커닝햄에게는, 젠틀러와 마찬가지로, 거칠고 예비적이며, 빠르고 엉성한 정서로 채워진 표상이 존재하며, 그러한 표상은, 그래왔듯이, 처음 그 원인인 것처럼 보였던 것에 의해 **실제로** 일어난 표상인지를 묻지 않는 메커니즘에 의해 다뤄진다. 그것을 묻는 과제(task)는 나중에 다른 곳에서 다뤄진다. 또한 셋째로, 비인간 포유류의 정신 상태를 이론화하면서, 사크는 (의미-지시체 구분이 적용되지 않는) [정신] 상태와 과정이 있다고 주장한다. 이런 역량은, (언어적 용어로 가장 잘 규정되는) 개념을 포함하는 명제를 마음에 품는 것보다, 차이를 식별하거나 패턴을 재인하는 능력에 더 흡사하다. 이러한 여러 제안 모두가 지향성에 관한 새로운 접근법의 출발점을 제공한다. 우선 우리는, 우리와 다른 동물이 단순하고 정서적으로 뚜렷한 자극을 표상하고 [그것에] 반응하기 위해 어떻게 운영하는지를 이해하려 노력해야 한다. 그런 다음 우리는 어떻게 언어적 및 다른 추상적 사고를 지원하는 메커니즘이 더 간단한 메커니즘에 기반하여 구축되는지에 관한 생각으로 나아갈 수 있다. 이런 생각은 아주 많은 마음의 모듈 방식(modularity of mind)을 여전히 허용한다. 그것은 비교적 최근 등장한 모듈(modules)이 그 선행의 모듈(predecessors)로부터 많은 빚을 지고 있음을 예상하게 한다.6) 그리고 마지막으로 진화생물학에 근거하고 자연주의 교의와 일관성을 유지하는 지향성에 관한 설명에 관심 있는 동료 이론가에게 일러두고 싶은 말이 있다. 여기서 내가 옹호하는 접근법은, 명제 태도의 의미론적 내용을 고정하려는, 주어진 환경에 대한 뇌 구조의 적절성에 관한 목적진화론(teleo-evolutionary) 이야기보다, 훨씬 유망한 시작점이 확실하다.

참고문헌

Brentano, Franz. *Psychology from an Empirical Standpoint.* Edited by Oskar Kraus. English edition edited by Linda L. McAlister. Translated by Antos C. Rancurello, D. B. Terrell and Linda L. McAlister. London. Routledge & Kegan Paul. New York: Humanities Press.

Cunningham, Suzanne. "Two Faces of Intentionality." *Philosophy of Science* 64(1997): 445-60.

Damasio, Antonio R. *Descartes' Error.* New York: G. P. Putnam, 1994.

Darwin, Charles. *On the Origin of Species by Means of Natural Selection.* London: 1859.

---

6) [역주] 즉, 진화적으로 비교적 최근 등장한 언어 모듈은, 오래전 진화되었던 많은 기초 모듈에 기반하여 등장할 수 있었던 결과물이다.

Davidson, Donald. "Thought and Talk." In *Mind and Language: Wolfson College Lectures*, 1974. Oxford: Clarendon, 1975.

Dennett, Daniel C. *The Intentional Stance*. Cambridge, MA: MIT Press, 1987.

Dretske, Fred. *Naturalizing the Mind*. Cambridge, MA: MIT Press, 1997.

____. *Explaining Behavior*. Cambridge, MA: MIT Press, 1992.

Fodor, Jerry A. *A Theory of Content*. Cambridge, MA: MIT Press, 1990.

____. "Fodor's Guide to Mental Representation." *Mind* 94(1985): 76-100.

Gendler, Tamar. "Alief and Belief." *Journal of Philosophy* 105 (2008a): 643-63.

____. "Alief in Action (and Reaction)." *Mind and Language* 23 (2008b): 552-82.

Lycan, William G. *Consciousness*. Cambridge, MA: MIT Press, 1987.

Lyons, William. *Emotion*. Cambridge: Cambridge University Press, 1980.

Millikan, Ruth Garrett. "On Mentalese Orthography." In *Dennett and His Critics*, edited by Bo Dahlbom, 97-123. Oxford, UK: Blackwell, 1993.

Muller, Hans D., and Bana Bashour. "Why Alief Is Not a Legitimate Psychological Category." *Journal of Philosophical Research* 36(2011) : 371-89.

Quine, W. V. O. "Quantifiers and Propositional Attitudes." *Journal of Philosophy* 53(1956): 177-86.

Sachs, Carl B. "Resisting the Disenchantment of Nature: McDowell and the Question of Animal Minds." *Inquiry* 55(2012): 131-47.

Searle, John R. *The Rediscovery of the Mind*. Cambridge, MA: MIT Press, 1992.

Sellars, Wilfrid. *Science, Perception and Reality*. London: Routledge and Kegan Paul, 1963.

11. 나는 좋은 동물이 될 수 있을까?
덕 윤리학에 대한 자연화된 설명
Can I Be a Good Animal?
A Naturalized Account of Virtue Ethics

바나 바쇼 Bana Bashour

스탠리 큐브릭(Stanley Kubrick)의 1999년 영화, 「아이즈 와이드 셧(Eyes Wide Shut)」에서 주인공은, 자제할 수 없는 질투심이 순간적으로 흘러넘쳐서 막무가내의, 꿈속과도 같은, 희귀한 경험에 빠져든다. 그런 감정은 이 남자가 그의 아내와 나눈 대화의 결과인데, 대화에서 그녀는 자신의 간통(infidelity)을 인정했다. [그렇지만] 그 간통은 아내가 행위로 추구했던 것은 아니었고, 단지 그녀의 생각과 욕망으로만 추구되었을 뿐이었다. 그녀는 단지 한 남자를 보고 그와 함께 있고픈 야릇한 욕망에 빠졌는데, 그 욕망이 너무도 강렬해서 남편과 아이를 두고 떠나려는 일순간의 의지로 나타났다. 주인공은, 아내가 남편을 해쳤다고 느꼈던 그 인정으로, 결혼생활에서 벗어나, 자신의 갈증을 채우는 데 몰두했다. 아내가 그러한 욕망에 따라 행위하지 않았다는 것은 그에게 전혀 중요하지 않았으며, 오직 그녀가 자신의 본성 또는 그러했던 방식에 관해 아주 혼란스러운 사실을 드러냈다는 것이 중요했다.[1]

「아이즈 와이드 셧」의 주인공처럼, 서로를 대할 때, 우리는, 단지 상대의 행위에 대해서만이 아니라, 상대하는 사람들 부류(kind)에 관해 아주 깊게 관여하는 것 같다. 이렇다는 사실은 우리의 도덕 추론에 고려되어야 한다. 그러나 현대 도덕 이론 논쟁에서 이런 통찰은 간과되어온 것 같다. 덕 윤리학(virtue ethics)은 논의되었어야 할 만큼 넓게 논의되지 않았다. 현대 심리학의 일부 결과에 따르면, 특정 방식으로 행동하는(behave) 사람들의 성향(dispositions)은, 우리가 인정하고 싶은 이상으로, 환경에 의해 형성된다. 덕 윤리학은, 덕이 이런저런 방식으로 행동하는 성향이라고 규정하므로, 그런 핵심을 놓친다. 설령 누군가 자신을 타인을 해치는 성향이 전혀 없는 덕이 있는 사람(virtuous person)이라고 여길지라도, 어느 상황에서 그는 정확히 [남을] 해치는 행위를 할 수 있다.

이 논문에서 나는, 오직 어떤 행동하는 성향에만 근거하기보다, 어느 사람이 가진 일련의 심리적 상태(a set of psychological state)에 근거해서, 덕 윤리학을 설명하려 한다.

나는 이 논문을, 덕 윤리학에 대한 주요 반론을 제시함으로써 시작하겠다. 첫째, 덕 윤리학은 우리에게 (도덕 이론이 목표로 삼아야 하는) 어떻게 행위해야 할지를 일러주지 않는다. 둘째, 덕은 문화 의

---

1) [역주] 뉴욕에 사는 성공한 의사 빌 하퍼드(톰 크루즈)와 그의 아름다운 아내 앨리스(니콜 키드먼)는 빌의 친구 지글러가 여는 크리스마스 파티에 참석한다. 파티에서 두 사람은 각각 이성으로부터 강한 성적 유혹을 받는다. 다음 날 앨리스는 빌에게 숨겨왔던 비밀을 털어놓는다. 여름 휴가 때 우연히 마주친 한 해군 장교의 매력에 반해, 그에게 강한 충동을 느꼈고, 그와 하룻밤만 보낼 수 있다면, 남편과 딸 모두를 포기할 수 있을 것만 같았다는 등의 고백이다. 평소 아내가 정숙한 여자라고 믿어왔던 빌은 커다란 충격을 받는다. 그날 밤 환자의 부음 소식을 듣고 집을 나선 그는, 앨리스가 해군 장교와 정사를 나누는 환상에 시달린다. 출처: https://movie.daum.net/moviedb/main?movieId=1968#none

존적이다. 셋째, 사람들은 고정된 성품을 지니고 있지 않은데, 그것은 그들의 행위가 너무도 맥락 의존적이기 때문이다. 그런 다음, 나는 덕 윤리학에 대한 새로운 자연화된 접근을 발전시키려 한다. 그런 윤리학은, 우리가 지향적 상태(intentional states)를 어떻게 생각해야 하는지에 대해, 데넛(Dan Dennett)에서 나온 일부 통찰을 수용한다. 나는, 이런 새로운 설명이 덕 윤리학에 제기되는 여러 문제를 어떻게 다루는지를 보여주겠다. 그런 후, 나는 내 이론의 추가적인 장점을 제시하고, 일부 반론에 대응하여, 이 이론이 어떻게 여전히 덕 윤리학의 한 버전일 수 있는지를 설명하겠다.

이 논문의 첫 부분으로 넘어가기 전에, 간략한 역사적 요약이 도움이 될 것이다. 앤스컴(G. E. M. Anscombe)이 20세기 덕 이론(virtue theory)의 부활을 요청했을 때, 그녀는 다음 두 가지 두드러진 중요 주장에서 덕 이론의 부활을 요청하였다. 첫째, 정언명법(categorical imperative) 및 효용성의 원리(principle of utility) 등과 같은 궁극적 도덕 원리(moral principles)는 낡은 종교적 세계관에서 나온 유물이다. 그녀의 주장에 따르면, 신성한 입법자가 부재한 경우, 입법의 언명(talk of legislation)은 강력하지 않다. 이것이 바로 우리가 덕 윤리학을 채택하도록 나서야만 하는 주요 통찰이다. 따라서 자연주의자는 윤리적 문제를, 우리가 따라야만 하는 도덕법칙이 무엇인지를 고심하는 문제라는 생각으로부터, 우리가 세계에서, 그리고 동료에게, 어떤 존재가 되어야 하는지를 고심하는 문제로 전환해야 한다(Anscombe 1958).

둘째, 덕 윤리학에 대한 온전한 설명을 위해, 덕 윤리학은 적절한 심리 이론(theory of mind)에 기초할 필요가 있다. 우리가 어떻게 존재해야만 하는지(how we ought to be)를 알려면, 우리가 어떠한 사람인지(what we are like)를 알아야만 하기 때문이다. 그렇지만 현

346

대 덕 윤리학자들이 많은 함정에 빠지는 이유 중 하나는, 그들이 심리철학(philosophy of psychology)의 미심쩍은 설명에 의존한다는 점이다. 그들은 성향 심리학(dispositional psychology), 또는 더 구체적으로, 방법론적 행동주의(methodological behaviorism)에 크게 의존한 것으로 보인다. 방법론적 행동주의는 앤스컴의 시대에 대중적 견해였으나, 현재는 진부한 것이다. 덕이나 성품 특성(character traits)2)에 대해 제시된 대부분 설명은, 사람들이 존재하는 방식(the way people are)보다 사람들이 행동하는 성향에 너무 많이 의존한다.3) 이것은 다음을 시사한다. 덕 윤리학자들은 최근 심리철학의 풍부한 설명으로 옮겨가고 있으며, 이러한 이동은 그들의 많은 문제를 해결해줄 것이다. 이것이 이 논문이 시도하려는 것이다.

1. 덕 윤리학에 대한 반론들

덕 윤리학에 대한 세 가지 표준 반론이 있다. 그중 첫째는, 행위에 대한 도덕적 평가로부터 성품에 대한 도덕적 평가로 관심을 돌리는 어느 윤리학적 설명이, 윤리학의 가장 근본 질문 중 하나, 즉 어느 주어진 일련의 상황에서, 옳은 행위가 무엇인가라는 물음에 대답하는 데 도움이 되는지 의심스럽다는 것이다. 전통적인 아리스토텔레스의 덕 설명에 따르면, 덕이 있는 행위(virtuous action)는, 올바른 환경에서 옳은 의도를 가진 덕이 있는 사람에 의해 행해지는

---

2) [역주] 이 책의 다른 논문에서 "traits"를 "형질"로 번역했지만, 이 논문에서는 필자가 생물학적 형질을 의미한다고 보기 어려워, "특성"으로 구분하였다.

3) 예를 들어, 여느 전통적인 아리스토텔레스주의자들과 마찬가지로, 푸트(Foot)는 *Virtue and Vices*에서, 허스트하우스(Hursthouse)는 *On Virtue Ethics*에서 이 함정에 희생된다. Aristotle(1901)을 참조하라.

것이다. 불행히도, 대부분에게 그런 설명은 도움이 되지 않는 처방으로 보인다. 전통적 설명은 우리가 어떻게 행위해야 하는지에 대한 안내를 제공해주지 않으며, 또 우리의 행위가 기반하는 어떤 원리도 제공하지 않기 때문이다. 다시 말해서, 이 반론은 전통적 덕 윤리의 토대를 무너뜨리려고 한다. 그 반론은, 어떻게 행위해야 할지로부터 어떤 존재이어야 할지에 관한 담론으로 전환은, 결국 '나는 어떻게 행위해야 하는가'라는 근본 도덕적 물음을 포기하는 것이라는 주장이다.

허스트하우스(Rosalind Hursthouse)는 가장 탁월한 현대 덕 윤리학자 중 하나이며, 그는 이런 반론에 이렇게 대응한다. 덕 윤리학자는, 어느 의무론자(deontologist) 또는 결론주의자(consequentialist)만큼이나, 분명하게 행위를 처방할 수 있다.4) 그 두 부류의 이론가 모두는 아주 모호한 원리를 가져서, 그 적용에 난점을 낳았으며, 그것은 덕 윤리와 전혀 다르지 않다. 덕 윤리학자는 단지 삶을 번영하게 해주는 여러 덕을 알기 쉽게 열거하여, 우리에게 그러한 덕에 따라 행위하도록 일러줄 수 있다.

그러나 이런 견해는 핵심을 놓치는 것 같다. 덕 윤리학자가 첫째 반론을 처음부터 진지하게 받아들이지 않기 때문이다. 이런 반론은 덕 윤리학의 기본 통찰에 대한 부정에 근거하며, 이것이 그 반론을 부적절한 반박으로 만든다.5) 전체 핵심은 이렇다. 덕 윤리학자는, 우리가 옳은 방식으로 행동하기 위해 따라야 할 어떤 보편적 도덕 원리나 일련의 원리가 존재할 수 있다는 것을 철저히 부정한다. 도

---

4) Hursthouse(1999).
5) 이 논증은 Slote(2001)이 보여준 것과 유사하다. 그렇지만 내 설명은 슬로트와 근본적으로 다른데, 그것들로부터 생겨난 행위들을 강조하지 않고, 일련의 지향적 상태 자체를 강조하기 때문이다.

덕성(morality)은 일련의 법칙이나 규칙으로 제시될 수 없다. 인간 본성 그 자체가 너무도 복잡다단하기 때문이다. 우리는 질문을 바꾸어야 하며, 무엇을 해야 할지(what we should do)보다 어떤 존재이어야 할지(how we should be)를 물어야만 한다. 도덕성에 대한 근본적 질문은, 우리가 어떻게 해야 할지에 관한 것이 아니며, 어떻게 존재해야 할지에 관한 것이다. 만약 우리가 어떻게 존재해야 할지를 알기만 하면, 어떻게 해야 할지에 관한 질문은 불필요해진다. 이것이 앤스컴이 내놓은 핵심이고, 덕 윤리학자가 가야 할 방향이다. 그러나 비록, 덕 윤리학자가 자신의 물음이 더 근본적이라고 생각하더라도, 그 핵심은 덕 윤리학자에게 이런 다른, 덜 중요한 질문에 대한 해결책을 찾아내기에 도움이 될 것이다. 여기서 하나의 사고 실험이 도움이 될 수도 있겠다. 전해져 내려오는 자연 상태(traditional state of nature)에 대해 생각해보자. 그러한 자연 상태는 홉스(T. Hobbes)가 묘사한 자연 상태와는 다르다. 그러한 자연 상태는 법이나 입법을 전혀 포함하지 않지만, 그러한 자연 상태에서 살아가는 동물들은 홉스의 자연 상태의 동물과는 근본적으로 다른 성품을 지닌다. 실제로, 그러한 자연 상태에서 모든 인간은 유덕하다. 모든 인간은 옳은 부류의 사람(persons)이기 때문이다(이에 대해서는 나중에 자세히 논의하겠다). 그와 같은 상태에서는 어떤 법, 원칙, 규칙 등도 필요치 않다. 그것들 없이도 조화와 평화가 있을 수 있기 때문이다. 법이란 사람들이 서로를 보호하기 위해 존재하는데, 보호할 필요가 전혀 없다면, 법들은 전혀 필요치 않다. 따라서 만약 덕 윤리학자들이 그런 상태를 올바로 이해한다면, 우리가 무엇을 해야 할지에 관한 질문은 [다시] 논의될 여지가 있다.

덕 윤리에 대한 두 번째 반론은 여러 문화 사이에 덕의 차이를 강조한다. 예를 들어, 어느 문화는 순결(chastity)에 가치를 부여하는 반면, 다른 문화는 가치를 부여하지 않을 수도 있다. 또는, 어느 문화는 긍지에 가치를 부여하는 반면, 다른 문화는 가치 있게 여기지 않을 수도 있다. 만약 덕 윤리학자가, 행위자가 이런저런 식으로 행동해야 하는 성향에만 근거하여, 자신의 설명을 근거 지으려 한다면, 여러 덕은 문화 의존적일 것이다. 예를 들어, 레바논 문화에서, 들키지 않고서 자신에게 유리한 쪽으로 규칙을 악용하여 어길 수 있는 사람을 "하부(harboo)"라고 부르는데, 그것은 덕으로 여겨진다. 다른 대부분 문화에서는 그 같은 사람을 비도덕적이라고 생각할 것이고, 그런 사람에게 눈살을 찌푸릴 것이다. 이런 종류의 상대주의는 덕 윤리학을 극히 호소력 없게 만든다.

덕 윤리학에 반대하는 셋째의 극단적으로 강한 논증은, 어떻게 여러 상황적 요인들이 우리의 성품보다 우리 행동을 훨씬 더 많이 결정짓는지를 다루는, 훨씬 더 최근의 논증이다. 이것을 위한 가장 철저한 논증은 존 도리스(John Doris)에 의해 제시되었다.6) 그는, 덕 윤리학자들이 덕을 특정 방식으로 행동하는 성향으로 규정한다고 논증한다. 그러나 이런 성향은 매우 근거 없는 지레짐작(precarious)이며, 도덕 이론에 적절히 근거할 수 없는, 여러 상황적 요소에 의해 강하게 영향 받는다. 종종 상황이 어떤 사람을, 그가 자신의 성품과는 반대라고 믿는 방식으로, 행동하게 만들기도 한다. 그렇게, 사회심리학 내의 이러한 최근 발전과 발견은, 덕 윤리학의 영향력, 엄밀히 말해서, 성향에 기반한 전통적 설명을 흔들어버렸다.

따라서 덕 윤리학자가 해야 할 일은, 덕 윤리학의 핵심 통찰에 관한 설명을 제시하는 동시에, 진지하게 제시된 반론에 대응하는 것이다. 이것이 다음 절의 주된 목표이다.

---

6) Doris(1998), Prinz(2009).

2. 새로운 자연화된 덕 윤리학 도입하기

덕이 있는 행위자(virtuous agent)가 어떤 사람인지를 이해하려면, 우리는 행위자가 어떤 사람인지, 또는 최소한 그를 도덕 관련 행위를 수행할 사람으로 만드는 측면에 대해 살펴보아야 할지도 모른다. 앞서 언급했듯이, 그러한 행위자의 덕과 악덕을 평가하려면, 심리철학 또는 행위자의 심리에 대한 설명이 필요하다. 이러한 새로운 심리철학적 설명을 위해, 우리는 지향적 시스템(intentional systems)에 대한 데닛의 설명에 관심을 가질 필요가 있다.7) 데닛은 어떤 것이 지향적 시스템이 되기 위한 세 가지 조건을 제시하는데, 그 조건 모두 행위자에게 적용되어야 한다. 첫째, 문제의 그 시스템은 (아주 느슨한 의미에서) 기본 이성적 역량(rational capacities)을 지녀야만 한다. 둘째, 그 시스템은 지향적 술어(intentional predicates)로 언급될 수 있는 존재여야만 한다. 셋째, 그 시스템은 당신이 그것에 지향적 태도(intentional stance)를 채용(adopt)하는 존재여야만 한다.

어떤 존재가 지향적 시스템이 되기 위해서, 그 존재는 기본적인 연역적 및 귀납적 능력을 지녀야만 한다. 그러한 존재는 과거 경험으로부터 학습할 수 있고, 이런 지식을 사용하여 다소 복잡한 일을 수행할 수 있는, 그런 유형의 존재여야만 한다. 비록 우리가, 계산기와 일부 컴퓨터 프로그램 같은 단순한 시스템이 이런 약한 종류의 역량을 지닌다고 생각하고 싶더라도, 그 이상의 조건은 이런 시스템을 행위자에서 배제한다.

데닛이 설정하는 두 번째 조건에 따르면, 인격(personhood)의 후보자들은 그들에 대해 [우리가] 지향적 또는 심리적 술어(psycho-

---

7) Dennett(1976).

logical predicates)로 말할 수 있어야만 한다. 그러므로 이러한 존재들은 우리가 지향적 상태가 있다고 생각할 수 있는 것들이다. 이 조건은, 어떤 시스템이 지향적인 것이려면, 그것은 당신이 그것에 특정한 태도, 즉 지향적 태도를 채용할 수 있어야만 한다고 말하는, 세 번째 조건과 관련된다. 지향적 태도로 마주한다는 것은, 이런 시스템의 지향적 상태에 호소하여, 그 시스템의 행동을 설명하는 것을 포함한다. 만약 어떤 시스템에 대하여 지향적 태도를 채용하는 것이 그 행동을 예측하는 데 유용하다고 입증된다면, 그것은 지향적 시스템이다.8) 당신이 어느 시스템에 대해 지향적 태도를 성공적으로 채용하는 경우는 다음의 경우들이다. 즉, "그 경우에, 우리는 그 시스템이 특정 정보를 소유하고 있다고 여김으로써, 그 시스템이 특정 목표에 따라서 안내된다고 가정함으로써, 그런 후, 이러한 인정과 가정에 근거하여 가장 합당하거나 적절한 행위를 추리함으로써, [그 시스템의] 행동을 예측한다."9)

물론, 이러한 시스템의 행동을 설명하는 다른 방식들, 기계론적 및 물리적 방식과 같은 것들도 있다. 그러나 지향적 태도는 특정 존재에게 아주 유용하다고 입증되었다. 지향적 태도를 채용하는 것은, 우리가 동일 현상에 대하여 다른 방식으로 말하는 것을 가능하게 해주며, 그것은 우리가 다른 방식으로 서로를 (아마도 행위자로서) 다루도록 도와준다. 우리는 매일 지향적 태도에 의존한다. 우리는 믿음과 의도를 다른 사람들에게 귀속시키며, 그에 따라서 그들의 행

---

8) [역주] 이런 조건의 주장은, 우리가 무엇을 지향성을 갖는 존재로 대할 수 있는 경우에만, 그것이 지향성을 가진다는 주장이다. 이런 주장은 순환논증의 오류, 엄밀히 말해서, 선결문제 요구의 오류를 범하는 것으로 보인다. 그런 존재로 대할 수 있으려면, 이미 그것이 지향적 존재라고 우리가 알아야만, 혹은 인정해야만 하기 때문이다.

9) Dennett(1976, 1990).

동을 설명한다. 어떤 사람은 동물에 대하여 지향적 태도를 채용하고, 동물에게 지향적 시스템이 있다고 고려한다. 당신은 식물에 대해서조차도 지향적 태도를 채용할 수 있으며, 따라서 그 식물을 낮은 등급의 지향적 시스템으로 고려할 수도 있다.

당신은 자신의 행위를 뉴런 격발(neuron firing)과 다른 생물학적 사건에 의해 서술할 수도 있다. 그러나 그것은 그 사람의 행위에 대한 이유를 이해하는 데 도움이 되지 않는다. 우리는 서로 다른 입장을 (논의 중인) 행위자에게 채용함으로써, 규범적 질문에 대답할 수 있어야만 한다. 우리는 어떤 의도와 욕구를 어느 행위 중인 행위자에게 귀속시키고, 그것에 근거하여 도덕 판단을 내릴 수 있다.

우리는, 오직 지향적 태도를 채용하고 지향적 상태의 견지에서 행동을 설명함으로써, 단순 행동(behavior)과 행위(action)를 구별할 수 있다. 행위와 행동의 구별은, 지향적 상태가 설명에서 하는 역할에 의해 명확히 말할 수 있기 때문에, 어떤 행동을 행위로 만들고 따라서 도덕적 평가의 대상으로 만드는 것은 지향적 상태의 귀속이다.

우리는 지향적 시스템이 무엇인지를 이해하기 때문에, 덕이 있는 행위자가 어떠한 사람인지를 더 잘 이해할 수 있다. 행위자는 일련의 지향적 상태가 귀속될 수 있는 사람이다. 따라서 어떤 행위자의 행위 수행을 설명할 때, 우리는 일련의 지향적 상태를 그 행위자에게 귀속시킨다. 이상적인 덕이 있는 행위자는 일련의 내적으로 일관된 지향적 상태가 귀속되는 [일관된 의도를 가지는] 사람이다. 이러한 행위자는 내적 갈등을 겪지 않으며, 그들의 욕구와 믿음은 서로 일치하며, 그들의 행위는 이러한 일련의 일관된 지향적 상태에 의해 결정된다. 이러한 설명에 대한 규범성(normativity)의 원천은, 일관성, 또는 여러 지향적 상태 사이의 충돌을 제거하는 능력이다. 한마

디로, 규범성의 원천은 합리적 일관성(rational consistency)이다.

그러나 여기서 우리는, 어떤 사람이 일관된 몇몇 잘못된 믿음과 욕구를 가졌다면 어떠했을지를 물을 수 있다. 그 사람이 유덕하다고 고려되어야 할까? 이런 고려는 지능적인 연쇄 살인범이나 폭력적인 인종차별주의자를 존중하는 매우 불행한 결과를 낳을 수도 있다. 덕이 있는 사람 역시 올바른(right) 일련의 믿음을 지니도록 요구받아야만 한다. 올바른 믿음은 도덕적으로 유관하면서 참인 믿음이다. 그렇지만 올바른 믿음은 도덕적 내용을 포함하지 않는다. 만약 그렇지 않다면, 덕 윤리학자는 도덕 실재론(moral realism)뿐만 아니라, 다른 도덕 이론에도 의존하기 때문이다. 다시 말해서, 올바른 믿음은 행위에 영향을 미치지만, 그 믿음 자체는 도덕적 내용을 포함하지 않는다. 올바른 믿음은 솔직한 사실 명제적 믿음(factual propositional beliefs), 예를 들어, 사람들이 어느 도덕적 관점에서 서로 동등한 믿음이다. 우리는 이러한 믿음을 다음과 같은 방식으로 거칠게 제시할 수 있다. 즉, 서로 다른 인간들 사이의 차이는 근본적인 욕구와 혐오에 대한 반응에서 결정적이지(crucial) 않다(우리는 이것에 대해 생물학적 설명을 제시할 수도 있다). 일단 어느 행위자가 그러한(올바른) 믿음과 일치하는 일련의 참인 도덕 관련 믿음과 욕구를 지닌다면, 그 사람은, 우리가 바람직하고 심지어 도덕적이라고 여기는 방식으로 행위할 것이다.

이것이 덕 윤리학 내의 근본적 변화라고 지적하는 것은 결정적이다. 덕을 이런저런 식으로 행동하는 성향으로 논의하는 대신에, 이런 전환은 처음으로, 무엇이 그들을 도덕적 행위자로 만드는지, 다시 말해서, 그들에게 귀속될 수 있는 일련의 지향적 상태에 초점을 맞춘다. 어느 행위를 설명하는 것은 귀속된 일련의 상태이다.10) 왜냐하면, 그러한 귀속이 없다면, 단순 행동과 사건 외에 어떤 행위도 없기 때문이다. 따라서 도덕 판단의 원천은, 특정 방식으로 행동하는 성향에 있다기보다, 이러한 지향적 상태에 있다. 덕 윤리학에 대한 이러한 설명은 성품(character)을 훨씬 더 진지하게 고려한다. 이런 설명은 성품을 행동 및 가능한 행동에 근거하지 않고, 행위자에게 귀속되는 일련의 지향적 상태에 근거하기 때문이다. 결국 그것이 성품을 지닌 존재와 전혀 지니지 않는 존재를 구별해주지 않는가?

이제, 우리는 이 설명이 덕 윤리학에 반대하는 여러 반박을 어떻게 피할 수 있는지 문제를 생각해보자. 그런 반박은 우리에게, 덕과 성향이 맥락에 민감하다는 것을 보여주려 한다는 점을 상기하자. 무엇을 덕으로 여겨야 하는지는 문화마다 다르며, 사람이 행동하는 성향을 어떻게 가지는지는 주로 상황적 요인으로 결정된다. 나는 주장컨대, 이렇게 새로 수정된 설명은 이러한 성품들을 전혀 맥락-의존적으로 만들지 않는다. 그 까닭은, 첫째로 어떤 성품 특성을 덕으로 만들어주는 객관적인 기준이 존재하기 때문이며, 둘째로 덕은 단지 가능한 행동으로 결정되지 않으며, 더 복잡한 특징들(features)에 의해 결정되기 때문이다.

3. 이 새로운 설명이 문제를 어떻게 해결하는가?

문화적 차이와 관련한 반론에서 시작해보자. 만약, 덕이 있는 사람이라는 것이 단지 어떤 식으로 행위하는 성향의 문제라면, 무엇이 덕으로 고려되는지는 아마도 문화 의존적이라는 것이 분명하다. 예를 들어, 어떤 사회에서 "터프함(being tough)"이 덕으로 여겨질 수 있으며, 따라서 그러함이 그 환경에 적합하다면, 우리는 누군가에게

---

10) [역주] 쉽게 말해서, 우리가 도덕 행위를 설명할 수 있는 것은, 그 행위가 지향적 믿음 상태에서 나온 것이라고 가정하기 때문이다.

잔인한 방식으로 행위할 수 있음을 보이라고 요구할 수 있다. 그렇지만, 여기 수정된 설명에 따르면, 덕이 있는 사람이 되는 것은 단지 성향의 문제가 아니다. 다음을 상기해보자. 내 설명에 따르면, 어떤 행위자가 유덕하다는 것은, 일련의 지향적 상태가, 참인 믿음의 일부 상태와 논리적으로 일관성을 유지하는지 문제이다. 만약 그것이 그렇다면, 비록 도덕적으로 중요하지 않은 다른 특징이 문화 의존적일지라도, 그 행위자의 도덕적으로 중요한 특징은 문화 의존적일 수 없다. 따라서 우리는 아침 식사로 계란 및 소시지 대신에 국수를 먹고 싶어 한다는 사실은, 우리의 다른 일련의 지향적 상태와 일관성을 유지하지만, 아동을 학대하거나 여성 할례를 하기로 선택하는 지향적 상태는 그렇지 않다. 도덕적으로 중요한 믿음과 욕구는 객관적이며 문화 의존적이지 않지만, 다른 믿음과 욕구는 문화 의존적일 수 있다.

둘째, 더 어려운 반론은 상황적 다름과 관련한 반론이다. 심리학의 많은 실험이 보여주듯이, 우리가 자주 놓이는 상황이 우리의 행위를 크게 형성한다. 그러한 실험의 최고 사례는 유명한 밀그램(Milgram) 실험11)과 짐바르도(Zimbardo) 실험(스탠포드 죄수 실험)12)이다. 두 실험에서, 정상 행동을 하는 경향이 있는 보통 사람들은 상황에 의해 그들 자신이 상상하지 못했던 잔인한 행동을 하게 된다. 이것은, 특정 방식으로 행동하는 성향을 행위자의 근본적 특징으로 논하는 것이 잘못됐다는 것을 의미한다. 즉, 행동을 형성하는 환경은 행위에 매우 중요한 영향을 미친다.

덕 윤리학자의 이러한 난점이, 덕을 행위자의 행동하는 성향으로 정의한 것에 근거한다는 점을 주목해보라. 이 반론에 따르면, 행위

---

11) Milgram(1974).
12) Haney, Banks, and Zimbardo(1973).

자의 성향은 너무도 변하기 쉬워서 특히 성품의 토대가 될 수 없으며, 일반적으로 도덕의 토대가 될 수 없다. 이 지적은 옳게 들린다. 여기 새로운 설명이, 덕을 특정 방식으로 행동하는 성향으로 정의하지 않고, 그 행위자에게 귀속될 수 있는 일련의 지향적 상태라고 정의하는 이유이다. 다시 말해서, 여기 새로운 설명은 성품을 더 진지하게 받아들이고, 행동을 덜 붙든다. 당신이 사람의 부류 또는 어떤 사람이 보여주는 성품의 부류를 논의할 때, 그 사람이 무엇에 헌신하는지, 그리고 스스로 어떤 사람이 되려고 노력하는지(what she holds herself to be) 등을 논해야 한다. 그러한(극단적 환경에서의) 실험이 보여주는 극단적 환경은 행위자에 대해 그 무엇도 보여주지 못한다. 왜냐하면 당신이 피검자에게 지향적 상태를 올바르게 귀속시켜줄 것이 거의 없기 때문이다. 만약 밀그램의 실험에서 우리가 희생자를 계속 괴롭힌다면, 그것은, 우리가 권위를 지극히 진지하게 받아들인다는 지루한 사실 외에, 우리의 지향적 상태에 대해 많은 것을 보여주지 못한다. 그렇지만, 다른 한편, 어떤 행위자가 적절한 권위에 의해 그렇게 지시됨에도 불구하고, 희생자에게 충격 주기를 거부한다면, 그것은 훌륭한 지향적 상태를 보여준다. 대단히 일관된 일련의 지향적 상태를 지닌 참으로 덕이 있는 사람은, 잔인한 행위를 하도록 강요되더라도, 권위의 압력에 굴복하지 않을 것이다. 이런 사람은 이상적인 도덕 행위자인데, 우리 대부분은 그것이 어렵다는 것을 알지만, 그렇게 되고 싶어 한다.

이 절에서 나는 덕 윤리학자에 반대하여 제기된 두 가지 반론에 대한 응답을 논의하였다. 이러한 설명은 무엇보다도 문화 의존적이지 않다. 왜냐하면, 그 설명은, 그들의 믿음과 일치하는 참된 믿음과 욕구 덕분에, 일정 정도의 객관성을 요구하기 때문이다. 또한, 이러한 설명은, 특정 방식으로 행동하는 성향이 맥락 의존적이므로, 덕의 근거가 될 수 없다는 데 동의함으로써, 상황주의자 반론을 피할수 있다. 그 대신 덕의 핵심은 행위자에게 귀속될 수 있는 일련의 지향적 상태이어야 한다. 이러한 새로운 설명은, 덕 윤리학자가 마주하는 반론에 대한 대답을 제공할 뿐만 아니라, 다음 절에서 살펴볼 몇 가지 더 나은 장점도 지닌다.

4. 추가적 장점

이러한 새로 수정된 덕 윤리학의 설명은 이전의 설명보다 몇 가지 장점이 있다. 예를 들어, 한 가지 장점은, 수정된 덕 윤리학이, 유덕하다는 것과 내적 갈등이 덜하여 더 좋다고 느끼는 것 사이의 연관성을 설명한다는 점이다. 불교의 통찰 중 하나는, 불행이 흔히 충족되지 않거나 상충하는 욕구의 결과라는 사실로 분명히 설명될 수 있다. 우리 대부분은 흔히, 우리가 가지는 믿음과 욕구의 대립, 또는 두 가지 욕구, 예를 들어, 건강하고 싶은 욕구와 초코케이크를 먹고 싶은 욕구의 대립을 포함하는 곤란한 상황을 마주한다. 여기의 설명에 따르면, 우리는 일련의 지향적 상태를 일관되게 하려고 노력해야 한다. 만약 그렇게 하는 데 성공한다면, 내적 갈등이 덜하여 평온(comfort)해질 것이다. 여기의 설명에 의하면, 평온과 덕의 연관성은 쉽게 설명된다. 또한, 이러한 설명은 "나는 왜 도덕적이어야 하는가?"라는 물음을 다룰 수 있도록 도와주는데, "내가 도덕적이면 더 좋다고 느낄 것이기 때문이다"고 답해주기 때문이다. 어떤 행위자는 덕이 있는 행위자가 되지 않는 것을 선택할 수도 있으나, 그가 더 좋다고 느끼고자 한다면, 그것은 현명하지 못한 결정이다.

또 다른 장점은, 여기의 설명이 의지 나약의 문제를 다루는 방식이다. 의지 나약의 경우, 우리의 행위가, 나머지 우리의 지향적 상태와 일치하지 않는다고 믿었던 욕구에 의해 설명되는 경우임이 분명하다. 예를 들어, 어떤 사람은, 자신의 행위가 스스로 하고 싶지 않은 잘못된 행동이라고 믿는다는 사실에도 불구하고, 욕망에 굴복하여 가장 친한 친구의 아내와 부정을 저지른다. 의지 나약은 우리의 행위를 설명해주는 욕구와 나머지 자신의 지향적 상태가 대립하는 경우이다. 그것은 어느 의미에서 행위자가 유효하기를 원하지 않았지만, 그럼에도 불구하고, (해리 프랑크푸르트(Harry Frankfurt)의 용어를 사용하자면) 유효한(effective) 욕망이다.13) 여기의 설명에 따르면, 의지 나약에서 오는 행위를 피하려면 우리의 욕구를 나머지 우리의 지향적 상태와 일치시켜야만 한다. 그렇게 하려면, 우리는, 그러한 욕망을 전복시키는 치료나 행동을 통해서 아마도 그러한 욕망에서 벗어나는 습관을 얻을 수 있다. 이것은, 행위자가 그의 나머지 지향적 상태와 일치하는 욕망으로 설명되는 행위만을 하게 한다.

여기의 설명이 지닌 세 번째 장점은, 우리가 흔히 행위자의 성품에 호소하곤 하는, 설명을 의미 있게 만든다는 점이다. 예를 들어, 우리가 "왜 이 사람은 아무런 연관이 없는데도 가난한 가족을 돕는가?"라고 물을 때, "그는 아주 관대한 사람이기 때문이다"라는 대답은 의미 있어 보인다. 여기의 설명에 따르면, 어떤 사람이 관대하다고 말하는 것은, 단지 관대한 방식으로 행동하는 경향이 있다는 것의 속기(shorthand, 짧은 표현)가 되지 못하는데, 그러한 설명을 순환적으로(circular, 순환논증의 오류로) 만들기 때문이다. 대신에, 그렇게 말하는 것은, 다른 사람을 위한 배려, 돕고자 하는 욕구, 다른 사람들이 그러한 도움을 받을 가치가 있다는 믿음 등을 포함하는, 특정한 일련의 지향적 상태를 갖는다는 것의 속기이다. 이것은 우리

---

13) Sellars(1962).

에게 행위자의 본성에 관하여 무언가를 드러내며, 그러한 성품 특성에 호소하는 설명을 유용하게 만든다. 이런 부류의 설명은, 믿음-욕구의 쌍을 행위자에게 귀속시킴으로써, 우리가 행위에 대해 사용하는 설명 부류와 유사하다. 이 설명은 다음을 시사해준다. 단순히 믿음과 욕구에 관해 말하는 대신에, 이 설명이, 어떤 행위나 일련의 행위를 성품 특성으로 설명하는 것은, 그 행위에 일련의 믿음, 욕구, 다른 상태 등을 귀속시키는 것을 포함한다. 이것은 정확히, 인간들이 행위자로서 서로 작용하기 위해 사용하는 설명 유형이다. 그럴 경우, 사람들은 행위자로서 그들 사이의 유사성을, 공유된 욕구, 믿음, 목표 등으로 인식할 수 있기 때문이다. 따라서 우리의 성품에 호소하는 것은, 오직 성향에 근거하는 설명보다 이러한 새로운 설명에서 훨씬 더 유익하다.

이 절에서 나는, 이러한 수정된 덕 윤리학의 설명이 갖는 세 가지 추가 장점을 설명했다. 첫째 장점은, 수정된 덕 윤리학의 설명이 우리에게, 덕 윤리학자의 여러 근본적 관심들 중 하나인, 유덕함과 행복함 사이의 연관성에 대한 좋은 설명을 제공한다는 점이다. 둘째 장점은, 새로운 설명이 의지 나약함이란 현상을 설명해주며, 의지 나약함을 피하려면 어떻게 해야 하는지를 알려줌으로써, 의지 나약의 문제를 해결해준다는 점이다. 그리고 셋째 장점은 우리의 성품에 호소하는 설명을 이해시켜준다는 점이다. 왜냐하면, 이런 설명은, 우리가 어떤 다른 행위를 위해 설명하는 같은 방식을, 그 행위자에게 귀속될 수 있는 일련의 지향적 상태에 호소하기 때문이다. 그러나 여기에 대해, 이 새로운 설명이 전통적인 덕 윤리학과 근본적으로 매우 달라 보이므로, 누군가는 그것을 덕 윤리학의 이론으로 인정할 수 없다고 주장할 수 있다. 이러한 반론이 우리가 다음 절에서 살펴볼 주제이다.

5. 이것이 여전히 덕 윤리학인가?

덕에 대한 이러한 새로운 설명은 성품이나 덕을, 다름 아닌 바로 그 방식으로 행동하는 일련의 성향으로 논의하기보다, 어떤 사람에게 귀속될 수 있는 일련의 도덕적 상태로서 논의한다. 덕을 지닌다는 것이 무엇을 함의하는지(entail)에 대한 그 같은 재정식화(refor-mulation)는 전통적 개념과는 근본적으로 다른데, 누군가는 이 새로운 설명이 덕 윤리학으로 인정할 수 있는지 의심할 수도 있다. 이 절에서 나는 이런 새로운 설명이, 여전히 전통적인 설명 이상으로, 덕 윤리학임을 논증하겠다.

최근 앤스컴이 덕 윤리학의 부활을 외치며 창안한 주요 통찰은, 윤리학의 주된 문제의 전환임을 다시 생각해보자. 즉, 윤리학이 우리가 어떻게 행동해야 하는지를 말해주는 의무조항, 법, 규칙 등을 도출하는 것을 목표로 삼는 것으로부터, 우리가 소유해야 하는 일련의 성품 특성으로의 전환을 다시 생각해보자. 다시 말해서, 덕 윤리학자의 물음이, 내가 무엇을 해야 하는지를 묻는 것으로부터, 내가 어떤 존재여야 하는지를 묻는 질문으로 전환한 것이다. 여기 설명에 따르면, 우리는 특정 방식으로 존재하도록 노력해야 하며, 그러자면 이상적 행위자의 방식을 가져야 한다. 이상적 행위자란 일련의 지향적 상태를, 도덕적으로 적절한 참인 믿음과 완벽히 일관성을 가지는 행위자이다. 여기 설명에 따르면, 행위의 어떤 통합된 원리도 없으며, 그러한 강조는 행위자가 어떻게 행동해야 하는가보다 어떤 존재가 되어야 하는가이다.

도덕적 행위자란 '행위할 수 있는' 행위자이며, '행위할 수 있음'은 '지향적 상태를 가진 것으로 설명될 수 있는 방식으로 행동할 수 있음'을 포함한다. 따라서 앞서 논증했듯이, 행위자는 우리가 지향적 상태를 그에게 귀속시킬 수 있는 사람이다. 따라서 어떤 행위자를, (무엇으로 존재하는) 행위자의 부류로 만드는 것은, 바로 이런 특정한 일련의 지향적 상태의 본성(nature)이라는 것은 놀랍지 않다. 사실, 행위자의 성품은, 단지 이런저런 식으로 행동하는 성향에 의해서가 아니라, 그 행위자가 어떻게 존재하느냐로 결정된다. 아마도 그런 덕 윤리학자들이 범한 가장 큰 실수는, 이러한 전환을 아주 진지하게 채택하지 않은 것이다. 성품을, 단지 어떤 식으로 행동하는 성향에서만 근거 지으려 한다면, 비록 그것이 다층화된(multi-tracked) 성향일지라도, 덕 윤리학자는 자신의 설명에서 주요한 통찰을 놓친다. 그런 덕 윤리학자는 여전히 성품을 행위에 근거 지으려 하며, 이 때문에 정확히 모든 문제가 발생한다. 아마도 전통적인 덕 윤리학자가 그렇게 근거 지으려는 것이 옳을 수 있지만, 그것은 단지 절반만 그림 그리는 것이다. 덕은 어떤 사람이 지닌 특성(traits)이며, 그 특성은 그 사람이 특정 방식으로 행위하는 성향을 만든다. 그러나 여기에 나오는 질문은 이렇다. 왜 이러한 특성이 그 사람을 그런 식으로 행동하도록 만드는가? 이 특성은 그에게 귀속될 수 있는 일련의 지향적 상태에 대한 속기이기 때문이며, 그 일련의 상태가 행위자의 행위를 설명해준다. 이러한 종류의 설명은 어느 종류의 인간 행위에 대한 설명과도 유사하다. 따라서 그런 덕 윤리학자가 놓치는 것은, 이러한 성향을, 행위자에게 귀속 가능한 일련의 지향적 상태로 설명하는, 최종 추가 단계이다.

일상에서 우리는 서로를 행위자로서 다루면서, 우리는 스스로가 어떠한 부류의 행위자인지 관심을 가진다. 익숙한 상황에서, 우리는 종종 다음과 같은 질문을 하게 된다는 것이 놀랍지 않다. "당신은 무엇에 관해 생각하는 중인가?" 우리는 확실히 어느 행위자가 어떻게 행동하는가에 관해서, 특히 자신과 가까운 사람들에 대해서 관심 가진다. 그러나 또한, 그들이 어떠한 사람인지, 무엇에 전념하는지, 무엇을 욕망하는지, 무엇을 믿는지, 그리고 영화, 「아이즈 와이드 셧」의 주인공처럼, 매번 무엇을 느끼는지 등에 대해서 관심 가진다. 그와 같은 고려를 도덕 담론의 영역 안으로 끌어들여 논의한 것이 덕 윤리학의 주요한 통찰이다. 여기 새로운 설명은 그런 고려 사항들을 전면에 내세워, 그것들이 어떻게 충족되는지에 대답해준다. 이것이 바로, 새로운 설명이, 단지 성품을 이런저런 식으로 행동하는 성향에 근거하는 전통적인 설명보다, 덕 윤리학의 정신에 더 헌신하는 이유이다.

결론

이러한 논점에 대해 독자는 다음과 같은 생각에서 불만스러울 수 있다. 그러한 설명이 덕 윤리학이 직면한 많은 문제를 해결한다는 사실에도 불구하고, 그 설명 자체가 몇 가지 문제를 지닌다고 생각될 수 있기 때문이다. 그중 한 가지 문제는, 우리의 일련의 지향적 상태들 사이의 일관성이 가치 있는 것으로 여겨지는 이유, 그리고 실제로, 이러한 설명에서 규범성의 자원에 대한 불만이다. 또 다른 문제는, 무엇이 두 가지 지향적 상태를 불일치하게 만드는지를 확인하려는 시도에서 나온다. 왜냐하면, 우리가 비일관성에 대해 말할 경우, 그것은 일반적으로 진리에 부합하는 믿음이나 진술들 사이의 비일관성을 의미하지, 믿음과 감정 또는 욕망 사이의 비일관성을 의미하지는 않기 때문이다. 셋째는, 도덕 관련 믿음과 도덕 무관련 믿음 사이의 구분과 관련되는 문제, 그리고 도덕 관련 믿음을 위해 제시되어야만 하는 정당화에서 나오는 문제이다. 비록 여기에서 설명하지는 않지만, 그런 불만은 우리가 다루어야 할 세 가지 중대한 문제이다. 이 논문은 덕 윤리학에 대한 새로운 설명을 위한 개요를 제공하는 것에 목적이 있고, 더 충분한 설명은 나중에 제시될 것이다.

이 논문의 서두에서 논증했듯이, 덕 윤리학은 철학적 자연주의와 매우 양립 가능하다. 현대 덕 윤리학이 직면한 모든 문제에도 불구하고, 우리는 덕 윤리학을 단념하지 말아야 한다. 덕 윤리학의 몇 가지 설명이 지닌 문제는 덕을 단지 성향으로 정의하는 믿음에서 나오며, 그것이 덕 윤리학의 설명을 의심스럽게 만든다. 그러나 고맙게도, 20세기 일부 자연주의자들은, 우리가 풍부한 도덕적 삶을 이해하도록 해주며, 도덕적 삶을 [살도록] 촉발하는 풍부한 설명을 제시하였다(여기서는 데닛만이 논의되었지만, 셀라스(Wilfrid Sellars)14)와 같은 철학자도 유사한 훌륭한 설명을 내놓았다). 우리는, 자연주의가 우리에게 무엇에 집중하도록 해주는지에 대해, 로젠버그(Alexander Rosenberg)만큼 마법이 풀린 [자연주의자일] 필요는 없다.15) 단지 우리는 자연주의를, 이러한 새로운 혁명과 더욱 정확한 세계관에 부합하도록, 철학적 조망을 재구축하면 된다.

---

14) Sellars(1962).

15) [역주] 이런 이야기가 무엇을 의미하는지 이 책의 2장을 다시 보라.
   로젠버그는 결론에서 "마법이 풀린 자연주의"에 대해 이렇게 말한다.
   "무엇보다 가장 근본적인 것은 '마음에 관하여' 마법이 풀린 자연주의와
   낙관적 자연주의 사이의 결별이다. 후자는 최소한 인간의 명제적 지식에
   대한 인과적 설명, 어쩌면 목적의미론적 설명, 어쩌면 뇌의 '실제 (지향
   적) 패턴'의 다른 이론 등에 대한 희망을 드러낸다. … 본래적 지향성의
   포기는 마법이 풀린 자연주의로서 쉬운 부분이다."

참고문헌

Anscombe, G. E. M. "Modern Moral Philosophy." *Philosophy* 33 (1958): 1-19.

Aristotle. *Nicomachean Ethics*. Translated by W. D. Ross. Oxford: Clarendon Press, 1901.

Dennett, D. "Intentional Systems." *Journal of Philosophy* 68(1971): 87-106.

____. "Conditions of Personhood." In *Identities of Persons*, edited by A. O. Rorty, 175-96. Berkeley: University of California Press, 1976.

____. *Lack of Character: Personality and Moral Behavior*. Cambridge: Cambridge University Press, 2002.

Foot, Philippa. *Virtues and Vices*. Oxford: Blackwell, 1978.

Frankfurt, H. G. "Freedom of the Will and the Concept of a Person." *Journal of Philosophy* 68, no. 1(1971): 5-20.

Haney, C., W. Banks, and P. Zimbardo. "Interpersonal Dynamics of a Simulated Prison." *International Journal of Criminology and Penology* 1(1973): 69-97.

Hursthouse, Rosalind. *On Virtue Ethics*. Oxford: Oxford University Press, 1999.

Milgram, S. *Obedience to Authority*. New York: Harper & Row, 1974.

Prinz, Jesse. "The Normativity Challenge: Cultural Psychology Provides the Real Threat to Virtue Ethics." *Journal of Ethics* 13 (2009): 117-44.

Sellars, W. "Philosophy and the Scientifi c Image of Man." In *Frontiers of Science and Philosophy*, edited by Robert Colodny,

35-78. Pittsburgh: University of Pittsburgh Press, 1962.

Slote, M. *Morals from Motives*. Oxford: Oxford University Press, 2001.

Watson, Gary. "Free Agency." *Journal of Philosophy* 72, no. 8 (1975): 205-20.

현대 자연주의 철학

1판 1쇄 인쇄 2021년 7월 20일
1판 1쇄 발행 2021년 7월 25일

엮은이 바나 바쇼 · 한스 D. 뮐러
옮긴이 뇌신경철학연구회
발행인 전 춘 호
발행처 철학과현실사
출판등록 1987년 12월 15일 제300-1987-36호

서울특별시 종로구 대학로 12길 31
전화번호 579-5908
팩시밀리 572-2830

ISBN 978-89-7775-850-6   93470
값 17,000원